ESV
ERICH
SCHMIDT
VERLAG

AF524158

Strategische Unternehmungsführung

Eine Einführung

Mit zahlreichen Abbildungen, Aufgaben und Lösungen

Von

Professor Dr. Fred G. Becker

5., neu bearbeitete Auflage

ERICH SCHMIDT VERLAG

Bibliografische Information der Deutschen Nationalbibliothek
Die Deutsche Nationalbibliothek verzeichnet diese Publikation in der Deutschen Nationalbibliografie; detaillierte bibliografische Daten sind im Internet über dnb.d-nb.de abrufbar.

Weitere Informationen zu diesem Titel finden Sie im Internet unter
ESV.info/978 3 503 18131 5

1. Auflage 2002
unter dem Titel „Unternehmungsführung.
Einführung in das strategische Management“

2. Auflage 2005
3. Auflage 2007

Die 1. bis 3. Auflage erschienen unter der Mitautorenschaft von Professor Dr. Michael J. Fallgatter.

4. Auflage 2011
5. Auflage 2018

ISBN 978 3 503 18131 5

www.ESV.info

Druck und buchbinderische Weiterverarbeitung: Difo-Druck, Bamberg

VORWORT ZUR FÜNFTEN AUFLAGE

Das Konzept dieses Lehrbuchs hat sich weiter bewährt. Inhaltlich, strukturell wie didaktisch wurde es weiter verbessert. Insofern sind neben Anpassungen und Aktualisierungen der Literatur auch Ergänzungen vorgenommen worden. Die Ergänzungen beziehen sich vor allem auf verschiedene Abbildungen sowie die in aller Regel in den Fußnoten – zur Beibehaltung eines ungestörten Leseflusses – wiedergegebenen realen wie fiktiven Beispiele. Gerade letztgenannte tragen, so vielfaches Feedback, zum weiteren Verständnis der Ausführungen im Text bei.

Dank schulde ich *Max Summerer*, M. Sc., für das kritische Lesen der überarbeiteten Textstellen, Frau *Marianna Nickel* für das Korrekturlesen und die Umsetzung mancher Änderungen in das Manuskript sowie *Frau Melina Schleef* (B. Sc.) für die akribische Kontrolle von Literaturverweisen und -verzeichnis sowie ihre Unterstützung bei Fragen und Lösungshinweisen.

Bielefeld, im April 2018

Fred G. Becker

Vorwort zur vierten Auflage

Das Grundkonzept des Lehrbuches – als Basis für eine einsemestrige Bachelor-Lehrveranstaltung – hat sich inhaltlich wie umfangmäßig bewährt. Dies zeigen positive Rückmeldungen von KollegInnen anderer Hochschulen wie von Studierenden. Insofern wird es in der vorliegenden vierten Auflage beibehalten. Dennoch sind Änderungen vorgenommen worden. Im Rahmen der Lehre erwies sich eine Erweiterung mancher Textinhalte ... sowie des Fragen- und Antworten-Teils als sinnvoll. Die Neuauflage wurde auch dazu genutzt, Textstellen zu überarbeiten sowie die Literatur zu aktualisieren. Zudem wurde Teil A deutlich reduziert. Er wird in ein 2011 erscheinendes Lehrbuch „Grundlagen der Unternehmungsführung“ integriert.

Der Mitautor der ersten drei Auflagen, Herr Professor Dr. *Michael J. Fallgatter*, ist als Autor dieser Auflage nicht mehr dabei. Seine zentralen Forschungs- und Lehrgebiete haben sich zwischenzeitlich verändert. Als Autor des ursprünglichen Teils C [jetzt Kap. 4] bleibt er als Mitwirkender auch dieser Auflage erhalten.

Dank schulde ich Herrn Dipl.-Kfm. *Yves Ostrowski* für sehr hilfreiche Tipps bei der Überarbeitung und die verwendeten Fälle, Frau *Erika Mohnhardt* für ihr Engagement gerade bei der akribischen Textlektüre sowie *Frau Annekathrin Lange* (B. Sc.) und Frau *Annabelle Montag* (B. Sc.) für die Kontrolle von Literaturverweisen und -verzeichnis.

Bielefeld, im August 2010

Fred G. Becker

Inhaltsverzeichnis

1. EINFÜHRUNG

Ein Lehrbuch respektive -text zur Unternehmungsführung in dem vom Verlag und mir vorgesehenem Umfang kann das Thema weder in Breite noch in Tiefe erschöpfend abdecken. Selektivität bei der Auswahl der Inhalte ist von daher das notwendige „Übel" bei der Konzeptualisierung gewesen.

- So habe ich mich dafür entschieden, eine Einführung in das Konzept des strategischen Managements, als einem wesentlichen Element der umfassenderen strategischen Unternehmungsführung, zu verfassen (s. v. a. Kap. 3).
- Zudem wurde ein funktionaler Managementansatz gewählt, der es gut gestattet, sowohl die allgemeinen Aufgabenbereiche des Managements zu schildern, als auch gleichzeitig eine geeignete Basis für ein – strategisches – Führungssystem bildet (s. Kap. 2.1).

Mit dieser Fokussierung bleiben zweifellos andere wichtige Elemente (bspw. Motivationsfragen, Internationales Management, Entrepreneurship, dezidierte Aspekte der Nachhaltigkeit) ausgegrenzt. Dennoch bin ich davon überzeugt, mit der vorliegenden systematischen Konzeption zum strategischen Management *eine* sinnvolle Einführung in Fragen der Unternehmungsführung erarbeitet zu haben.

Ich konzentriere mich im Rahmen dieses einführenden Lehrbuchs auf die allgemeinen Aspekte des strategischen Managements, also auf Fragen der Unternehmungsführung, die nicht vornehmlich von spezifischen Situationsvariablen und/oder bestimmten Sachfunktionen (wie Finanzierung, Marketing u. a.) geprägt sind. Es handelt sich um Managementfragen, die unabhängig von der Größe oder der Branche einer Unternehmung relevant sind. Management wird dabei primär bezogen auf die Führung der Unternehmung als Ganzes sowie ihrer großen Teilbereiche (v. a. „Corporate level" und „Business level") behandelt. Managementlehre ist in diesem Sinne die *Lehre für die Unterneh-*

mungsführung und zwar auf Basis von Erkenntnissen über die Führung von Unternehmungen.[1] Dies impliziert, dass ich vor allem das Management von Unternehmungen und nicht auch beispielsweise das von Non-Profit-Organisationen thematisiere, wenngleich viele Ausführungen auch dafür zutreffen. Spezifische Fragen des Managements auf der mittleren und der unteren Hierarchieebene zählen ebenfalls in der Regel nicht zu diesem Verständnis.

Die gewählte Vorgehensweise beruht auf einem sozialwissenschaftlichen Grundkonzept: Die Managementlehre ist eine sozialwissenschaftliche, angewandte Teildisziplin der Betriebswirtschaftslehre. Dies impliziert vor allem eine Öffnung der Managementlehre für Erkenntnisse anderer sozialwissenschaftlicher Disziplinen (v. a. Organisationspsychologie und -soziologie). Nicht die Abgrenzung zu diesen, sondern das interdisziplinäre Zusammenwirken stehen im Vordergrund: So lassen sich meines Erachtens realitätsnahe Ausführungen formulieren. Dennoch steht zweifellos die ökonomische Ausrichtung im Mittelpunkt der Diskussion.[2]

Mit dem Lehrbuch sind verschiedene *Lehrziele* verbunden:

- Vermittlung der *Inhalte eines strategischen Managementsystems*,
- Vermittlung eines *Verständnisses der Besonderheiten einer strategischen Unternehmungsführung*,
- Vermittlung der Sinnhaftigkeit eines sogenannten *Schichtensystems* zur strategischen Unternehmungsführung,
- Vermittlung eines Verständnisses *strategischer Steuerungs- und Erfolgsgrößen*,
- Vermittlung von Grundkenntnissen zentraler *Analyse- und Prognoseinstrumenten* des strategischen Managements,
- Vermittlung von Grundkenntnissen zur *Formulierung von Strategien* unterschiedlicher Ausrichtungen und Hierarchieebenen sowie
- Vermittlung von Ideen zur *Steuerung wie zur Unterstützung von Strategien.*

---

1 Vgl. Kirsch, Müller & Trux 1984, S. 32-33, Kirsch, Seidl & van Aaken 2009, 3-13.

2 Vgl. zu weiterführenden Überlegungen v. a. Schanz 1977, 1979, S. 7-23, S. 89-93, Rühli 1996, S. 17-23, Staehle (Conrad & Sydow) 1999, S. 73-76.

Apropos: Dieses Lehrbuch basiert zudem auf der Annahme, dass zumindest einzelne Aspekte des Managements lehr- und lernbar sind. Dementsprechend soll den Zielgruppen dieses Manuskriptes das relevante Wissen in kompetenter Form zur Verfügung gestellt werden.

2. Unternehmungsführung: Zur Bestimmung des Inhalts

Zunächst wird in die verwendete Terminologie zur Unternehmungsführung bzw. zum Management eingeführt.[3] Neben entsprechend allgemeinen Aspekten betrifft dies im Wesentlichen alle Termini und Begriffe, die zur Bestimmung des hier thematisierten Objekts und seiner Elemente notwendig sind.[4] Angesprochen werden im Einzelnen das Managementverständnis in seinen Spezifizierungen sowie die potenziellen Interessengruppen und ihre Ansprüche an die Unternehmungsführung.[5]

Nachdem Sie dieses Kapitel durchgearbeitet haben, sind Sie in der Lage,

- die unterschiedlichen *terminologischen Zusammenhänge* zu „Management“ und „Unternehmungsführung“ zu verstehen und wiederzugeben.
- das klassische Verständnis der *Managementfunktionen* zu erläutern.
- die zentralen *Elemente eines Managementsystems*, seiner Subsysteme und deren Zusammenhänge zu erklären.
- zentrale *strategische Entscheidungen des Top-Managements* – kriteriengestützt – sowohl abstrakt als auch beispielhaft zu formulieren.
- *primäre und sekundäre Unternehmungsführung* selbstständig und beispielhaft zu erläutern.
- *Stakeholder- wie Shareholder-Approach* für sich und vergleichend zu beschreiben.

---

3 Die Termini „Unternehmung“ und „Unternehmen“ werden in diesem Text begrifflich synonym verwendet.

4 Zum besseren Verständnis der diesbezüglich noch ungeübten Leser|innen wird im Anhang ein Exkurs zu Termini, Begriff und Definition angeboten.

5 Es handelt sich hier um eine jeweils kurze, für das hier verfolgte Thema zweckbezogene Beschreibung. Ausführlicher sind sie bspw. in Becker 2015 erläutert.

2.1 Managementverständnis

2.1.1 Management und Unternehmungsführung

Die Begriffe „Management“ und „Unternehmungsführung“ (oft synonym: Führung i. w. S.) können unterschiedlich interpretiert und verwendet werden.

Management und Unternehmungsführung werden begrifflich häufig gleichgesetzt. In diesem Verständnis werden alle mit generellen Fragen der Unternehmungsführung verbundenen sachlichen und personellen Aspekte[6] in erwerbswirtschaftlichen Organisationen thematisiert. Daneben kann man Management auch auf andere Organisationen (im institutionellen Sinne) ausdehnen, beispielsweise auf Verwaltungen. In diesem Verständnis gibt es dann Unterschiede zwischen Management und Unternehmungsführung. Ich konzentriere mich im Folgenden auf die Managementaufgabe in Unternehmungen als erwerbswirtschaftlich tätige Organisationen.

Üblich ist eine Differenzierung in den *funktionalen und in den institutionellen Managementbegriff*. Hiermit sind jeweils verschiedene Objekte angesprochen. Während der funktionale Begriff auf die einzelnen Kernaufgaben (Planung, Kontrolle u. a.) der mit dem Management beauftragten Personen abzielt, spricht der institutionelle Begriff die Personen respektive die Gremien und ihre Rollen (als Träger der Unternehmungsführung) an. Management findet im letztgenannten Sinne auf allen Hierarchieebenen statt (Gesamtheit der Leitungsorganisation), wenn auch mit unterschiedlichen Teilaufgaben. Der institutionelle Managementbegriff wird im Folgenden insofern verwendet, als dass „Führungskräfte“ respektive einzelne Organe und Personen als solche Managementeinheiten angesprochen werden. Beide Begriffsvarianten werden im Folgenden weiter differenziert. Abbildung 1 gibt vorab einen Überblick über zentrale Aspekte beider Varianten.

---

6 Führung i. e. S. (synonym: Mitarbeiter- oder Personalführung) konzentriert sich dagegen auf die personelle Dimension der Unternehmungsführung (= Personalfunktion).

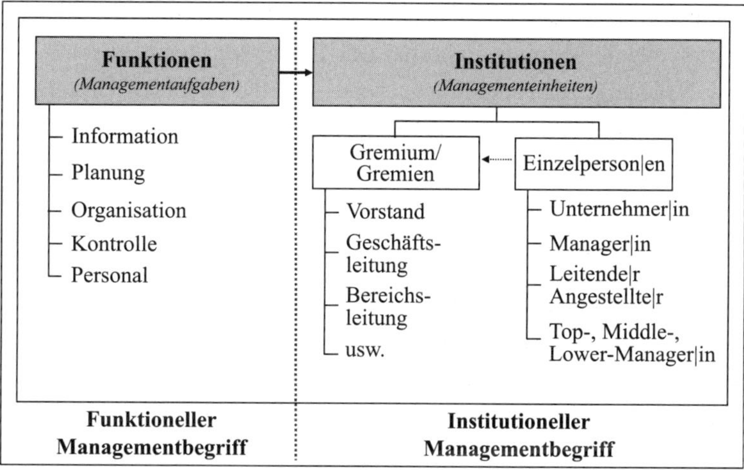

Abb. 1: Differenzierung des Managementbegriffs
Quelle: In enger Anlehnung an Becker 2015, S. 26.

2.1.2 Management als Institution

Unter Management respektive Unternehmungsführung als Institution sind die genannten *Träger der Führungsprozesse* und damit die Willensbildungszentren innerhalb (bspw. Vorstand, Geschäftsführung) und außerhalb (u. a. Aufsichtsrat, Gesellschafterversammlung) der Unternehmung zu verstehen („*Managerial role approach*“). Zum einen werden alle Stellen, die Führungs- respektive Leitungsaufgaben erfüllen, als Instanzen definiert. Die Personen, die solche Instanzen besetzen, bezeichnen wir hier als Führungskräfte oder Manager. Zum anderen werden Gremien gebildet, die Führungsaufgaben wahrnehmen, vor allem Vorstand und Geschäftsleitung. Diese Gremien können mit mehreren Personen, aber auch nur mit einer einzigen Person besetzt werden.

Je nach Hierarchieebenen sowie der Positionierung der Personen und Gremien differenziert man die innerbetrieblichen Machthierarchien im Allgemeinen in *Top-, Middle- und Lower-Management.* Während beispielsweise das Top-Management (die Unternehmungsleitung) für die Entwicklung von Grundsätzen, Zielen und Strategien zur Erarbeitung von Erfolgspotenzialen zuständig ist, verantwortet das Middle-Management vornehmlich deren Umsetzung und die operative Unternehmungsführung. Das Lower-Management schließlich ist – an der Nahtstelle zur Ausführungsebene – für die operative Umsetzung des geplanten betrieblichen Kombinationsprozesses zuständig.

2.1.3 Managementfunktionen

Der funktionale Managementbegriff trägt besonders zum Verständnis der Unternehmungsführung, der Führungssysteme und -prozesse sowie des strategischen Managements bei. Er spricht die Aufgaben an, die im System und Prozess der Führung einer Unternehmung arbeitsteilig zu erfüllen sind („*Managerial functions approach*“).[7] Diese eher allgemeinen und homogenen Kernaufgaben – unabhängig von der Hierarchieebene – werden als Managementfunktionen bezeichnet. Diese Führungsaufgaben beinhalten die sachlichen *Tätigkeiten der Willensbildung* (Analyse, Planung, Entscheidung) und *Willensdurchsetzung und -sicherung* (Veranlassung der Durchsetzung, Steuerung, Kontrolle) sowie personenbezogene Aufgaben der Personalführung.

Die komplexe Funktion „Management“ ist dazu in einzelne typische Teilaufgaben zu zerlegen. Bei einer näheren Analyse erweist es sich als sinnvoll, vor allem fünf Managementfunktionen inhaltlich näher zu betrachten: die Informations-, die Planungs-, die Kontroll-, die Organisations- und die Personalfunktion. Sie zählen zu den zentralen, weitgehend überschneidungsfreien, wenn auch miteinander verwobenen Aufgabenbereiche des Managements.

Die Managementfunktionen stehen nicht separat nebeneinander, sondern in einer bestimmten Ordnung und Abfolge. Im *Managementprozess* synonym: Führungsprozess) können die Funktionen dynamisch als Phasen – idealtypisch als eine kreisförmig aufeinander aufbauende Folge von Aufgaben – angesehen werden. Vielfältige Rückkopplungsprozesse zwischen den Funktionen respektive Phasen „flexibilisieren“ diesen Prozess. Ein Beispiel wird in Abbildung 2 visualisiert und zwar auf Basis der klassischen Differenzierung der Manage-

---

7 Vgl. bspw. Steinmann, Schreyögg & Koch 2013, S. 6-13, Steinle 2005, S. 7-13.

mentfunktionen. Die hier eingeführte Informationsfunktion geht in ihr insofern unter, als dass die nicht explizit benannt, aber integrierter Bestandteile jeglicher anderen Funktion ist.

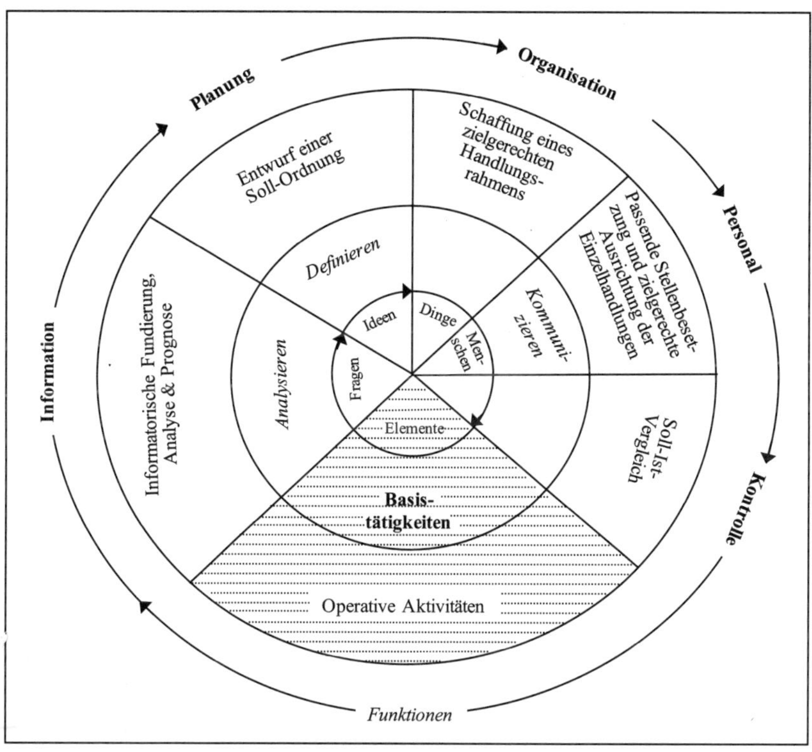

Abb. 2: Managementprozess entlang der Managementfunktionen
Quelle: In Anlehnung an Mackenzie 1969, pp. 81 f. (nach Steinmann, Schreyögg & Koch 2013, S. 12.)

Hier wird eine andersartig gestaltete Differenzierung und zudem bezogen auf den strategischen Managementprozess verwendet (s. Abb. 3). Sie konzentriert sich auf die Strategieformulierung (als strategischer Planungsprozess inklusive dessen informatorischer Fundierung) sowie die nachfolgende Strategieimplementierung und -realisation. Die Phasen werden nachfolgend erläutert:[8]

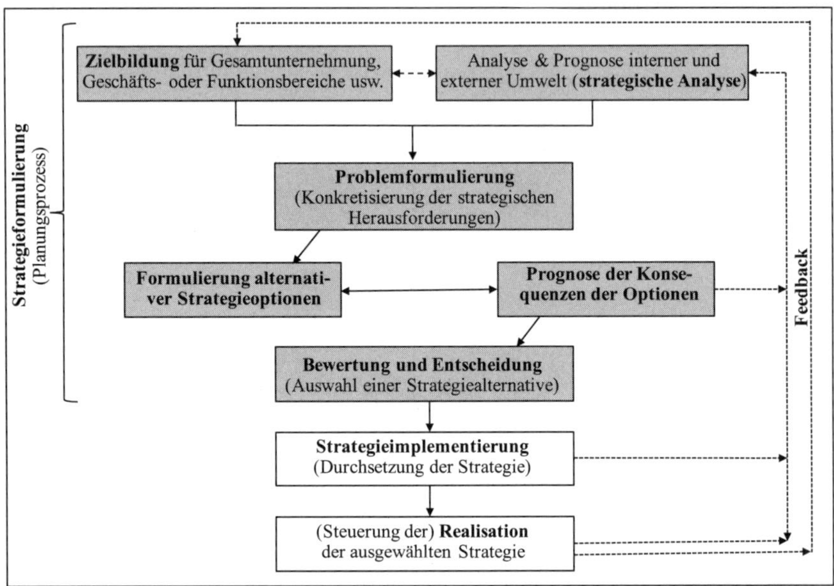

Abb. 3: Strategischer Managementprozess
Quelle: In Anlehnung an Becker 2015, S. 161; Macharzina & Wolf 2015, S. 417.

- Die *Zielbildung* beinhaltet zunächst die Festlegung von idealtypischen operationalen Soll-Zuständen in der Zukunft für die Unternehmung und ihre verschiedenen Bereiche im Sinne von prinzipiellen Wunschvorstellungen.
- Eine der Realität angemessene Zielformulierung setzt voraus, dass sowohl das innere als auch das äußere Umfeld analysiert (Ist-Zustand) und prognostiziert (Wird-Zustand) wird. Auf Basis einer entsprechenden strategischen Umwelt- und Unternehmungsanalyse erfolgt eine *Prämissenbildung* im Sinne einer Annahme über Konjunkturen, Konkurrenten, Märkte, Kundenwünsche, Mitarbeiterbedürfnisse usw., die in gegenseitiger Wechselwir-

---

[8] S. ähnlich Macharzina & Wolf 2015, S. 416-429, anders bspw. Schweitzer & Schweitzer 2015, S. 329-330, 344-359.

kung zur Zielbildung steht. Die Umweltanalyse und -prognose sind der Zielbildung in einem iterativen Prozess sowohl vor- als auch nachgelagert.[9]

- Die *Problemformulierung* konkretisiert die strategischen Herausforderungen zwischen dem formulierten *Zielsystem* und der erwarteten Umwelt.
- Da strategische Planungsprobleme in aller Regel nicht nur auf eine einzige Art und Weise lösbar sind, sind *alternative Pläne* zu entwickeln. Diese unabhängig voneinander zu realisierenden *Strategieoptionen* unterscheiden sich bezüglich ihrer Ausrichtung und/oder Spezifizierung, ihrer Annahmen, der verwendeten Ressourcen und Technologien, des zeitlichen Horizonts, ihrer Wirtschaftlichkeit, der ihnen anhaftenden Risiken u. a.[10]
- Begleitet wird die Alternativensuche und -formulierung durch eine *Prognose der Konsequenzen*, die mit jeder Strategieoption vermutlich verbunden sein werden. Planung kommt ohne Aussagen über die Zukunft nicht aus. Für die Auswahl geeigneter Strategiealternativen ist es insofern unerlässlich, sich über die problemrelevanten Entwicklungen auf Basis der jeweiligen Planrealisierung zu informieren und Wirkungsprognosen hierüber ab-

---

9 Vernünftigerweise beziehen sich beide *aufeinander*: Eine Zielbildung ohne Bezugnahme zur realistischen Entwicklung wäre Unsinn. Dies schließt keine – in Anbetracht der erwarteten Umweltentwicklungen – ambitionierte Zielsetzungen aus. Aber: Sowohl Zielinhalte wie deren Ausmaß entstehen in einer Auseinandersetzung mit der erwarteten Umwelt. Die Mercedes S-Klasse „W 126“ (Modell 1991-98) ist ein solches *Beispiel*: Technisch zwar ausgereift, optisch passt sie von ihrer Größe und ihren Proportionen aber nicht in die damalige Umwelt. Kleinere, bescheidenere, preiswertere Fahrzeuge waren gefragt. Dies hätte im Rahmen der laufenden strategischen Analyse & Prognose auffallen sollen und die Zielbildung entsprechend beeinflussen müssen.

10 *Achtung*: Es scheint auch in der Praxis ein Problem zu sein, wirklich alternative Pläne zu entwerfen. Folgt man dem Idealtypus aber nicht, so geht man ein Risiko ein. Erst nach der Bewertung eines Planentwurfs erweist sich, ob die favorisierte Vorgehensweise zur Problemlösung ausreichend beiträgt. Es kann sich bei den Strategieoptionen auch um eine grundsätzliche Option handeln, allerdings unter Annahme unterschiedlicher Umweltzustände während der Implementierung und Realisation, also letztlich „nur“ um drei Varianten derselben. Zudem sollte beachtet werden, dass marginale Veränderungen in einer Planalternative nicht gleich eine zweite Alternative begründen. *Beispiel*: Das Studium der Rechtswissenschaft ist eine andere Alternative als das der Wirtschaftswissenschaften (WiWi). Trifft diese Feststellung auch auf die Alternative „Studium in Köln oder in Bielefeld“ zu oder gar noch auf die „Alternativen“ „Ein-Fach-Bachelor“ oder „Zwei-Fach-Bachelor“ (Kombination der WiWi mit anderem Fach) zu? Eine Variante der Vorgehensweise – mit anderen Vorzeichen – ist es, für unterschiedliche Umwelten („Worst case, best case, real case“) jeweils Pläne zu erarbeiten.

zugeben. Sie sollten möglichst begründet und nachvollziehbar die Wirkungen der Strategieoptionen vorhersagen.

- Da zur Handhabung der definierten strategischen Herausforderungen (jeweils auf Unternehmungs-, auf Geschäftsbereichs- und auf Funktionsbereichsebene) nur eine der erarbeiteten Alternativen verwendet werden kann, ist es notwendig, die *Alternativen zu bewerten.* Bewertungsmaßstab ist die Zielwirksamkeit, also der Bezug zur vorab definierten Zielsetzung unter Berücksichtigung der erwarteten Konsequenzen der Strategieoptionen.
- Die schlussendliche *Entscheidung* ist die prinzipiell bewusste, rationale und verpflichtende Auswahl einer Strategie.

Damit ist die Strategieformulierung beendet. Nachfolgend ist der gewählte Plan noch zu implementieren und zu realisieren mit Betonung der Organisations-Kontroll- und Personalfunktion. Dies geschieht in zwei Phasen:

- Die *Strategieimplementierung* (Bestandteil des umfassenden Managementprozesses) bereitet danach die Realisation der Strategie vor. Dies geschieht durch eine Präzisierung der Zeitpunkte, die Bereitstellung der Ressourcen und durch die Schaffung eines Commitment (Planakzeptanz der betroffenen Mitarbeiter|innen). Die Implementierung geschieht mithilfe der strategischen Unterstützungs- und Steuerungssysteme (s. Kap. 6).
- Zum Schluss bedarf es noch der (Steuerung der) *Realisation* der gewählten Strategie also der Steuerung des operativen Managements.

2.1.4 Primäre und sekundäre Unternehmungsführung

Beschäftigt man sich näher mit den aus der Unternehmungsführung resultierenden Aufgaben sowie den zuständigen Managementinstitutionen, so kann man weiter differenzieren:[11]

- Die *primäre Unternehmungsführung* bezieht sich auf die permanente Aufgabe, das Geschehen in der Unternehmung mit strategischen und operativen

[11] S. Wirtz 1948, S. 20, Krähe 1964, Becker 2015, S. 31-32.

Entscheidungen (auch bezüglich des Managementsystems) planerisch zu prägen sowie das laufende Geschäft umzusetzen. Sie obliegt dem in der Hierarchie obersten Leitungsorgan (i. d. R.: Vorstand, Geschäftsleitung, Top-Management) der Unternehmung.

- Die *sekundäre Unternehmungsführung* erfolgt durch ein Aufsichts- oder über ein Beiratsorgan der Unternehmung. Je nach Rechtsform und unternehmungsspezifischer Regelung sind Überwachungs-, Beratungs-, Zustimmungs- und/oder andere Mitwirkungsrechte zugeordnet. Positive formale Rechte im Sinne einer inhaltlichen Vorgabe sind im Allgemeinen nicht möglich; möglich ist jedoch, dass die durch das Leitungsorgan erarbeiteten Unternehmungsstrategien der Zustimmung durch das Aufsichtsorgan bedürfen u. a. Insofern besteht hier, gerade wenn man an informale Einflussmöglichkeiten denkt, eine Mitwirkung an der Unternehmungsführung.[12]

2.1.5 Managementsystem

Die Managementfunktionen bilden die Basis für die Gestaltung eines die Gesamtunternehmung umspannenden Managementsystems (oft synonym: Führungssystem/-modell, Managementkonzeption). Unter einem solchen *Rahmenkonzept* wird die Gesamtheit der Regeln zu Strukturen und Prozessen verstanden, mit deren Hilfe Führungsaufgaben nach einheitlichen Verhaltensregeln erfüllt werden sollen.[13] Ein wesentliches Merkmal solcher Gestaltungskonzepte ist, dass sie die funktionsbereichsbezogene Analyse zugunsten einer ganzheitlichen, bereichsübergreifenden Betrachtung bei der Handhabung von Problemen der Unternehmungsführung aufgeben. Es existieren dabei fünf Führungssubsysteme entlang der Managementfunktionen. Sie bedürfen einer

---

12 *Beispiele*: Der Aufsichtsrat einer Aktiengesellschaft hat das Recht und die Pflicht, die strategische Unternehmungsführung kritisch zu begleiten, entsprechende Pläne dazu von der Unternehmungsleitung einzufordern und Anpassungen zu verlangen. Zudem obliegen Geschäfte größerer finanzieller Dimensionen seiner Zustimmung.

13 Vgl. Wild 1974, S. 172-179, Pfohl 1981, S. 20-35, Bamberger & Wrona 2012, S. 231-239.

zielgerichteten, konsistenten und ineinandergreifenden Gestaltung – und zwar auf Basis des unternehmungspolitischen Rahmens (s. Abb. 4):

- Informationssystem,
- Planungssystem,
- Kontrollsystem,
- Organisationssystem und
- Personalsystem.

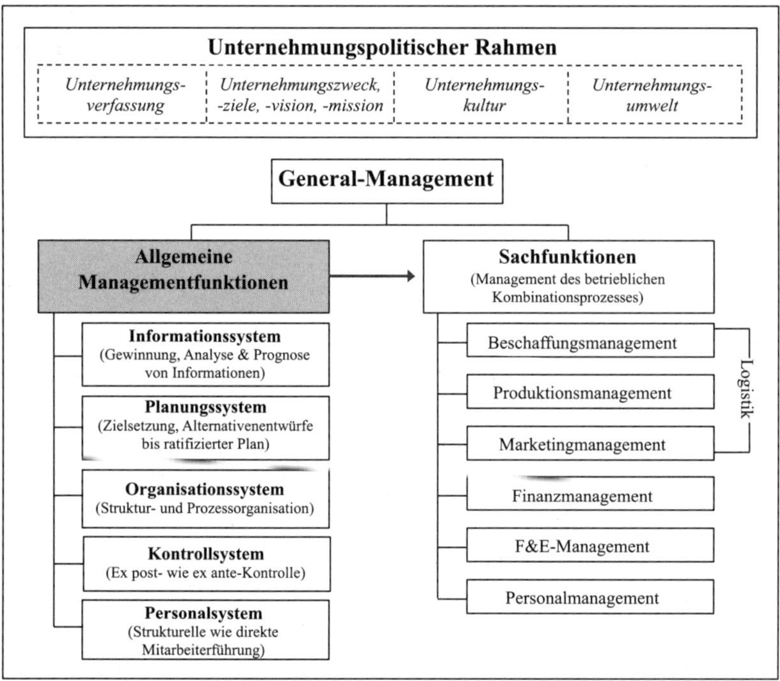

Abb. 4: Überblick über das Managementsystem und seine funktionalen Subsysteme
Quelle: Becker 2015, S. 36.

Solche *funktionalen Subsysteme* sind als gedankliche Einheiten zu verstehen, die durch eine sachlogisch vorgenommene Bündelung von Teilaufgaben eines Führungssystems entstehen. Sie sind selten deckungsgleich mit den „echten" Organisationseinheiten (als *strukturelle Subsysteme*). Funktionale Führungssubsysteme werden benötigt, um die Basis für die Ausführung von Sachfunktionen zu schaffen: Sie bedürfen einer funktionsinternen wie einer übergreifenden Organisation; ihre Planungen müssen aufeinander abgestimmt werden; sie greifen teilweise auf ähnliche Informationen zurück u. a.

Im Rahmen des *General Management* beschäftigt man sich auf der obersten Managementebene mit eher allgemeinen, übergreifenden Fragen der Unternehmungsführung. Die allgemeinen Managementsubsysteme helfen hier, den Entscheidungsprozess zu strukturieren und auch das *Funktionsmanagement* anzuleiten. Dieses beschäftigt sich nachgeordnet „nur" mit einzelnen Sachfunktionen, ist detailorientierter und im Fokus kleiner. Doch auch diese Subsysteme müssen geplant, kontrolliert, organisiert und geführt werden.

2.1.6 Managemententscheidungen

Unter dem Stichwort der Managemententscheidungen werden folgend zwei unterschiedliche, dennoch miteinander verbundene Aspekte der Entscheidungsfindung gerade im strategischen Kontext angesprochen. Zunächst werden hier allgemeine Kriterien benannt, die den Unterschied machen zwischen Entscheidungen auf der Ebene des Top-Managements und der hierarchisch nachgeordneten Managementebenen. Danach gilt es, im Text eine Verortung der normativen Grundlagen von Entscheidungen vorzunehmen.

Die Besonderheiten der *Aufgaben der Unternehmungsführung* respektive des Top-Managements, welches gerade für die zentralen Entscheidungen der Unternehmungsführung verantwortlich ist, veranschaulicht Tabelle 1.2. Sie zeigt sechs *Merkmale* auf, die in besonderer Weise strategische Entscheidungen und Handlungen (letztlich in Abgrenzung zu operativen Entscheidungen) kennzeichnen.[14] Durch einen partizipativen Entscheidungsprozess werden aller-

---

[14] Vgl. Macharzina & Wolf 2015, S. 40-43 (mit Verweis auf Girgensohn 1979, S. 63-65).

dings an der Unternehmungspraxis teilweise strategische und hierarchiebezogene Aufgaben anderen Managementebenen übertragen.[15]

Die Unterscheidung zwischen operativen und strategischen Entscheidungen ist nicht immer leicht und eindeutig möglich. Die Inhalte der Tabelle 1 erleichtern es, diese Problemstellung zu vereinfachen (s. auch Tab. 4 in 3.3.1).

Tab. 1: Merkmale insbesondere von strategischen Entscheidungen

Merkmale	***Konsequenzen***	***Beispiele***
Grundsatzcharakter	Entscheidungen lösen weiteren, nachgeordneten Entscheidungsbedarf aus; Alternativenraum der Folgeentscheidungen wird eingeschränkt (Entscheidungen mit Grundsatzcharakter)	Auswahl des Zielportfolios, Strategie der Kostenführerschaft
Hohe Bindungswirkung/Irreversibilität	Entscheidungen können, wenn überhaupt, nur unter Inkaufnahme größerer Probleme (finanzieller, zeitlicher Art) korrigiert werden	Reorganisation, Fusion
Betroffenheit der Gesamtunternehmung	Ansatzpunkt ist die gesamte Unternehmung als breiter Geltungsbereich, nicht ihre Einzelbereiche	Unternehmungsgrundsätze, Holdingorganisation
Hoher monetärer Wert	Ggf. hohe finanzielle Be-/Entlastung der Vermögens- und Ertragslage der Unternehmung	Investition in neue Technologie, Akquisition, Verkauf von Tochtergesellschaften
Wertebeladenheit	Ethische, soziale und politische Normen bestimmen die Entscheidungen	Produktionsstättenschließung/-verlagerung, Herstellung von Atomkraftmeilern
Geringer Strukturierungsgrad	Unstrukturierte Problemsituationen fordern mehr Kreativität, Ambiguitätstoleranz, Werte	Markteintrittsstrategien, Bestimmung des Zielportfolios

Quelle: Becker 2015, S. 37.

Vielfach wird von verschiedenen Autoren – v. a. unter Verweis auf die St. Galler Schule – eine Differenzierung des Managements in drei Ebenen vorgenommen (s. Abb. 5):[16]

---

[15] *Beispielhaft* sei Folgendes erläutert: Die mögliche Akquisition einer anderen Unternehmung ist oft mit relativ hohen Investitionssummen und einer in der Regel entsprechenden langfristigen Finanzierungsverpflichtung verbunden. Eine solche Entscheidung hat insofern eine hohe Bindungswirkung, weil die spätere Umkehr von einer solchen Entscheidung zwar nicht gerade irreversibel ist, aber hohe Folgekosten verursacht.

- Das *normative Management* beschäftigt sich demzufolge mit den allgemeinen Zielen, Normen und Spielregeln der Unternehmung zur Ermöglichung der „Lebens- und Entwicklungsfähigkeit der Unternehmung". Vor allem die ethische Legitimation im Kreis konfligierender Interessen der Anspruchsgruppen sowie die eigenen Werte stehen hier im Mittelpunkt der Festlegung. Letztlich bestehen am Ende Ge- und Verbote – mit Interpretationsspielräumen und Freiheiten.
- Mit dem *strategischen Management* werden dann nachfolgend auf den gesetzten Normen nun Unternehmungsstrategien auf verschiedenen hierarchischen Ebenen und für verschiedene Objekte formuliert.
- Das *operative Management* schließlich setzt sich mit der eher kurzfristigen Steuerung der verschiedenen Geschäftsprozesse auseinander.

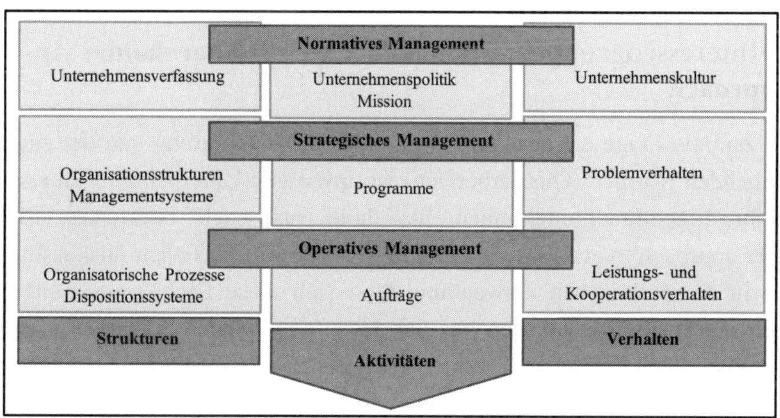

Abb. 5: Differenzierung normatives, strategisches und operatives Management des St. Galler Managementmodells
Quelle: In enger Anlehnung an Bleicher 2004, S. 83.

Gerade mit der Betonung und Hervorhebung des normativen Managements wird eine sinnvolle, pointierte Diskussion forciert. Inhaltlich ist dies auch hier der Fall, wenngleich einer anderen Zuordnung dieses wichtigen Elements gefolgt wird. Dennoch wird dieser kategorialen Differenzierung nicht gefolgt.

---

16 S. Bleicher 2004, S. 77-84, 157-286, Rüegg-Stürm 2003, S. 34-35, Rüegg-Sturm 2014.

Die Ebene des normativen Managements wird in dem hier als oberster Objektbereich des strategischen Managements aufgefasst, normatives Management ist also selbst Objekt der strategischen Unternehmungsführung. Mit Bezug auf *Kirsch* werden die einzelnen normativen Inhalte über die Rubrik „Quartärbereich" angesprochen.[17] Sie werden gewissermaßen als Bestandteil wie als Basis des strategischen Managements grundlegend festgelegt, aber auch immer wieder überprüft, angepasst und/oder umgestaltet. Das normative Management (der Quartärbereich) ist dabei Bestandteil des unternehmungspolitischen Rahmens. Anders ausgedrückt: Die Ausformung des unternehmungspolitischen Rahmens über seinen Quartärbereich ist normatives Management.

2.2 Interessengruppen: Stakeholder versus Shareholder Approach

Eine zentrale Frage der strukturellen Unternehmungsführung und der zugrundeliegenden Normen (Quartärbereich) ist, inwieweit Unternehmungen respektive ihre Eigentümer|innen einen „Stakeholder approach" oder einen „Shareholder approach" verfolgen. Sowohl in der wissenschaftlichen Diskussion als auch in der praktischen Anwendung lässt sich diese Dichotomisierung von Interessen vorfinden. Mit den letztlich jeweils wertenden Aussagen über die Wichtigkeit von Interessen werden im Rahmen der strategischen Unternehmungsführung zentrale Orientierungs- und Bewertungsgrößen festgelegt.

Der *„Shareholder approach"* wurde auf Basis eines interessenmonistischen Grundkonzepts bei der traditionellen Unternehmungsführung fast ausschließlich angewendet. Die Unternehmungsführung wird rein an den Interessen der Anteilseigner ausgerichtet.

---

[17] Der *Quartärbereich* (s. Kap. 3.3.1) stellt die sozioökonomische Standortbestimmung der Unternehmung durch die wesentlichen Stakeholder dar. Er ist Objekt eines normativen Managements.

Durch das Auseinanderfallen der Unternehmerfunktion in Eigentum und Verfügungsgewalt, also durch die Einbeziehung externer Führungskräfte, die nicht gleichzeitig Anteilseigner waren, wurde später eine zweite Interessengruppe in die Analyse einbezogen. Diese Perspektive wurde wiederum später um die Interessen anderer Gruppen erweitert. Es entstand ein interessenpluralistisches Verständnis im Rahmen des „*Stakeholder approachs*“. Dieser zielt auf die Berücksichtigung der vielfältigen internen und externen Interessengruppen einer Unternehmung ab.[18] Primäre (marktbezogene) Stakeholder, wie vor allem Kunden, Lieferanten, Kapitalgeber und Beschäftigte, beeinflussen mit unterschiedlichen Intentionen und Einflussstärken. Manche von ihnen können als interne Stakeholder bezeichnet werden. Sekundäre Stakeholder (stets externe) sind Staat, Medien, Interessenverbände etc. Diese erheben jeweils Ansprüche an die Unternehmung und deren Leitung, wenn auch mit unterschiedlicher Intensität und mit unterschiedlichem Einfluss (s. Abb. 6). Die Entscheidungsprozesse sind entsprechend auf diese Ansprüche zu fokussieren, indem die berechtigten Interessen der Stakeholder berücksichtigt werden – nicht als Selbstzweck, sondern im langfristigen Interesse der Unternehmung.

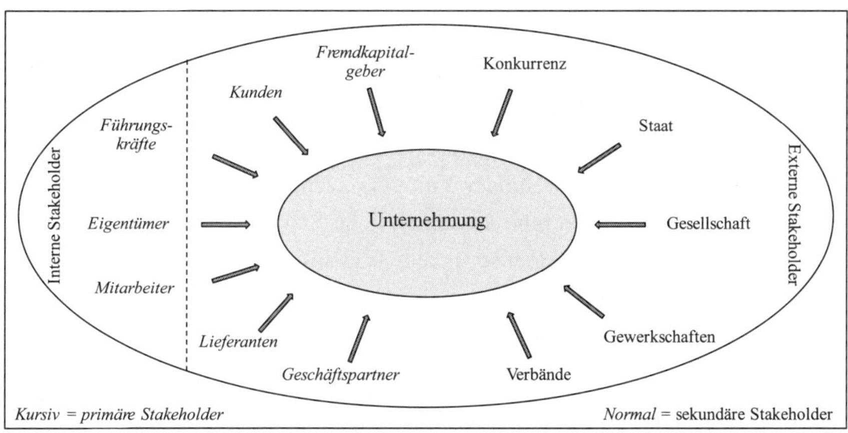

Abb. 6: Interessengruppen der Unternehmung
Quelle: Becker 2015, S. 108, in Anlehnung an Freeman 1983, p. 39.

[18] S. Freeman 1983, pp. 37-55, Hungenberg 2014, S. 27-32, Pearce II & Robinson 2015, pp. 47-57.

Die einzelnen genannten Gruppierungen haben nicht nur Einfluss auf die Unternehmung. Sie stehen oft auch zueinander in einer konfliktären Beziehung (bspw. Kapitaleigner versus Umweltschutzgruppen). Für eine Unternehmung und ihr Management bedeutet dies, sich mit den unterschiedlichsten Ansprüchen sowie den konträren Interessenlagen auseinander zu setzen. Allein von daher befinden sich Unternehmungen in einem facettenreichen Spannungsfeld.

Eine – nicht nur sporadisch durchzuführende – *Stakeholder-Analyse* hilft gegebenenfalls zur Einordnung. Diese kann in drei Schritten ablaufen:[19]

- Auflistung möglicher Interessengruppen,
- Charakterisierung der Interessengruppen (bez. ihrer Ziele, ihrer Macht sowie des Risikos, das sie durch die Unternehmungsaktivitäten tragen),
- Bestimmung der Relevanz: Erst durch eine entsprechende Zielhöhe und/oder ein bestimmtes Einsatzrisiko wird eine Interessengruppe zum Stakeholder. Zusätzlich ist auch eine adäquate Machtbasis notwendig.

In der tatsächlichen Situation der Unternehmungen findet meist nur eine geringe Berücksichtigung von verschiedenen Interessengruppen statt; allenfalls Arbeitnehmervertreter sind direkt an den Unternehmungsentscheidungen beteiligt. Andererseits ist heute dem Stakeholder-Ansatz eine hohe faktische Relevanz zuzuschreiben.[20] In neuerer Zeit ist jedoch eine erneute Bewegung weg vom Stakeholder-Ansatz zurück zum Shareholder-Ansatz festzustellen, der in der Diskussion um das Shareholder Value-Konzept eine Renaissance erfahren hat. Die Argumente gegen eine ausschließliche Stakeholder-Orientierung lassen sich in folgenden Fragen ausdrücken: Wie soll eine gleichzeitige Berücksichtigung unterschiedlicher Ziele möglich sein? Wie sollen sich konträre Zielsetzungen vereinen lassen?

Es lassen sich auch einige Argumente gegen die Shareholder Value-Maximierung anführen. Insbesondere die ausschließliche Orientierung am Unternehmungswert führt gewissermaßen zwangsläufig zu einer selektiven Informati-

---

19 Vgl. Scholz 1987, S. 25-30.

20 Vgl. bspw. Macharzina & Wolf 2015, S. 11-14.

onswahrnehmung und -verarbeitung. Als besonders relevant werden die wertsteigernden Handlungen für die Anteilseigner angesehen. Dies führt vielfach auch in der Praxis zu einer Kurzfristorientierung der Unternehmungsführung. Diese ist aber nicht Intention des „Shareholder value approachs", sondern nur dessen Handhabung.

Für die strategische Unternehmungsführung bleibt es relevant zu wissen, ob man im Interesse der Anteilseigner oder im Interesse der Unternehmung handelt. Entscheidungen in Unternehmungen werden sich immer auf diejenigen Stakeholder mit dem größten Einfluss konzentrieren. Ein Handlungsspielraum für Stakeholder wird erst – so eine nachvollziehbare These – durch Shareholder-Value-Orientierung geschaffen. Es handelt sich von daher auch nicht prinzipiell um gegensätzliche, sondern eher um komplementäre Positionen. Die Erhöhung des Shareholder Values müsste im Interesse der meisten Anspruchsgruppen sein. Eine Unternehmung kann langfristig nur dann wirtschaftlich überleben, wenn sie die Ansprüche der Aktionäre und zugleich auch die Interessen von Lieferanten, Mitarbeitern, Öffentlichkeit und anderen berücksichtigt. Diese Diskussion macht aber in jedem Fall deutlich, welche Tragweite Strategiefragen haben. Es ist zudem ein weiteres Argument dafür, dass rational geplante Strategien oftmals nicht realisierbar sind und emergente Strategien (s. Kap. 3.3.3) auftreten werden.

3. Verständnis der strategischen Unternehmungsführung

Die strategische Unternehmungsführung richtet sich auf die Festlegung, Sicherung und Steuerung der langfristigen Unternehmungsentwicklung. Damit steht weniger die Erwirtschaftung kurzfristiger Erfolge, sondern vielmehr die langfristige Bestandserhaltung und -erweiterung der Unternehmung im Mittelpunkt. Es handelt sich insofern nicht um einen völlig neuen Ansatz der Unternehmungsführung, sondern um eine inhaltliche Akzentverschiebung. Die charakteristischen Merkmale einer strategischen Führung werden nachfolgend in drei Schritten erläutert: Zunächst geht es um die Entwicklungslinien hin zum strategischen Management, dann um die theoretische Ausgangsposition und schließlich um die hier vertretene strategische Managementkonzeption selbst.

Nachdem Sie dieses Kapitel durchgearbeitet haben, sind Sie in der Lage,

- die *historischen Entwicklungslinien* hin zu einem modernen strategischen Management zu skizzieren.
- unterschiedliche *theoretische Fokusse* im Zusammenhang mit der strategischen Unternehmungsführung zu benennen.
- die wesentlichen Unterschiede zwischen dem *markt- und dem ressourcenorientierten Strategieansatz* zu differenzieren.
- *Ressourcen, Fähigkeiten und Kernkompetenz* beispielhaft auf eine Ihnen teilweise bekannte Unternehmung inhaltlich zu übertragen.
- die zentralen Inhalte der *strategischen Managementsubsysteme* zu erläutern.
- die *Sinnhaftigkeit des Schichtenmodells* mit einer Abwägung der Vor- und Nachteile einer solchen Vorgehensweise zu begründen.
- die zentralen *Objektbereiche des strategischen Managements* auch beispielhaft zu erklären.
- die *inkrementale, synoptische und schrittweise evolutionäre Planung* voneinander abzugrenzen.

- prozessual wie inhaltlich das klassische wie das nicht-rationalistische *Verständnis von Strategien* zu erläutern.

3.1 Entwicklungslinien

Bei der Lektüre einschlägiger Arbeiten zum Thema „Strategische Führung" wird man zunächst mit den Beweggründen für eine intensive Auseinandersetzung mit strategischen Fragestellungen konfrontiert. Übereinstimmend wird dabei auf die zunehmende Komplexität und Dynamik der Unternehmungsumwelt hingewiesen, die im – offenbar lang andauernden – „Zeitalter der Diskontinuitäten" (*Drucker 1969*) besteht, und das planerische Vorgehen jeder Unternehmung prägt. Selbstverständlich haben sich auch davor Entscheidungsträger in Unternehmungen mit strategischen Problemen auseinandersetzen müssen. Anders als früher sind in den letzten fünf Jahrzehnten jedoch zunehmende und gleichzeitig intensive Umweltturbulenzen zu verzeichnen, die gravierende Konsequenzen für das Management hervorrufen können.[21]

Die Inhalte und die Auseinandersetzung mit einer strategischen Führung kann man besser verstehen, wenn man die Entwicklungsschritte dorthin nachvollzieht. Üblicherweise werden vier *Entwicklungsstufen* unterschieden.[22]

- Bei der *Budgetplanung* respektive Finanzplanung (Phase 1) handelt es sich im Allgemeinen um die Vorgabe von Soll-Werten für eine Planungsperiode (Jahr). Verbunden wurde sie mit einer Kontrolle (ex post-Analyse der Ursachen von Abweichungen) der ökonomischen Größen sowie gegebenenfalls dem Einleiten von Korrekturmaßnahmen. Diese Vorgehensweise war bei relativ stabilen internen und externen Bedingungen effizient.
- Mit zunehmender Instabilität insbesondere externer Situationsbedingungen erfolgt zusätzlich mit der *prognoseorientierten Langfristplanung* (Phase 2)

---

21 Vgl. Macharzina & Wolf 2015, S. 330-335.

22 Vgl. z. B. Gluck, Kaufman & Wallek 1980, pp. 154-161, Henzler 1988, S. 1298-1299, Ansoff 1984, S. 10-18, zu Knyphausen-Aufseß 1995, S. 18-32, Kreikebaum, Gilbert & Behnam 2011, S. 37-42.

die Abwendung von einer reinen Vergangenheitsorientierung. Ein „Management by Extrapolation“ entwickelte vorwiegend quantitative Ziele und längerfristige Pläne (Mehrjahresbudgets). Diese beruhten auf in die Zukunft extrapolierten Vergangenheitsdaten. Dieses Vorgehen „funktionierte“ so lange, bis sich auf den Märkten diskontinuierliche Entwicklungen zeigten.

- Die *strategische Planung* (Phase 3) sollte solchen Diskontinuitäten antizipativ begegnen. Sie unterzog vor allem die externe Umwelt, aber auch die Unternehmung selbst einer Analyse & Prognose, um Chancen und Risiken der für die Zukunft erwarteten internen und externen Bedingungen zu identifizieren. Die Strategien waren auf die Erreichung eines nachhaltigen Wettbewerbsvorteils ausgerichtet. Dies bedeutete insofern einen Fortschritt, als dass eine zukunftsorientierte Unternehmungssteuerung umgesetzt wurde. Die Verbesserung hängt auch mit den prinzipiellen Unterschieden strategischer und operativer (Langfrist-)Planung zusammen.[23] Die strategische Planung stellte dabei fast ausschließlich die Planungsfunktion in den Fokus.
- Die *strategische Unternehmungsführung* (Phase 4) erweiterte die strategische Planung insgesamt in drei Punkten:[24] Zum Ersten werden neben einer engen Produkt-Markt-Strategie auch andere System-Umwelt-Beziehungen (bspw. Unternehmungskultur und Vision) einbezogen. Die externe Umweltorientierung und interne Kompetenz der Unternehmung werden zum Zweiten prinzipiell gleichgewichtig betrachtet. Die bis dahin eher reaktiven Strategien führten nämlich zu einer Vernachlässigung interner Stärken und Schwächen. Es wird zum Dritten ausdrücklich die Steuerung mittels anderer Managementfunktionen bzw. Managementsubsysteme berücksichtigt.[25]

---

23 *Achtung*: Man darf nicht den Fehler machen, operative mit kurzfristiger Planung sowie strategische Planung mit langfristiger Planung gleichzusetzen. Dies sind zwei verschiedene Begriffsebenen: Die erste setzt am Wirkungshorizont der – durchaus kurzfristigen – Entscheidungen, die zweite am verplanten Zeitraum – auch operativer Maßnahmen – an.

24 Vgl. Ansoff, Declerk & Hayes 1976, pp. 39-78.

25 Wichtige Beiträge zur Entwicklung des strategischen Managements hat die Krisenforschung geleistet: Frühwarnsysteme, „*Strategic issue management*“, Konzept der schwachen Signale u. a. wurden zur Identifikation von Gefahren und zur adäquaten Reaktion entwickelt. S. Ansoff 1976, Macharzina & Wolf 2015, S. 330-335, sowie Kap. 4.

Bei der Umsetzung der Strategie erwies sich gerade die Konzentration auf die Produkt-Markt-Strategie als Ergebnis der strategischen Planung als hinderlich. Strategien existieren nicht im luftleeren Raum, sondern sind in anderen Unternehmungsspezifika eingebunden. Diese sind zur erfolgreichen Erarbeitung wie auch Umsetzung von Produkt-Markt-Strategien unbedingt zu berücksichtigen. Durch diese Überlegungen erlangten beispielsweise die Fähigkeiten des Personals, die Organisationsstruktur und die Unternehmungskultur als zentrale Strategiedeterminanten eine selbstständige strategische Beachtung wie Bedeutung. Es wurde erkannt, dass sie bei einer strategischen Ausrichtung einerseits eine verbesserte Umsetzung von Strategien und Einzelmaßnahmen ermöglichen, andererseits aber auch die Qualität der Planung selbst verbessern können. Dies verlangt nach Erweiterung der Sichtweise zu einem Managementsystem und einer „strategischen" Koordination aller Managementsubsysteme. Der technische Charakter der strategischen Planung veränderte sich somit zu einem strategischen Denken. Diese Gedanken wurden früh bereits im Konzept des strategischen Managements von *Ansoff* umgesetzt.[26]

3.2 Theoretische Ausgangspositionen

Die Betrachtung von Unternehmungen basiert jeweils auf bestimmten Grundannahmen, beispielsweise über die Funktion der Unternehmung oder Annahmen über das Verhalten von Personen in Entscheidungsprozessen. Je nach Inhalten und Zusammenhängen dieser Annahmen richtet sich die Aufmerksamkeit des Betrachters oder Gestalters auf unterschiedliche Gesichtspunkte, werden unterschiedliche Methoden zur Auseinandersetzung mit Problemen angewendet. Forscher kommunizieren im Allgemeinen ihre Annahmen in ihren theoretischen Ausgangspositionen. Diese legen fest und beschreiben, auf welche Weise sich Forscher mit Aspekten der strategischen Führung auseinandersetzen.[27] Sie haben starken Einfluss auf den jeweiligen Bezugsrahmen und be-

---

26 Vgl. Ansoff 1965, 1984, Kirsch, Esser & Gabele 1979, S. 20-60.

27 Vgl. bspw. Welge, Al-Laham & Eulerich 2017, S. 27-190, zu Knyphausen-Aufseß 1995, S. 50-234, Mintzberg 1995, pp. 1-5, Eschenbach & Kunesch 1994.

stimmen entsprechend, welche Begrifflichkeiten gewählt und welche Themengebiete mit welchen Methoden bearbeitet werden.

Die Disziplin „Strategische Führung“ ist durch verschiedene Forschungstraditionen und „Schools of thought“ (*Mintzberg* 2001) geprägt (s. zu einem Überblick verschiedener Herangehensweisen Tab. 2). Die Darstellung vereinfacht zwar stark, hilft aber, ein reichhaltiges Bild der Theorie der strategischen Führung zu zeichnen und die unterschiedlichen Schwerpunkte zu verdeutlichen.

Nach der Lektüre dieser Übersicht sind nachfolgend noch einige wesentliche theoretische Ausgangspositionen in ihren Perspektiven skizzieren: Die Industrieökonomie lenkt den Blick auf branchenbezogene Fragen, ressourcenorientierte Ansätze verändern den Fokus auf unternehmungsbezogene Fragen, evolutionäre Ansätze befassen sich mit der generellen Planbarkeit von Unternehmungsentwicklungen, agenturtheoretische Ansätze fokussieren auf die Auftragsbeziehung der strategisch handelnden Personen, konfigurationstheoretische Konzepte rücken Typen von Unternehmungen in den Mittelpunkt, mikropolitische Ansätze betonen den interessenbezogenen Entscheidungsprozess.

Marktorientierte Strategieansätze

Die Industrieökonomik beeinflusste die Entstehung des marktorientierten Ansatzes („*Market-based view*“) der strategischen Planung. Basis dieses Ansatzes ist das „Structure → conduct → performance“-Paradigma.[28] *Unternehmungsspezifische* Wettbewerbsvorteile werden hiernach durch die Branchenstruktur und das quasi resultierende strategische Verhalten der Wettbewerber erklärt. Wesentliches Charakteristikum einer solchen Betrachtung ist eine „*Outside-in*“-Perspektive: Man analysiert und prognostiziert Chancen und Gefahren, die vom Absatzmarkt („Outside“) ausgehen. Die strategische Orientierung („Inside“) einer Unternehmung wird infolge dieser Einschätzungen abgeleitet (s. Abb. 7).

---

[28] Vgl. zu Knyphausen-Aufseß 1995, S. 53-61. Die Industrieökonomik hat sich allerdings mittlerweile von ihrem starren Paradigma getrennt.

Tab. 2: „Schools of Thoughts"

	Desgin School	***Planning School***	***Positioning School***	***Entrepreneurial School***	***Cognitive School***
Hauptvertreter (historisch)	*Learned u. a. 1962*	*Ansoff 1965*	*Porter 1980*	*Schumpeter 1934*	*March/Simon 1957*
Zugrundeliegende Theorietradition	Keine (Architektur als Methapher)	(Verbindungen zur Stadtplanung, Systemtheorie und Kybernetik)	ökonomische Theorien (Industrial Organization) und Militärgeschichte	keine	psychologische (kognitive) Theorien
Gegenwärtiger und zukünftiger Status der Forschung	nur auf Basis präskriptiver Ansätze	gering, es sei denn, sie wird empirisch ausgerichtet	sehr hoch, vermutlich auch weiterhin hoch	leicht zunehmende Bedeutung	gegenwärtig mittel, zukünftig evtl. abnehmend
Prozessverständnis	konzeptioneller Prozess	formaler Prozess	analytischer Prozess	visionärer Prozess	mentaler Prozess
Basisempfehlung (Leitaussage)	Denke!	Formalisiere! (Dekomponiere)	Analysiere! (Fährte)	Beobachte genau!	Überwinde!
Empfohlene Realisierungsmethode	Entwurf der Strategie als Fallstudie	Programmiere! (besser als formulieren)	Kalkuliere! (besser als kreieren oder festlegen)	Zentralisiere! (und hoffe)	Sorge Dich! (überwinden und erfinden unmöglich)
Strategieverständnis	explizite Perspektive, einzigartig	expliziter Plan, dekomponiert in Unterstrategien u. Programme	explizite generische Position (ökonomische Wettbewerbsposition), auch für Aktoren	implizite Perspektive (Vision), persönlich und einzigartig (Nische)	mentale Perspektive (individuelles Konzept)
Organisatorischer Wandel	gelegentlich, bedeutsam	periodisch, inkremental	stückweise, kann plötzlich auftreten	gelegentlich, meistens bedeutsam und „revolutionär", opportunistisch	sSelten (mentaler Widerstand)
Bedeutung des Umfeldes	nützlich; bietet manchmal Gefahren; zumeist Gelegenheiten	fügsam, Checkliste von Faktoren, die vorhergesehen oder gesteuert werden müssen	anspruchsvoll bezüglich bestehenden Wettbewerbes, aber in ökonomischen Größen analysierbar	manövrierbar, um eine Nische zu finden	erdrückend für die Kognition
Zentrale Aktoren	Top Manager („Architekt")	Planungsstab	Analysten	„Führer"	„Kopf"

Quelle: In Anlehnung an Mintzberg 2001, S. 396-401, zu Knyphausen-Aufseß 1995, S. 25.

Tab. 2: „Schools of Thoughts" (Fortsetzung)

	Learning School	**Political School**	**Cultural School**	**Environmental School**	**Configurational School**
Hauptvertreter (historisch)	*Lindblom 1959*	*Pfeffer/Salanik 1978*	*unspezifiziert*	*Hannan/ Freeman 1977*	*Miles/Snow 1978*
Zugrundeliegende Theorietradition	keine (evtl. Verbindungen zur psychologischen und pädagogischen Lerntheorien)	Politikwissenschaften	Anthropologie	Biologie	Geschichte (evtl. Katastrophentheorie der Mathematik und Gleichgewichtstheorie der Biologie)
Gegenwärtiger und zukünftiger Status der Forschung	zunehmende Bedeutung	zunehmende Bedeutung	gegenwärtig mittel, ohne konzeptionelle Innovation abnehmend	momentan gering, wahrscheinlich abnehmend	zunehmende Bedeutung
Prozessverständnis	emergenter Prozess	Machtprozess	ideologischer Prozess	passiver Prozess	episodischer Prozess
Basisempfehlung (Leitaussage)	Lerne!	Unterstütze!	Zusammenwachsen!	Reagiere!	Integriere!
Empfohlene Realisierungsmethode	Spiele! (besser als beabsichtigen)	Sammle! (besser als teilen oder produzieren)	Verewige den Zustand! (besser als verändern)	Kapituliere! (Population Ecology); Teile! (Kontingenztheorie)	Nimm es hin! (besser als nuancieren)
Strategieverständnis	implizites Verhaltensmuster, häufig kollektiv	taktieren u. positionieren, offen und verdeckt, Einheiten (Mikro) u. organisationsweit (Makro)	kollektive Perspektive, einzigartig und zumeist implizit	spezifische Position (Nische in Pop. Ecology)	alle aufgeführten Arten, abhängig von der Situation
Organisatorischer Wandel	kontinuierlich (zumeist inkremental, stückweise, gelegentlich große Sprünge)	häufig, stückweise, idiosynkratisch	selten (ideologischer Widerstand)	niemals oder selten und bedeutsam (Pop. Ecolo.), oft, stückweise (Kon.th.)	gelegentlich, bedeutsam und „revolutionär"
Bedeutung des Umfeldes	verlangend, schwierig	unlenkbar (Mikro); anpassungsfähig (Makro)	zufällig	diktatorisch (Pop. Ecolo.); anspruchsvoll, allg. Dimensionen (Kon.theorie)	alles, was kategorisierbar ist (z. B. nach den links aufgeführten Kategorien)
Zentrale Aktoren	jeder, der fähig ist zu lernen	jeder, der Macht hat	Kollektiv	Umwelt	alle aufgeführten, abhängig von Situation

Quelle: In Anlehnung an Mintzberg 2001, S. 396-401, zu Knyphausen-Aufseß 1995, S. 25.

Die angestrebte strategische Wettbewerbsposition wird auf externe Erfolgsbedingungen im Kontext variierender Umwelten zurückgeführt: Vor allem der Absatzmarkt und anderer Bedingungen des externen Marktes „definieren“ die Anforderungen an das Verhalten der Unternehmung. Um auf die wahrgenommenen Chancen und Risiken reagieren zu können, sind entsprechend abgeleitete Produkt-Markt-Strategien zur Erreichung von Wettbewerbsvorteilen zu formulieren.[29]

Abb. 7: Zusammenhänge im marktorientierten Ansatz der Strategieentwicklung

Die eher marktorientierten Strategiekonzepte sind in der Regel reaktiv d. h. mit ihnen wird auf prognostizierte Umweltveränderungen reagiert. Sie konzentrieren sich zudem (fast) ausschließlich auf externe Erfolgsfaktoren und lassen daher interne Ressourcen als mögliche strategische Erfolgsfaktoren unbeachtet.

Ressourcenbasierte Strategieansätze

Spätestens seit Beginn der 1990er Jahre entwickelten sich als Gegenbewegung ressourcenbasierte Strategieansätze („*Resource based view*“). Diese rücken die Bedeutung unternehmungsinterner Ressourcen in den Mittelpunkt der Strategieentwicklung, indem sie diese für die entscheidende Quelle der Erreichung dauerhafter Wettbewerbsvorteile der Unternehmung identifizieren (Ressourcen → Strategie → Leistung). Es wird eine „*Inside-out*“-Perspektive verfolgt. Die Strategieformulierung richtet sich dementsprechend nur nachrangig an der Marktattraktivität aus. Primärer Ausgangspunkt ist die Ressourcenstärke der Unternehmung (s. Abb. 8). Mit ihnen kann man dann durch eine entsprechende Strategie auch auf eher unattraktiven Märkten erfolgreich sein.

---

[29] Vgl. bspw. das Harvard-Konzept der Strategieentwicklung bei Christensen u. a. 1982.

- Eine Aufgabe der strategischen Unternehmungsführung besteht dann zum Ersten in dem Aufbau, dem Erhalt und der Weiterentwicklung spezifischer Ressourcen. Bei diesen *Ressourcen* kann es sich handeln, beispielsweise um die maschinelle selbsterstellte oder gekaufte Ausstattung, eigene Software, hochwertige Personalausstattung, starke Marken, lukrative Lizenzen, Unternehmungskultur, Firmenimage u. Ä.
- Zum Zweiten ist unbedingt die unternehmungsspezifische bzw. organisationale Fähigkeit, diese *Ressourcen* auch im Wettbewerb nutzen zu können („*Organizational capabilities*"), hinzuzufügen:[30] Die Personalabteilung (im Zusammenwirken mit den Vorgesetzten) hat beispielhaft die Fähigkeit, die qualifizierten Mitarbeiter nicht nur zu beschaffen und zu binden, sondern auch zu besonderen Leistungen zu bewegen. Die Verantwortlichen des Planungsprozesses schaffen es durch ihre Prozessorganisation u. a. kreative wie kooperative Potenziale der involvierten Mitarbeiter effektiv wie effizient zu nutzen. Dies sind zwei Beispiele des Zusammenhangs „Ressource + Fähigkeit".[31]

Nur beide Stärken zusammen können Wettbewerbsvorteile generieren. Also: Die grundlegenden materiellen und/oder immateriellen Ressourcen (Knowhow der Mitarbeiter, selbst erstellte Anlagen, technologische Erfahrungen, Unternehmungskultur, Standort ...) einer Unternehmung können dann Ausgangspunkt für eine spezifische Strategieentwicklung sein, wenn die Unternehmung *zusätzlich* die organisationale Fähigkeit hat, diese effektiv und effizient im Rahmen ihrer strukturellen, prozessualen und systemischen Gestaltungen einzusetzen und zu koordinieren (spezielle Ressourcen + Fähigkeit im

---

[30] Vgl. zur Differenzierung von Ressourcen und zum Ansatz Penrose 1959, zu Knyphausen-Aufseß 1995, S. 82-88, Grant 2002, pp. 139-145, Grant & Nippa 2006, S. 183-196, Pearce II & Robinson 2015, pp. 165-174.

[31] *Beispiele*: (1) Für einen Profi-Fußballmannschaft reicht es nicht aus, „lediglich" gute Spieler|innen (als Human-Ressource) unter Vertrag zu haben. Es bedarf auch einer organisationalen Fähigkeit (v. a. via Trainer|in), die über Systemgestaltung und -Handhabung (via Spieltaktik, Spieler|innenansprache, kulturelle Führung u. Ä.) mit den (gleichen) Personen erfolgreich umzugehen. (2) Jupp Heynckes alleine würde Arminia Bielefeld nicht zur deutschen Meisterschaft führen.

Unternehmen, diese zu nutzen = Kernkompetenz)[32] Grundvoraussetzung ist allerdings, dass die angebotenen Produkt- und/oder Dienstleistungen für die Kunden wertvoll sind, sie durch Mitwettbewerber nur schwer imitierbar und kaum substituierbar sind sowie dass die entsprechenden Fähigkeiten nur schwer auf andere Unternehmungen übertragbar (bspw. durch Abwerbung von Mitarbeitern) sind.

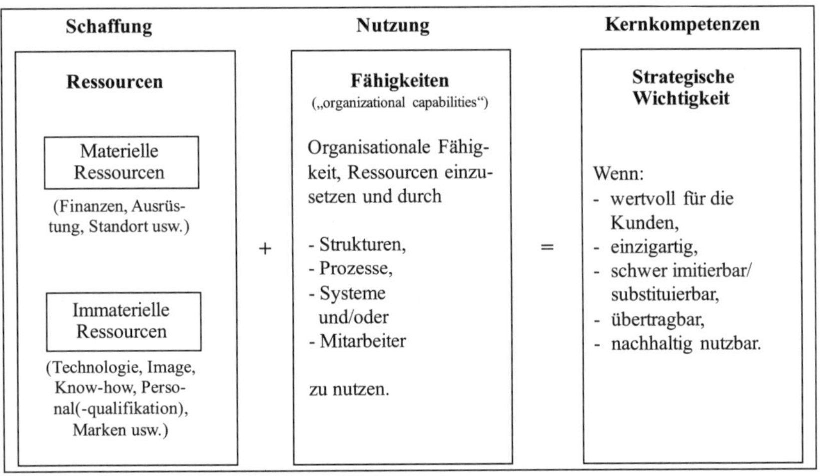

Abb. 8: Ressourcen und Fähigkeiten als Basis von Kernkompetenzen

Kernkompetenzen sind zu erarbeiten, die – basierend auf Ressourcen + Fähigkeiten – eine dauerhafte und intern transferierbare Ursache für nachhaltige Wettbewerbsvorteile sein sollen.[33] Dies führt zu einer Kernkompetenzstrategie: Die Unternehmung konzentriert sich auf bestimmte Kernressourcen und -fähigkeiten. Produkte und Leistungen, die Wettbewerber ebenso gut oder besser beherrschen, werden anderen Unternehmungen überlassen. Die Kernkompetenzen sollen dabei, zum Ersten der Unternehmung den Zugang zu einem weiten Marktspektrum eröffnen, zum Zweiten vom Kunden als wesentlich und als deutlich besser wahrgenommen werden sowie zum Dritten von

---

32 Vgl. Becker 2015, 64-68, Welge, Al-Laham & Eulerich 2017, S. 85-94, Kreikebaum, Gilbert & Behnam 2011, S. 90-99.

33 Vgl. Krüger & Homp 1997, S. 27.

anderen nur schwer substituierbar und/oder imitierbar sein.[34] In Reinform ist diese Idee schwer erfolgreich umsetzbar. Zudem scheint auch eine reine Konzentration auf die ressourcenorientierte Sicht zu kurz geraten zu sein.[35]

Eine Gegenüberstellung der strategischen Ansätze entlang verschiedener Kriterien hilft die gegensätzlichen Vorgehensweisen zu verdeutlichen (s. Tab. 3).

Tab. 3: Gegenüberstellung der markt- und der ressourcenorientierten Sichtweise

Kriterien	**Marktorientierter Ansatz**	**Ressourcenorientierter Ansatz**
Denkfigur	Unternehmung als Portfolio von Geschäften	Unternehmung als Reservoir von Fähigkeiten und Ressourcen
Allgemeine Zielsetzung	Wachstum durch Cashflow-Balance im Laufe des Geschäftsfeld-Lebenszyklusses	Nachhaltiges Wachstum durch Entwicklung, Nutzung und Transfer der Kernkompetenzen
Konkurrenzgrundlage	Produktbezogene Kosten- oder Differenzierungsvorteile	Ausnutzung von unternehmungsweiten Schlüsselfähigkeiten
Charakter des strategischen Vorteils	Zeitlich befristet, erodierbar geschäftsspezifisch wahrnehmbar	Dauerhaft, schwer angreifbar transferierbar in andere Geschäfte verborgen („Tacit knowledge“)
Strategiefokus	Tendenziell defensiv: Ausbau und Verteidigung bestehender Geschäfte; Anpassung der Strategie an die Wettbewerbskräfte	Tendenziell offensiv: durch Kompetenztransfer Weiterentwicklung alter und Aufbau neuer Märkte; Beeinflussung der Wettbewerbskräfte
Planungshorizont	Eher kurz- und mittelfristig	Betont langfristig
Aufgabe des Top-Managements	Zuweisung und Kontrolle von finanziellen Ressourcen an die strategischen Geschäftseinheiten	Identifikation, Transfer und Integration von Ressourcen und Fähigkeiten auf Basis eines Gesamtkonzepts

Quelle: In enger Anlehnung an Krüger & Homp 1997, S. 63.

Gerade bei volatilen, d. h. sich rasch und unstetig verändernden, Märkten ist eine vorrangig marktorientierte Vorgehensweise sehr gefährlich für den langfristigen Fortbestand der Unternehmung. Die Gefahr, nicht die Marktveränderungen (rechtzeitig) zu erfassen sowie darauf aufbauend treffende Produkt-

---

34 Vgl. Prahalad & Hamel 1991, p. 71, Hamel & Prahalad 1994.

35 Ein idealtypisches *Beispiel* für die letztgenannte Vorgehensweise ist Apple. Auf Basis ihrer Ressourcenstärke „Forschung & Entwicklung, Marketing und Perfektion“ ist es Apple gelungen, neue Märkte mit großem Gewinnpotenzial zu schaffen (v. a. iPod, iPhone, iPad, iTunes).

Markt-Kombinationen nicht anzupassen, ist groß. Je stabiler Märkte sind, desto eher lässt sich die Vorgehensweise aber erfolgreich umsetzen. Eine strategische, ressourcenorientierte Unternehmungsführung bietet sich gerade bei den angesprochenen volatilen Märkten an. Die entsprechend gestaltete Strategie baut auf längerfristig nutzbaren Ressourcen auf und wird von daher nicht so schnell obsolet wie rein marktorientierte Strategien. Die vorhandenen, sich vom Wettbewerb abhebenden Stärken sind dann eine notwendige, wenn auch keine hinreichende Voraussetzung dafür, sich erfolgreich und rasch Markterfordernissen anpassen zu können bzw. sich sogar Märkte zu schaffen. Erst im zweiten Schritt ist dann zu prüfen, ob Märkte aufnahmebereit für die durch die Unternehmung alternativ oder gleichzeitig anzubietenden Produkte-Dienstleistungen sind. Voraussetzung ist dabei, dass folgende Eigenschaften für das Paket „Ressourcen und Fähigkeiten" ausgeprägt für die Unternehmung vorliegen: Einzigartigkeit, schwere Substituierbarkeit, Dauerhaftigkeit, Nutzbarkeit und Überlegenheit. So werden Kernkompetenzen für die Entwicklung von nachhaltigen Wettbewerbsvorteilen entwickelt und genutzt.

Der ressourcenorientierte Ansatz bei der Strategieentwicklung betont im Gegensatz zur marktorientierten Vorgehensweise „... die Einzigartigkeit eines jeden Unternehmens [oder Geschäftsfeldes] und stellt heraus, dass der Schlüssel zur Rentabilität nicht daran liegen kann, das Gleiche oder sehr Ähnliches zu machen wie die Konkurrenz, sondern vielmehr im Ausnutzen von Unterschieden. Das Etablieren von Wettbewerbsvorteilen umfasst die Formulierung und Implementierung einer Strategie, welche die Einzigartigkeit des unternehmerischen Portfolios an Ressourcen und Fähigkeiten ausschöpft.[36]

[36] Obwohl zum *Beispiel* Aldi, Wal-Mart, Southwest Airlines und Ryan Air alle eine Kostenführerstrategie verfolgen, versucht jedes Unternehmen, dieses Ziel durch den *Einsatz einer einzigartigen Kombination von Ressourcen und Fähigkeiten* sowie durch unterschiedliche Umsetzungsstrategien ... zu erreichen. Konkurrenten können so zwar von ihrem Erfolg lernen, aber Versuche, ihre Strategien zu reproduzieren, wären wahrscheinlich zum Scheitern verurteilt, weil das Reproduzieren der Umsetzungsstrategien das Reproduzieren von Ressourcenkombinationen erforderlich macht, die wiederum das Resultat einer einmaligen Entstehungsgeschichte und einzigartiger Bedingungen sind." Grant & Nippa, 2006, S. 180 (Herv. FGB).

Evolutionäre Ansätze

Kritiker der bislang skizzierten Ansätze sind der Ansicht, dass Unternehmungen zu komplex sind, um durch rationale Analysen und Strategien in einen gewünschten Zustand transformiert zu werden. Das Handeln von und in Unternehmungen wird von manchen Autoren daher als evolutionärer Prozess verstanden. Dieses Verständnis greift unter anderem zurück auf populationsökologische Organisationstheorien und basiert auf dem Wandel biologischer Organismen. Eine entsprechende evolutionstheoretische Sichtweise der Unternehmung beruht insofern auf der Annahme, dass sich die Ordnung einer Gesellschaft und ihre Institutionen im Wesentlichen nicht als das Ergebnis menschlicher Planung und Steuerung darstellen, sondern diese ein jeweils vorläufiges Ergebnis sind, das die Historie der Institutionen und das jeweilige interessenbezogene Zusammenwirken der beteiligten Personengruppen widerspiegelt. Management ist die Aufgabe vieler, ist vor allem Systemführung indirekter Art zur Verbesserung der Anpassungs- und Lebensfähigkeit. Unternehmungen sind insofern selbststeuernde und organisierende Systeme bei denen das Management „lediglich" in der Form eines Katalysators Rahmenbedingungen schaffen kann, die den betrieblichen Transformationsprozess verbessern können.[37] Der Gestaltungsspielraum des Top-Managements wird somit als begrenzt angesehen. In einem evolutionären Ansatz der strategischen Führung wird stattdessen ein schrittweises Vorgehen mit vielen Freiheiten auch für nachgeordnete Entscheidungsträger präferiert.[38]

Agenturtheorie

Die Agenturtheorie (*„Agency theory", Principal-Agent-Theorie*) ist ein institutionenökonomischer Ansatz. In dessen Rahmen wird die vertikale Arbeitsteilung zwischen einem Auftraggeber („Principal") und einem Auftragnehmer („Agent") behandelt, zum Beispiel zwischen Aufsichtsrat und Vorstand oder

---

37 Vgl. Malik 2015, Malik & Probst 1981, S. 126-132.

38 Vgl. hierzu v. a. Kirsch 1997, S. 41-71, Kirsch, Seidl & van Aaken 2009, S. 1-6, passim, Woywode & Beck 2014, S. 256-294, auch zum v. a. im anglo-amerikanischen Raum diskutierten Population Ecology-Ansatz.

Vorgesetzten und Untergebenen. Die Akteure sehen ihre Beiträge im betrieblichen Kombinationsprozess unter Kosten- und Nutzenaspekten. Sie verhalten sich dementsprechend – so die Annahme – rational und opportunistisch.[39] Mit der Agenturtheorie wird geprüft, wie durch institutionelle Regeln die Interessen der Auftraggeber gesichert werden können. Die entstehenden Kommunikations- und Kontrollsysteme sollen das Delegationsrisiko reduzieren.[40] Die Agenturtheorie kann in verschiedenen Zusammenhängen der strategischen Führung herangezogen werden. Immer, wenn ein Agent im Auftrag des Prinzipals tätig werden soll, zeigen sich die unter diesem theoretischen Fokus diskutierten Probleme „Hidden action", „Hidden information", „Hidden intention" und „Hidden characteristics" seitens der Agenten, die die Steuerung durch den Prinzipal erschweren. Dies kann sich bei der Strategieformulierung, bei der Auswahl und Gewichtung von Analysefaktoren und bei der Formulierung der Strategien und der Strategieumsetzung zeigen. Selbst die Gestaltung des Führungssystems ist hier einbezogen. Je nach Hierarchieebene beziehungsweise Aufgabenbereich der Agenten ergeben sich Spielräume, um das eigene Nutzenniveau, und nicht das des Prinzipals zu verbessern. Der Prinzipal ist von daher bemüht, über spezifisch gestaltete Elemente des Managementsystems (Anreize, Steuerung, Kontrolle) dieses eigennützige Verhalten zu verhindern.[41]

Konfigurationstheoretische Ansätze

Die Konfigurationstheorie (synonym oft: Gestalttheorie) kennzeichnen zwei zentrale Gedanken: Der erste postuliert, dass Erfolg von Unternehmungen nicht primär aus Umweltgegebenheiten gefolgert werden kann, sondern nur durch eine integrative Betrachtung von Variablen, wie Strategie, Struktur und Umwelt, erklärbar wird. Mithin werden Unternehmungen als multidimensionale Konstellationen dieser Variablen verstanden. Dies erklärt, warum Unter-

---

[39] Mit der *Steward-Ship-Theorie* wird seit einiger Zeit versucht, der prinzipiellen Opportunismusannahme der Agenturtheorie entgegenzuwirken. Vgl. Velte 2010, S. 285-293.

[40] Vgl. zusammenfassend Ebers & Gotsch 2014, S. 195-255, Richter & Furubotn 2010.

[41] Vgl. als Beispiel für eine solche Auseinandersetzung Hüttemann 1993, Becker & Kramarsch 2006, S. 15 ff.

nehmungen in identischen Märkten große Unterschiede in den benannten Variablen aufweisen können, aber dennoch gleich erfolgreich sind. Es gibt demnach nicht nur einen erfolgreichen Unternehmungstyp, vielmehr lassen sich unterschiedliche, „äquifinale" Typen in der Realität feststellen. Der zweite zentrale Gedanke zielt auf die Entwicklung von Unternehmungen. Werden bestimmte Typen als „viabel" eingestuft, so bedeutet dies nicht, dass sie fortgesetzt Bestand haben müssen. Vielmehr ist die Vorstellung realistisch, dass durch Wachstum, veränderte Märkte oder Technologien Anpassungsprozesse erforderlich werden. Diese können entsprechend der Konfigurationstheorie nicht schrittweise erfolgen, denn dies würde der viablen Variablenkonstellation, der bewährten Konfiguration, entgegenstehen. Wandel und Anpassungsprozesse werden demzufolge tendenziell lange hinausgezögert und erfolgen erst, wenn die vorherigen Strategie-, Struktur-, Umweltkombination nicht mehr tragfähig sind. Wandel stellt sich damit als eine grundlegende Anpassung durch einen „Sprung" in eine neue Konfiguration dar, die wiederum nur dann Bestand hat, wenn eine viable Konfiguration, also eine gangbare Variablenkonstellation gefunden wurde. Konfigurationstheoretische Studien versuchen, solche Typen zu identifizieren und damit zugleich auch Wandel von Unternehmungen zu beschreiben.[42]

Pfadtheoretische Ansätze

Die Theorie der Pfadabhängigkeit („*Path-dependence theory*") weist zudem darauf hin, dass bestehende Merkmalsausprägungen von Unternehmungen weniger durch die jeweils vorliegende interne wie externe Umweltsituation, sondern vielmehr durch die eigenen Zustände der Vergangenheit geprägt sind („*History matters*"). Positive Rückkopplungen in der Vergangenheit haben die Zustände geschaffen und verstärkt.[43]

---

42 Vgl. hierzu Meyer, Tsui & Hinings 1993, S. 1178-1192.

43 Dies alles kann mehr oder weniger zufällig erfolgreich sein, dann nämlich, wenn sich wesentliche Umweltbedingungen nicht ändern. Ist dies jedoch der Fall, dann ist zu starkes Beharrungsvermögen entweder nur teuer oder das Ende einer vorher erfolgreichen Unternehmung. *Beispiele* sind die deutschen und schweizerischen Uhrenfabriken in den 1980er Jahren mit ihrer Unfähigkeit, sich auf die elektronische Revolution ein-

Ansätze zur Pfadabhängigkeit erfolgreicher Entwicklungen thematisieren, dass Unternehmungsprozesse im Zeitverlauf strukturell einem Pfad ähneln.[44] Im Verlauf der Unternehmungsgeschichte und -entwicklung stehen Anfänge und Kreuzungen, bei denen jeweils strategische Alternativen zur Auswahl von Unternehmungsstrategien möglich sind. Nach Auswahl einer Alternative ist ein späteres Umschwenken zunehmend aufwändiger bis unmöglich. Für ein Managementsystem könnte dies bedeuten, dass entsprechende Systemelemente nur sukzessive entwickelt werden, Entwicklungen nur auf Basis vorliegender Erfahrungen umgesetzt sowie neue Ansätze auf Widerstand stoßen werden.[45]

Vertreter pfadtheoretischer Ansätze weisen darauf hin, dass Entscheidungen in Unternehmungen sich – bewusst wie unbewusst – im Rahmen eines Entwicklungspfades bewegen: Entscheidungen sind sehr eng mit dem unmittelbaren Unternehmungsumfeld verbunden. Früher getätigte Investitionen, die Unternehmungshistorie mit den getroffenen Entscheidungen, die Unternehmungskultur mit ihren Regeln, auch das unmittelbare Umfeld „fesseln" die Entscheidungsträger. Dies kann ein bewusster, nachvollziehbarer Prozess sein, so dass man sich an vorher eingeschlagene, wenn auch im Nachhinein nicht mehr als optimal eingeschätzte Wege, Strategien oder Maßnahmen hält.[46] Dies kann

---

zustellen, ferner die Firma Polaroid mit ihrem Beharrungsvermögen auf den Sofortbildmarkt sowie der Siegeszug der VHS-Video-Lösungen gegenüber der technologisch überlegenen und nicht teureren Betamax-Lösung. S. Wolf 2013, S. 610-613.

44 S. Schreyögg, Sydow & Koch 2003, S. 259-288, Wolf 2013, S. 600-622.

45 *Beispiele*: (1) Wenn Dr. Oetker für einen größeren Geldbetrag Coppenrath & Wiese akquiriert und danach in die Oetker-Gruppe durch die Nutzung verschiedener Synergiepotenziale integriert, dann ist man auf einem Pfad unterwegs, der andere strategische Wege in der Zukunft zumindest erschwert. Das freiverfügbare Kapitel für Investitionen sowie auch die Integrationskapazitäten sind sind durch diese Entscheidung reduziert. (2) Ein junger Mensch, der nach dem Erwerb der mittleren Reife die Schule verlässt und eine Berufsausbildung absolviert, hat einen anderen Pfad betreten, als ein in etwa gleichaltriger junger Mensch mit Abitur. Die möglichen Alternativen für den weiteren beruflichen Werdegang sind anders – aufgrund der vorherigen Pfade.

46 Frühere größere Investitionsentscheidungen zu bestimmten Technologien können bspw. nur schwer rückgängig gemacht werden. Dies würde hohe Kosten nach sich ziehen. Die Problematik wird *Lock-in-Effekt* genannt: Die Entscheidungsträger sind gewissermaßen gezwungen, weitere Investitionsmittel in den einmal eingeschlagenen Weg hineinzugeben, um zumindest einen suboptimalen Erfolg erzielen zu können.

auch unbewusst vorhanden sein, wenn man die entscheidenden Regeln, nach denen man sich verhält, weder bemerkt noch infrage stellt.

Aus einer Vogelperspektive betrachtet, folgen Entscheidungsträger mit ihrer Unternehmung gewissermaßen einem Entwicklungs*pfad*, den sie nicht so leicht verlassen können. Pfadtheoretische Ansätze sprechen zudem – neben der angeführten Investitionsthematik – von selbstverstärkenden Mechanismen (Beharrungskräfte) zwischen Management, Unternehmungsstrukturen, -prozessen, -kultur und -märkten, die jeweils positive Rückkoppelungen zur Beibehaltung des Weges bieten – übrigens im negativen wie auch im positiven Fall. Ziel eines strategischen Managements muss es sein, die Beharrungskräfte (bestehende Pfadabhängigkeiten) zu entdecken, sie gegebenenfalls im Unternehmungsinteresse zu nutzen, auszuschalten, wenn sie zu falschen Pfaden/Entscheidungen führen, und bewusst neue Pfade einzuschlagen. Rückabwicklungen von solchen Pfaden sind schwierig und im Allgemeinen nur zu bestimmten Zeitpunkten (nach Erreichung eines Meilensteines) möglich. Einfaches Umschwenken (Richtungsänderung) während des Weges dorthin sind aufgrund bestimmter Umstände sehr schwierig und kostenintensiv – wenn überhaupt – möglich. Man hält daher an eingeschlagenen Pfaden fest, auch wenn sich schon herausgestellt hat, dass eine andere Alternative, ein anderer Pfad überlegen gewesen wäre. Pfadabhängige Prozesse sind dabei nicht selbstkorrigierend, sondern sie verfestigen eher gemachte Fehler.[47]

Mikropolitische Ansätze

Jeder Prozess, also auch der strategische Entscheidungsprozess in Betrieben, ist prinzipiell mit mikropolitischen Aktivitäten der Beteiligten, also mit rein interessengeleiteten Aktivitäten der Handelnden für sich selbst oder andere,

---

[47] *Beispiel*: In der wissenschaftlichen wie öffentlichen Diskussion wird immer wieder die Herkunftsfamilie (Arbeiterschaft, Hartz IV-Empfängerkreis, Beamtenschaft, Großbürgertum etc.) als wesentliche Determinante für Schulerfolg sowie Studium diskutiert. Auch hier wird eine gewisse Pfadabhängigkeit der Entwicklung von Schul-, Studien- und Berufslaufbahn konstatiert. In gesellschaftlichem Interesse wäre es besser, dass begabungsgerecht, nicht herkunftsspezifisch gefördert wird, d. h. solche Pfade müssen leicht durchbrochen werden können, damit eine Leistungsgesellschaft entstehen kann.

durchwoben. Entscheidungsprozesse in Unternehmungen sind politische Prozesse („Politics"), ihre Akteure sind damit Mikropolitiker. Mikropolitik ist dabei nicht durchweg negativ zu sehen. Vom individuellen Standpunkt aus ergeben sich durch sie direkte und indirekte Bedürfnisbefriedigungsmöglichkeiten. Von der betrieblichen Perspektive aus werden dadurch unter anderem auch strategische Entscheidungsprozesse initiiert und beeinflusst, Kommunikationsstrukturen jenseits der formalen Organisation geschaffen, Mitarbeiter besser geführt. Es wäre unrealistisch davon auszugehen, dass die Mitarbeiter „lediglich" aufgabenbezogenes Verhalten zeigen und betriebliche Ziele verfolgen.[48] Fast jeder ist zu Teilen auch Politiker im Eigeninteresse, in der Verfolgung individueller, aber auch gruppenbezogener Zielsetzungen. Gerade bei strategischen Entscheidungsprozessen mit Top-Management-Beteiligung ergibt sich ein diffiziles Geflecht von Interessen, das komplementären, aber auch konfliktären Charakter hat. Sofern sich diese Konflikte auf der inhaltlichen Ebene bewegen und offen ausgetragen werden, wird im Allgemeinen ein produktives Ergebnis erwartet. Problematischer sind die hintergründigen Konflikte mit vorgegebenen Scheinargumenten und selbst- oder koalitionsbezogenen Interessenlagen. Eine Analyse dieser variierenden Interessen im realen Entscheidungsprozess („Strategisches Spiel") vermittelt ein Verständnis des irrationalen Teils strategischer Managementprozesse.[49]

Alle hier skizzierten Ansätze sind in verschiedenen Zusammenhängen des strategischen Managements von Bedeutung. Mikropolitik „spielt" – zumindest im Hintergrund – immer eine Rolle in Aushandlungsprozessen zwischen Entscheidungsträgern um die „beste" Strategie. Sie hilft, dies einzuschätzen wie zu handhaben. Die Prinzipal-Agent-Theorie verdeutlicht gerade die Zusammenhänge zwischen Strategien und Führungskräftevergütung (wenn auch nur eingeschränkt auf variable Vergütungselemente) und fordert einen Fit. Die Konfigurationstheorie betont die Situationsabhängigkeit von effektiven Strate-

---

48 Als ein *Beispiel* gilt verschiedentlich das Verhalten von Ferdinand Piëch, dem ehemaligen Vorstands- und Aufsichtsratsvorsitzenden des VW-Konzerns in diesen beiden Ämtern (Verhinderung eines potenziellen, hochqualifizierten Nachfolgers, Stimmverhalten mit den Arbeitnehmern- und gegen die Arbeitgebervertreter im Aufsichtsrat).

49 Vgl. Crozier & Friedberg 1993, S. 46-71, Neuberger 2006, Ridder 1999, S. 587-613.

gien ebenso wie die Äquifinalität unterschiedlicher Konfigurationen von Unternehmungselementen und fordert eine entsprechende Offenheit. Evolutionäre Ansätze betonen treffend einerseits die Veränderlichkeit und andererseits die nur geringe Vorhersagemöglichkeit der Zukunft sowie schlussfolgernd einen passenden Umgang mit diesen Problemen.

3.3 Strategische Managementkonzeption

3.3.1 Systemgestaltung

Die strategische Managementforschung wird – aus einer anderen Perspektive – manchmal in präskriptive und in deskriptive Ansätze unterschieden.[50] Die *empirisch-deskriptive Strategieforschung* konzentriert sich auf oft fallstudienartig angelegte Prozessanalysen. Diese beschreiben die vorgefundenen Bedingungen des strategischen Prozesses und versuchen, die Beziehungen dieser Bedingungen induktiv zu erklären. Von daher ist dieser Ansatz eher mittel- bis kurzfristig orientiert und auf aktuelle Teilprobleme konzentriert. Emergente (unbeabsichtigte, aber realisierte) Strategien sowie das Bottom-up-Prinzip[51] stehen im Vordergrund. Die *präskriptiv-normative Strategieforschung* thematisiert im Kern Verhaltensvorschriften zur Unternehmungsführung, die prinzipiell eine rationale strategische Führung ermöglichen sollen. Sie ist eher langfristig orientiert, fokussiert neben dem Top-down-Prinzip auch die rationale, umfassende Strategieentwicklung. Ein Zusammenhang zu inkrementalen und synoptischen Ansätzen ist gegeben (s. Kap. 3.3.2). Wir stellen im Folgenden nun im Sinne einer präskriptiv-normativen Vorgehensweise eine Managementkonzeption vor, die idealtypisch die Struktur und den Prozess der strategischen Unternehmungsführung beschreibt. Wo es notwendig ist, wird dabei auch Bezug auf die empirische Strategieforschung genommen.

---

50 Vgl. v. a. Schreyögg 1984, S. 77-79.

51 Vgl. Schweitzer & Schweitzer 2015, S. 337-341.

Strategische Unternehmungsführung ist ein Aspekt, der vermutlich in jeder Unternehmung vorgefunden werden kann.[52] Auch solche Unternehmungen, die sich beispielsweise auf das Kopieren der erfolgreichen Innovatoren ihrer Branche konzentrieren, lassen in ihren alltäglichen Entscheidungen Muster erkennen, die auf strategische Führung schließen lassen. Langjährige Erfahrungen, intuitives Erfassen von Branchen und Veränderungen, vorausschauendes Denken lenken vielfach strategisch-orientiertes Verhalten von Führungskräften, ohne dass dieses durch zielgerichtet gestaltete Strukturen und Prozesse gefördert und unterstützt wird.

Mit dem Begriff „*Strategisches Management*" wird hier dagegen eine systematische Unterstützung der allgemeineren strategischen Führung verstanden, indem die Entscheidungsträger eine bewusst initiierte, kontinuierliche, schrittweise Steuerung und Koordination der langfristigen Evolution der Unternehmung in ihrer Aufgabenumwelt vorsehen.[53] Dies soll vor allem dazu beitragen, bereits frühzeitig die aus Umweltentwicklungen und Unternehmungspotenzialen entstehenden Chancen und Gefahren für die Unternehmung zu erkennen, sie zu nutzen bzw. ihnen aktiv zu begegnen.

Bei der Darstellung eines idealtypischen strategischen Managementsystems und -prozesses ist es sinnvoll, sich an den skizzierten Managementfunktionen zu orientieren, um möglichst vollständig und im Zusammenhang die wichtigsten Aspekte zu erfassen. Dies geschieht hier durch die Architektur des strategischen Managements als *Schichtenmodell*.[54] Sie ist der inhaltliche Bezugsrahmen für dieses Lehrbuch. Der Begriff „Schichtenmodell" soll darauf verweisen, dass eine Reihe von Subsystemen unterschiedliche Schichten darstellen und gemeinsam die strategische Managementkonzeption ausmachen (s. Abb. 9).

---

52 S. v. a. Mintzberg 1978, pp. 934-948.

53 In Anlehnung an Kirsch 1997, S. 187-193, Kirsch, Seidl & van Aaken 2009, S. 99-104, 177-190. Zu anderen Konzepten s. bspw. Wheelen & Hunger 2006, pp. 10-13, Steinmann, Schreyögg, Koch 2013, S. 159-166, Welge, Al-Laham & Eulerich 2017, S. 191-196, Hungenberg 2014, S. 7-12, Pearce II & Robinson 2015, pp. 11-19.

54 S. ähnliche Grundidee in der Gesamtarchitektur des strategischen Managementsystems v. a. bei Kirsch, Seidl & van Aaken 2009, S. 86-109.

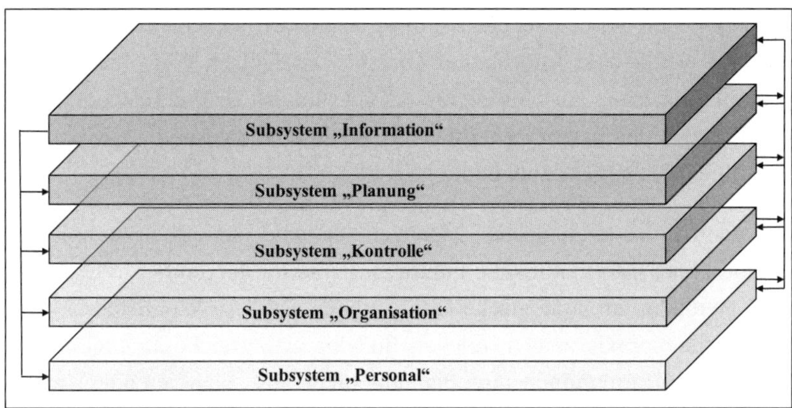

Abb. 9: Strategische Managementkonzeption als „Schichtenmodell“

- Zunächst bedarf es einer – wie bei jeder zielorientierten Unternehmungsentscheidung – informatorischen Fundierung der strategischen Entscheidungen. Dies geschieht im Rahmen des *Subsystems* „Information“ unter der Bezeichnung „strategische Analyse & Prognose“.[55] Hier gilt es für die gewählten strategischen Objekte (um die strategischen Geschäftsfelder herum) alle relevanten Informationen aus der Umwelt wie auch aus der Unternehmung zu gewinnen, aufzubereiten und zu bewerten. Viele Instrumente bieten sich hier zur strukturierten Vorgehensweise an.
- Zum *Subsystem „Planung“* zählt die Strategieformulierung (als strategische Planung i. e. S.) inklusive Strategiewahl sowie die Umsetzungsprozesse bis hin zur operativen Planung verstehen. Letzteres wird in der Literatur häufig zur Strategieimplementierung gefasst. In unserem Verständnis ist eine solche strategische Teilphase in der heutigen Zeit aber nicht notwendig. Die Umsetzungs- respektive Konkretisierungsaufgaben können im Rahmen der Formulierung der Funktionsbereichsstrategien übernommen werden, während die Durchsetzungsaufgaben einen impliziten Bestandteil der anderen Subsysteme der strategischen Managementkonzeption darstellen. Zudem wird heute vielfach ein partizipativer Strategieformulierungsprozess über

---

[55] Das kaufmännische „&“ wird mit Absicht – wenn orthografisch nicht richtig – verwendet. Es soll den unbedingten Zusammenhang beider Aufgaben verdeutlichen.

verschiedenen Strategieebenen hinweg realisiert, so dass nach der Strategiewahl weder eine Information über das strategisch Gewollte noch eine gezielte Steuerung zur Umsetzung erforderlich ist. Schließlich kennt „man“ die Strategie und hat an ihr mitgewirkt, so dass eine gesonderte Motivierung im Allgemeinen nicht notwendig ist.

Die Aufgaben des strategischen Managements sind wesentlich komplexer als dass eine breite informatorische Fundierung und die folgende Strategieformulierung genügen, um strategische Erfolg sicherzustellen. Wie Erfahrungen aus der Wirtschaftspraxis zeigen, reichen für eine erfolgreiche strategische Führung „gute“ Informationen und Planung nicht aus. Flankierende Unterstützungssysteme sind für den Führungsprozess notwendig, um unterschiedlichsten Schwierigkeiten im Analyse- & Prognoseprozess sowie während der Strategieformulierung und der Strategieumsetzung ausreichend begegnen zu können. Sie lassen sich in sachliche (Organisations- und Kontrollsystem) und in personelle (Personalsystem) Komponenten des Führungssystems aufgliedern. Die damit verbundenen verschiedenen Subsysteme stellen quasi parallele Schichten zu den bislang angesprochenen Subsystemen des Führungssystems dar. Sie haben in dem hier vertretenen Verständnis die folgenden Schwerpunkte (s. Kap. 6):

- *Subsystem „Organisation“*: Organisatorische Regeln steuern, grenzen ein, ermöglichen die meisten innerbetrieblichen Entscheidungsprozesse und sind zugleich Voraussetzung für strategische Prozesse. Von besonderer Bedeutung sind die Bildung strategischer Geschäftseinheiten und einer dualen Organisation sowie die Gestaltung der Führungsorganisation.
- *Subsystem „Personal“*: Mitarbeiter aller Ebenen sind entscheidende Ressourcen in allen strategischen Prozessphasen. Verschiedene Personalinstrumente können dabei gezielt Einfluss nehmen auf die Verhaltensweisen dieser Personen. Hervorzuheben sind: Personalauswahl und -einsatz, antizipative Personalentwicklung sowie strategisch-orientierte Anreizsysteme.

– *Subsystem „Kontrolle“:* Da Planung immer auch eine Selektion möglicherweise relevanter Gestaltungs- und Einflussparameter vornimmt,[56] wächst die Notwendigkeit der Überwachung dieser planerischen Tätigkeit. Begleitend findet eine „Feed forward“-Kontrolle mit Schwerpunkten bei der Prämissen- und Fortschrittskontrolle sowie einer eher ungerichteten Überwachung statt.

Exkurs: Warum so wie die anderen?

Die üblichen strategischen Managementsysteme postulieren wie in Abbildung 9 visualisiert eine prozessual eindeutige Vorgehensweise – wenngleich mit inhaltlichen wie strukturellen Abweichungen.

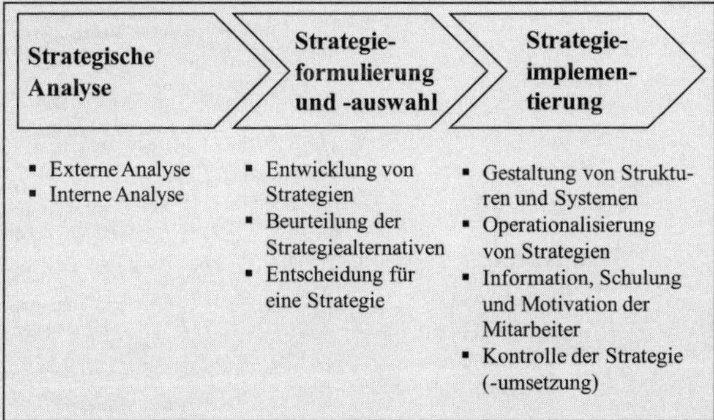

Abb. 10: Beispiel für ein typisches Managementsystem (mit Prozessablauf)
Quelle: In Anlehnung an Hungenberg 2014, S. 9 (für viele andere Autor|innen).

Aufbauend auf Analysen der Umwelt und der Unternehmung wird nachfolgend eine Strategie formuliert. Um diese nach ihrer Verabschiedung umzusetzen, werden verschiedene Managementsubsysteme passend (derivativ; s. Kap. 6.1) gestaltet. Strukturen, Motivationen und Qualifikationen der Mitarbeiter|innen sind hier jeweils nur „Instrumente“ zur Strategieimplementierung. Ihre Wirkungen auf die Analyse und Formulierung von Strategiealternativen wird damit systematisch vernachlässigt. Die Kontrolle setzt ebenso spät ein, v. a. die Prognosekontrolle (s. Kap. 6.4). Diese einseitigen und eingeschränkten Sichtweisen passen nicht zur Realität und zu einem lebendigen strategischen Managementsystem. Letztgenanntes muss offener gestaltet sein. Das hier vorgelegte Schichtenmodell versucht diesen Ansprüchen zu genügen.

[56] Dies beginnt bei der Wahl der Analyseobjekte und setzt sich über die Bildung strategischer Geschäftsfelder bis hin zur Auswahl von Strategiealternativen und -details fort.

Die fünf Teilsysteme werden im Rahmen der *Metaplanung* auf Basis der Zielvorgaben der obersten Entscheidungsträger hin konzipiert und implementiert. Sie sind quasi Voraussetzung für die Durchführung eines strategischen Managements. Gleichzeitig sind sie auch Objekt, da sie selbst stets auf ihre Passung mit den zentralen Zielvorstellungen überprüft und verändert werden müssen. Die einzelnen Teilsysteme respektive Schichten durchdringen einander mit ihren verschiedenen Regelungen. Da sie nicht unabhängig voneinander sind, ist dies unvermeidlich, ebenso wie die Notwendigkeit, konsistente Regelungen zu vereinbaren. Abbildung 11 veranschaulicht die Notwendigkeit einer gesamthaften, konsistenten Gestaltung eines strategischen Managementsystems.

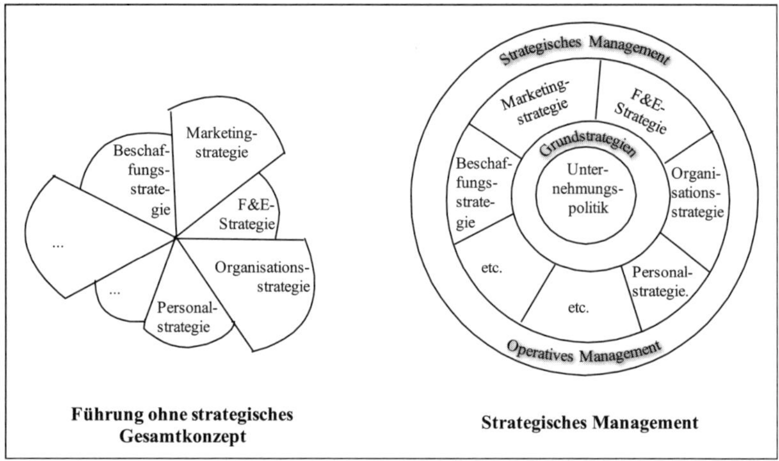

Abb. 11: Zur Notwendigkeit eines konzeptionellen strategischen Managements
Quelle: In Anlehnung an Hofer (aus: Hinterhuber 1996, S. 50).

Die genannten Elemente des strategischen Managements sind jeweils als strategische Managementfunktionen zu verstehen. Sie *stellen eigenständige, sich ergänzende Steuerungspotenziale* dar, die einen entscheidenden Beitrag zur strategischen Gesamtsteuerung der Unternehmung leisten können. Eine Favorisierung „der" wichtigsten Funktion ist generell nicht sinnvoll. Situative, sich unter Umständen laufend verändernde Anforderungen und Problemstellungen lassen eine solche Aussage nicht zu. Die Steuerungspotenziale müssen situationsadäquat – zur Vorsteuerung und Umsetzung – aktiviert werden. Dies setzt jedoch voraus, dass sie auch vorab geschaffen und aufeinander abgestimmt wurden. Aus Sicht der Wirtschaftspraxis ist es dabei letztlich irrelevant, ob die Unternehmung mit Hilfe eines effizienten Management-by-Objectives-Prozesses, einer überlegenen Organisationsstruktur, effizienter Personalmaßnahmen oder anderer Gründe im Wettbewerb erfolgreich tätig ist. Im Zentrum des strategischen Managements steht dennoch die strategische Planung Sinne. Die im Einzelfall „sekundären" Funktionen bedürfen jedoch einer konsistenten, integrativen Gestaltung, um zumindest konterkarierende Effekte zu verhindern.[57]

Die getrennte Darstellung und Regelung der Führungssubsysteme ist sinnvoll, da sie die unterschiedlichen Schwerpunkte besser verdeutlichen hilft, ebenso wie die Abstimmungsnotwendigkeiten unterschiedlicher Aufgabenträger.[58]

Das strategische Management betrifft insbesondere die Suche, den Aufbau und die Erhaltung hinreichend hoher und sicherer aktueller und zukünftiger *Erfolgspotenziale*. Es richtet sich insofern auf die Festlegung, Sicherung und Steuerung der langfristigen Unternehmungsentwicklung. So steht weniger die Erwirtschaftung kurzfristiger Erfolge, sondern vielmehr die langfristige Bestandserhaltung und -erweiterung der Unternehmung im Mittelpunkt.[59]

---

[57] Ein konterkarierender Effekt in vielen Unternehmungen war beispielsweise die Ausrichtung der variablen Managementvergütungen auf operative Erfolgsgrößen. Die strategischen Managementaufgaben wurden dadurch eher verhindert als gefördert. S. Kap. 6.3.4.

[58] *Beispiele*: (1) Die Einführung eines Management-by-Objectives hat mit seinen partizipativen Elementen Anreizwirkungen (Personalsystem), mit seinen selbstständig zu erfüllenden Aufgaben Qualifizierungswirkungen (Personalsystem) und spezifische Formen der Selbstkontrolle (Kontrollsystem) und mit seinen divisionalisierten Organisationseinheiten strukturelle Wirkungen (Organisationssystem). (2) Die Wahl für eine aufzubauende strategische Geschäftseinheit (SGE) hat zunächst organisatorische Konsequenzen (Bildung und Einordnung von SGE), sie fordert ggf. ein angepasstes Entgeltsystem, andere Formen der strategischen Analyse u. a. (s. zu SGE auch Kap. 6.2.2).

[59] *Beispiele*: (1) So kann die Akquisition einer Unternehmung mit einem Vertriebsnetz in einem bestimmten Land zunächst „nur" (im gleichen Jahr kostenwirksame) Kauf- und Anpassungskosten nach sich ziehen, in den folgenden Jahren aber die entscheidende Basis für die Eroberung des länderspezifischen Marktes (also erst Perioden später ertragswirksam) sein. (2) Die Zurverfügungstellung von hohen Investitionssummen für alternative Antriebe in der Automobilbranche stellt ein Beispiel zur Schaffung von Er-

Die operative Führung ist dagegen auf die direkte Erfolgserzielung ausgerichtet durch die bestmögliche Realisierung gegebener Erfolgspotenziale. Erfolgspotenziale sind die zentrale Steuerungsgröße für strategische Entscheidungen. Sie ist bezogen gerade auf die Erzielung der kurzfristigen (jährlichen, monatlichen) Erfolge, die sich dann positiv im Jahresüberschuss niederschlagen. Die damit in der Regel verbundenen Aufgaben der Prozessoptimierung, der Lieferantenverhandlungen, der Verkaufsintensivierung u. a. obliegen im Wesentlichen dem mittleren und unteren Management – und delegiert auch anderen ausführenden Stelleninhabern. Operative Aktivitäten können lediglich Erfolgspotenziale ausschöpfen, das heißt in operative Erfolgsgrößen umsetzen. Von Bedeutung ist die zeitliche und sachliche Rangfolge dieser Bereiche. Versäumnisse bei strategischen Entscheidungen können nicht durch operative Leistungen nachgeholt oder ausgeglichen werden.[60]

Bezogen auf die Planung gibt Tabelle 4 Hinweise zur Differenzierung von „strategisch“ und „operativ“. Eine exakte Abgrenzung ist zwar auch damit nicht möglich. Dennoch, je mehr Merkmale nach oben ausgerichtet sind, desto eher kann von strategischen Entscheidungen gesprochen werden.[61]

---

folgspotenzialen dar. Erst Jahre später können – bei entsprechend gelungener Entwicklung und einer Akzeptanz bei den Käufern – Erfolge erzielt werden. (3) Ihr Studium der Wirtschaftswissenschaften ist auch keine Aktivität nur an sich oder l‘art pour l’art: Sie bauen Ihr Erfolgspotenzial durch eine bestimmte, hoffentlich eignungsgerechte Ausbildung aus. Erst nach Ihrem Studium werden Sie versuchen, es in Erfolge (Stelle, anspruchsgerechte Aufgaben, Karriere, Entgelt u. a.) umzusetzen.

60 *Beispiel*: Wenn ein Automobilkonzern zu spät in die Entwicklung von Hybridmotoren investiert hat, dann nützen die besten Verkäufer wenig: Die Konkurrenz schöpft die Neigung der Kunden für alternative Antriebe besser ab. Auch schafft die frühe Investition in eine Ausbildung für junge Menschen Jahre später bessere Chancen, Erfolge im Sinne gut qualifizierter Mitarbeiter zu erreichen.

61 *Beispiele*: Entscheidungen mit einer für die Unternehmung relativ hohen Bedeutung (bspw. die Akquisition wie auch die Desinvestition von Rover durch BWM), mit dem Ziel, künftig Wettbewerbspotenziale aufzubauen (bspw. Entwicklung der A-Klasse bei Daimler-Benz), mit hohem, normativem Charakter (bspw. im Bertelsmann-Konzern trotz einengender finanzieller Ressourcen den Kapitalanteil von 25 Prozent eines Fremdinvestors zurück zu kaufen), zu schlecht-definierten Problemen (bspw. „richtige“ Mischung des Verhältnisses von Stamm- und Randbelegschaften als Krisenprophylaxe) u. Ä. haben strategischen Charakter. Nicht dazu zählen Entscheidungen zur Umsetzung

Tab. 4: Strategische und operative Unternehmungsführung: Differenzierungsvergleich

Merkmale / Ebene	Problemstruktur	Bedeutung von Normen	Objekte	Wirkungshorizont	Differenzierung	Zuständigkeit
Strategisch	Schlecht definierte Probleme	Relativ hohe Bedeutung	Entwicklung von Erfolgspotenzialen	Langfristig	Wenig differenziert (Gesamtplan)	Top-Management
↓↑	↓↑	↓↑	↓↑	↓↑	↓↑	↓↑
Operativ	Wohl definierte Probleme	Relativ geringe Bedeutung	Nutzung von Erfolgspotenzialen	Kurzfristig	Stark differenziert (viele Teilpläne)	Lower-Management

Quelle: In Anlehnung an Pfohl 1981, S. 123.

Da eine immer trennungsscharfe *Differenzierung* zwischen den Dimensionen selten möglich ist, demonstrieren die Pfeile, dass fließende Übergänge zwischen den jeweiligen Polen der Dimensionen bzw. den Merkmalen bestehen.[62] Insgesamt sollen die Dimensionen mit ihren jeweiligen Polen betonen, dass sich das strategische Management (mehr) auf einer vagen Basis bewegt.

Die Betätigungsbereiche bzw. Objektbereiche des strategischen Managements sind vielfältig, sie sind nicht allein auf die Fokussierung des Produkt-Markt-Bereiches beschränkt. Vier Objektbereiche werden differenziert: Primär-, Sekundär-, Tertiär- und Quartärbereiche[63] (s. Tab. 5).

Der Primärbereich betrifft dabei die klassischen Wettbewerbsstrategien, der Sekundärbereich die notwendigen Ressourcen aus verschiedenen Bereichen. Das strategische Managementsystem selbst ist – zumindest hin und wieder – Objekt der strategischen Führung, um dessen angemessenen Beitrag zur strategischen Zielsetzung zu prüfen. Mit dem Quartärbereich schließlich stehen die normative Grundlagen der Unternehmungsprüfung (normatives Management) im Mittelpunkt.

---

einzelner Akquisitionsprozessschritte, zur Auswahl der Lieferwagen, zur Kreditaufnahme, zur Auswahl einer Leasingunternehmung. Die Übergänge sind aber fließend.

62 S. fortführend Pfohl 1981, S. 123-124, ähnlich Pfohl & Stölzle 1997, S. 86-87.

63 S. Kirsch 1997, S. 283-288.

Tab. 5: Objektbereiche des strategischen Managements

Objektbereiche	**Erläuterung**
Primärbereich	Versorgung des Marktes mit Produkten und Dienstleistungen (Produkt-Markt-Kombinationen), Auswahl und Ausgestaltung von Wettbewerbsstrategien mit strategischen Geschäftsfeldern *Beispiele*: Formulierung einer sequenziell aufgebauten Hybridstrategie aus Qualitäts- und Kostenführerschaft; Präferierung organischer Wachstumsstrategien
Sekundärbereich	Beschaffung, Entwicklung, Pflege, Zuordnung und Verwendung von Ressourcen zur Unterstützung gewählter Strategien *Beispiele*: Auswahl der Premiumlieferanten für wichtige Inputgüter und Abschluss langfristiger Lieferverträge; Wahl der Hausbank; Verfolgung einer aktiven Mitarbeiterbindung
Tertiärbereich	Gestaltung und Realisierung von Planungs-, Informations-, Organisations- und Personalsystemen sowie der gesamten strategischen Managementkonzeption selbst (Metaplanung) *Beispiele*: Reorganisation eines Konzerns nach einer Akquisition; organisatorische Verschmelzung zweier Fusionspartner; Einführung einer unternehmungsweit verwendeten Balanced Score-Card
Quartärbereich	Standortbestimmung im sozioökonomischen Umfeld der Unternehmung (u. a. Interessengruppen-Bestimmung), Bestimmung von Zweck, Vision und Unternehmungsverfassung *Beispiele*: Standortwahl in der Ursprungsregion (trotz – vordergründiger – Kostennachteile); Verfolgung ökologischer Zielsetzungen (auch trotz ökonomischer Nachteile); Verfolgung von langfristigen Stakeholderzielen statt kurzfristigen Shareholderzielen und umgekehrt

Quelle: In Anlehnung an Kirsch 1997, S. 284.

3.3.2 Prozessgestaltung

Die Prozessgestaltung im strategischen Management kann sich im engeren Sinne auf die Strategieformulierung lediglich als Planung und deren informatorischer Fundierung beschränken, wie dies im Model des strategischen Managementprozesses von Steinmann, Schreyögg und Koch (s. unterer Teil der Abb. 12) der Fall ist. Zusätzlich ist noch die Kontrollfunktion berücksichtigt, die sich über den gesamten Informations- und Planungsprozess hinwegstreckt – und insofern sinnvollerweise von einer laufenden Überwachung der Analyse- und Prognosedaten bis hin zu einer Realisationskontrolle (s. Kap. 6.4) alle Zwischenphasen erfasst.

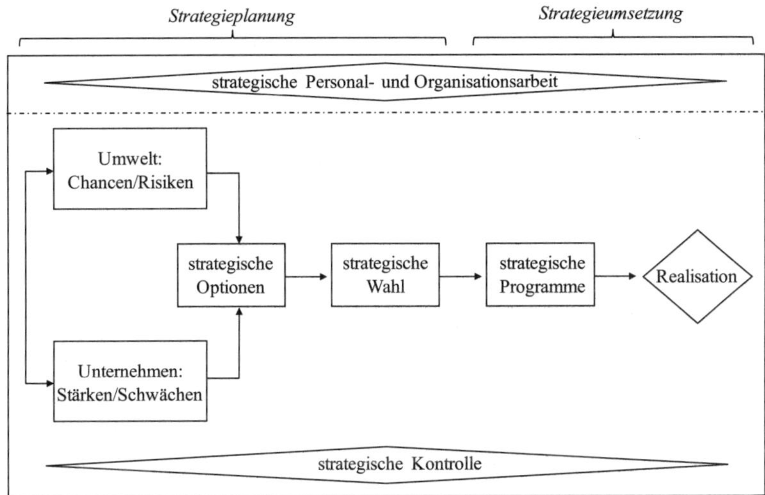

Abb. 12: Prozessmodell des strategischen Managements
Quelle: In Anlehnung an Steinmann, Schreyögg & Koch 2013, S. 163.

Umfassender – und passend zur hier vertretenen Idee des Schichtenmodells auf Basis der Managementfunktionen – wäre es allerdings, den Prozess auf den gesamten strategischen Unternehmungsführungskomplex auszudehnen (s. oberer Teil der so ergänzten Abb. 12). Gewissermaßen parallel zur strategischen Kontrolle in der angezeigten Raute wären dann noch die Personal- und die Organisationsfunktion ebenfalls in einer Raute hinzuzufügen.[64]

Wie immer man die Phasen des strategischen Managements sowie gerade der strategischen Planung und Kontrolle unterscheidet, es handelt sich immer „nur“ um einen idealtypischen Ablauf. Eine solche Differenzierung darf nicht so missverstanden werden, dass innerhalb der Teilphasen jeweils nur ein Typ von Aktivitäten vorzufinden ist. Spätere Teilphasen schließen immer wieder auch Aktivitäten ein, die für die vorgelagerten Phasen typisch sind. Vor- und Rückkopplungsprozesse sind damit ein Bestandteil dieses Prozesses.

---

64 S. Steinmann, Schreyögg & Koch 2013, S. 163-166, 253-255.

Zu den beiden ersten Objektbereichen muss im Rahmen des strategischen Managements jedes Jahr Stellung genommen werden, hier werden die Wettbewerbsstrategien formuliert. Die zwei letztgenannten Objekte sind Bestandteile des unternehmungsspezifischen Rahmens respektive der Metaplanung. Sie sind zwar regelmäßig, aber nicht unbedingt jährlich zu reflektieren.

In der Diskussion um die Prozessgestaltung werden zwei *unterschiedliche Ansätze der Strategieentwicklung* differenziert (s. Tab. 6):[65]

- Der *inkrementale Ansatz* fragt die Planungsträger, ob die bereits verfolgte Strategie im Lichte der durchgeführten Analysen modifiziert werden sollte. Ziele spielen keine besondere Rolle. Im Vordergrund steht die Durchführbarkeit. Beim inkrementalen Ansatz erfolgt keine ganzheitliche Erfassung des Problems. Vielmehr wird das Gesamtproblem in mehrere Teilprobleme differenziert. Diese werden dann schrittweise und nicht unbedingt in sachlogischer Reihenfolge induktiv bearbeitet.[66]
- Der *synoptische Ansatz* hält dagegen eine ganzheitliche, für wünschenswert gehaltene Zielformulierung, aus der die Strategien deduktiv abgeleitet werden, für sinnvoll und möglich. Der Planungsprozess beginnt mit dem sachlogischen Aufbau der Zielbildung für eine durchaus längere Planungsperiode.[67]

---

65 S. auch Kreikebaum, Gilbert & Behnam 2011, S. 121-123.

66 Der Ansatz geht auf empirische Beobachtungen von Lindblom (1959, 1968) zurück. Er stellte fest, dass während eines Verhandlungsprozesses Zielvereinbarungen im Wege einer wechselseitigen Anpassung der Vertragsparteien getroffen werden. Dieses Verhalten bezeichnet er als „*Muddling through*" (Durchwursteln, Politik der kleinen Schritte).

67 Zur Gegenposition der ganzheitlichen Sicht s. Mannheim 1958. S. zur Kritik an der eher holistischen Vorgehensweise Mannheim auch Popper 1971.

Tab. 6: Merkmale der synoptischen und der inkrementalen Planung

Charakteristika	**Inkrementale Planung**	**Synoptische Planung**
Entscheidungs- und Planungsverhalten	Eher reaktiv, aufdrängende Problemaspekte bezogen	Stärker antizipativ und zielorientiert
Zielorientierung	Unbestimmt, nachrangig, eher Satisfizierung	Spezifiziert, dominant, eher Extremierung
Zeitlicher und sachlicher Problemhorizont	Eher kurzfristig, auf aktuelle Teilprobleme begrenzt	Eher längerfristig, umfassend
Alternativenzahl	Nur eine Alternative (begrenzte Anzahl)	Mehrere Alternativen (grundsätzlich alle denkbaren)
Bewertungsprozess von Alternativen	Eher intuitiv, politischer Prozess	Eher analytisch, umfassend
Kontinuität der Planung	Serielle, unverbundene Schritte	Integrierte, kontinuierliche Schritte
Flexibilität der Planung	Adaptiv	Begrenzt

Quelle: In enger Anlehnung an Picot & Lange 1979, S. 572.

Wie sind die beiden gegensätzlichen Ansätze und Grundphilosophien zu bewerten? Ein inkrementaler Planungsprozess fördert eine größere Übereinstimmung unter den Planern, ein höheres Maß an Zustimmung zur Strategiedurchführung sowie eine größere Zufriedenheit bei den Planern. Ein synoptischer Planungsansatz fördert dagegen eine größere Kreativität und Innovationskraft bei der Entwicklung von Strategien. Diese Wirkungen sind vor allem bei turbulenten Umweltbedingungen wichtig. Von daher kann eine Unternehmung kaum ohne einen synoptischen Gesamtrahmen auskommen, um der mit einem inkrementalen Prozess verknüpften geringeren Erfolgswirksamkeit gegenzusteuern.

Um mit beiden Vorteilen die Strategieentwicklung vornehmen zu können, scheint als Kompromisslösung ein evolutionärer Ansatz, beispielsweise die geplante, „*schrittweise Evolution*“ grundsätzlicher Strategien ein sinnvoller Weg zu sein (s. Abb. 13).[68]

---

68 Vgl. Kirsch 1997, S. 46 passim, Etzioni 1968, S. 203.

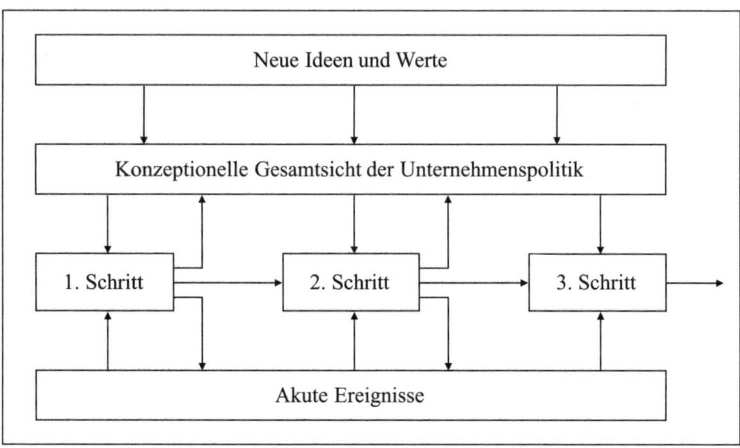

Abb. 13: Die „geplante Evolution"
Quelle: Kirsch 1997, S. 45, Kirsch, Seidl & van Aaken 2009, S. 182.

„Neue Ideen und Werte" beeinflussen generell das strategische Managementsystem. Gemeinsam mit einer Umwelt- und Unternehmungsanalyse entsteht im Planungsprozess eine langfristige konzeptionelle Gesamtsicht der Unternehmenspolitik (i. S. einer grundstrategischen Ausrichtung für einen längeren Zeitraum). Diese legt sich aber für den betrachteten Zeitraum nicht für eine gewählte und unbedingte Strategieoption fest, sondern bestimmt für die Richtung. Dieser synoptische Aspekt wird ergänzt um eine zeitliche Differenzierung aufeinander aufbauender Teilstrategien. Diese werden schrittweise umgesetzt. Am Ende eines ersten Schritts wird ein strategischer Meilenstein (als Zeitpunkt wie als Schritt verstanden) definiert. Zu diesem Zeitpunkt erfolgt eine Analyse der aktuellen Ereignisse. Dort werden solche Fragen wie: „Hat sich die Zukunft so entwickelt wie vorhergesehen?" Welche Prognosen können nun gemacht werden?", gestellt und beantwortet. Gegebenenfalls wir der nächste Schritt der Strategie verworfen, angepasst oder wie geplant umgesetzt. Und dies setzt sich – gemäß der inkrementalen Philosophie – fort.

Intendierte Veränderungen vollziehen sich nach diesem Modell demnach in einer Folge überschaubarer Schritte. Das schrittweise Vorgehen ergibt sich in einem Spannungsfeld zwischen induktiver und deduktiver Orientierung. Je stärker der Entwicklungsprozess sich am Status quo der bis dahin gemachten

Erfahrungen anknüpft, desto stärker ist er „induktiv orientiert“. Je stärker neue Ideen die Entwicklung prägen, desto eher ist das Vorgehen „deduktiv orientiert“. Durch diese Kombination werden Visionen und Ähnliches prinzipiell einem starken Filter der Machbarkeit unterworfen, bevor sie tatsächlich zu konkreten Schritten führen.[69]

3.3.3 Strategieverständnis

Schwierigkeiten mit dem Begriff „Strategie“ bestehen vor allem wegen seiner weiten Verbreitung und unterschiedlichen Verwendung. In Tabelle 7 wird ein breites Spektrum von Strategietypen dargestellt. *Mintzberg* leitete sie aus Fallstudien ab.[70]

Tab. 7 Strategieverständnisse nach Mintzberg

Strategie als Plan („*plan*“)	Das klassische Strategieverständnis eines rationalen Maßnahmenplans ist nach Auffassung von Mintzberg nur selten und nur unter Vorliegen einer Reihe von Bedingungen (bspw. stabile, planbare Umweltentwicklungen) sinnvoll.
Strategie als List („*ploy*“)	Im Sinne einer „Kriegslist“ nehmen Strategien oft den Charakter von spontanen, taktischen Maßnahmen an, mit denen Konkurrenten überrascht werden.
Strategie als Muster („*pattern*“)	Eine Strategie entwickelt sich unbeabsichtigt aus dem Handeln und den Entscheidungen der Unternehmung heraus. Sie entstehen eher zufällig und sind erst ex post erkennbar, und zwar dann, wenn sich ein konsistentes Muster in den Entscheidungen der Unternehmungen abzeichnet.
Strategie als Positionierung („*position*“)	Strategien beschränken sich häufig auf eine Positionierung der Unternehmung zu ihrer Umwelt. Eine wettbewerbsfähige Position kann sowohl geplant angestrebt als auch eher zufällig – z. B. durch Konkurrentenfehler – erreicht werden.
Strategie als Denkhaltung („*perspective*“)	Eine Strategie kann lediglich als eine Denkhaltung in den Köpfen des Managements verankert sein. Diese Strategie wird weder schriftlich festgehalten noch explizit kommuniziert, sondern sie stellt ein gemeinsam geteiltes Einstellungsmuster des Managements dar, das das strategische Verhalten der Unternehmung maßgeblich beeinflusst.

Quelle: In Anlehnung an Mintzberg & Waters 1985, pp. 257-272.

---

69 Vgl. intensiv auch Kirsch, Seidl & van Aaken 2009.

70 Vgl. Mintzberg & Waters 1985, pp. 257-272.

Nachfolgend werden zur Annäherung an ein Begriffsverständnis zwei prinzipielle Sichtweisen zu den Inhalten einer „Strategie“ vorgestellt:[71]

(1) eine rationalistische, eher klassische und
(2) eine nicht-rationalistische Sicht.

Ad (1): Rationalistisches, klassisches Strategieverständnis

Vertreter des klassischen Strategieverständnisses definieren Strategie als ein geplantes Maßnahmenbündel der Unternehmung zur Erreichung ihrer langfristigen Ziele („Strategie als Plan“, s. o.). Strategie im weiten Sinne umfasst dabei neben den Mitteln und Wegen zur Zielerreichung auch die Zielplanung. Nach *Chandler* ist Strategie klassischerweise „the determination of the basic long-term goals and objectives of an enterprise, and the adoption of courses of action and the allocation of resources necessary for carrying out these goals”[72]. Implizit verbunden mit dieser Definition ist die Annahme, eine Strategie sei das Ergebnis formaler, rationaler Planungen. Die Sichtweise dominiert in der Literatur, aber auch vor allem in der betrieblichen Praxis.

Bezieht man weitere Definitionen ein, dann kann das klassische Verständnis durch eine Reihe von Merkmalen gekennzeichnet werden.[73] Strategien bestehen aus einer *Reihe miteinander verbundener Einzelentscheidungen* in einer Unternehmung, die zueinander in einem stimmigen Verhältnis stehen müssen.[74] Dies betrifft sowohl horizontale als auch vertikale Beziehungen. Letztere werden in Abbildung 14 dargestellt und differenziert. Hierbei werden Ziele und Strategien getrennt, so dass Strategien keine Aussagen zu den zu verfolgenden strategischen Zielen machen, sondern lediglich zur Zielerreichung.

71 Vgl. auch Welge, Al-Laham & Eulerich 2017, S. 17-25.

72 S. Chandler 1962, p. 23.

73 Vgl. hierzu bspw. Hax & Majluf 1996, pp. 2-12.

74 Plant eine Unternehmung z. B. eine Verdoppelung ihres Marktanteils in den nächsten zehn Jahren, so wird sie Maßnahmen wie Verbesserung der Produktqualität, F&E-Intensivierung oder Ausbau der Distributionskanäle ergreifen, die für sich genommen komplexe Maßnahmenbündel darstellen.

Dem übergeordnet ist noch die sogenannte „Mission“, als Festlegung der langfristigen Unternehmungsziele oder der generellen Absichten.

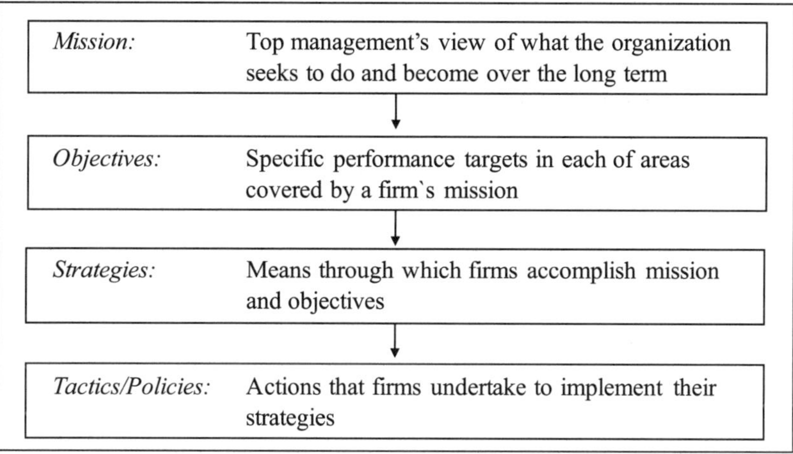

Abb. 14: Strategien als hierarchisches Konstrukt
Quelle: In enger Anlehnung an Barney 1997, p. 11.

Der klassische Strategiebegriff strebt zudem die Erzielung einer Stimmigkeit zwischen den Stärken und Schwächen einer Unternehmung und den Chancen und Risiken der Umwelt an. Eine Strategie beinhaltet demnach die Positionierung der Unternehmung in ihrer Umwelt dergestalt, dass die Chancen („Opportunities“) der Umwelt genutzt und ihre Risiken („Threats“) vermieden werden. Dies soll unter Ausnutzung der bestehenden Stärken der Unternehmung („Strengths“) und unter Vermeidung oder Behebung ihrer Schwächen („Weaknesses“) vollzogen werden. So entsteht die SWOT-Analyse & -Prognose. Abbildung 16 benennt entsprechenden Zielgrößen. Es handelt sich dabei aber eher um eine Heuristik als um ein konkret umsetzbares Instrument. Zu Letzterem fehlt es – zumindest hier –an konkreten Umsetzungshilfen.[75]

Das klassische Verständnis geht davon aus, dass Strategien in Maßnahmenpakete konkretisiert und dann umgesetzt werden. Damit verbunden ist die Allo-

---

[75] Vgl. Kreikebaum, Gilbert & Behnam 2011, S. 248-253, Grant & Nippa 2006, S. 35, sowie auch Kap. 5.1 zur SWOT-Analyse & -Prognose.

kation von Ressourcen – z. B. Finanzmittel, Personalkapazitäten – auf die einzelnen Projekte und Maßnahmen. Strategien sind somit immer auch das Ergebnis von Aushandlungsprozessen um knappe Ressourcen.

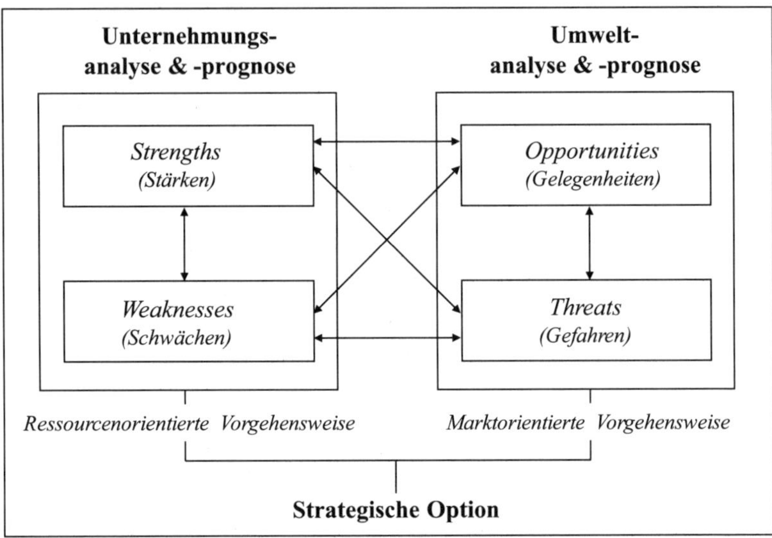

Abb. 16: SWOT-Analyse & -Prognose als Basis der Strategieformulierung
Quelle: In Anlehnung an Barney 1991, p. 100.

Unternehmungsstrategien sind in diesem Verständnis als ein durchgängiger Zusammenhang von ersten Aktionen bis zum endgültigen Erfolg (durch Zielerfüllung) charakterisiert. Inhaltlich können sie entweder Handlungsanweisungen oder Planungsergebnisse enthalten, die dann direkt in Handlungen umzusetzen sind. In diesem rationalistischen Verständnis werden auch Merkmale strategischer Entscheidungsprozesse thematisiert, vor allem folgende[76]:

- Entscheidungen von besonderer Bedeutung für die Vermögens- und Erfolgsentwicklung der Unternehmung,
- Orientierung an Erfolgspotenzialen,
- Handhabung im Gesamtzusammenhang der Unternehmung,
- Notwendigkeit konzeptioneller Führung,

---

[76] Vgl. bereits Hahn 2006, S. 32-35.

- Aufgabenträger als Spitzenorgane (also die Unternehmungsleitung mit gegebenenfalls Aufsichtsrat und Vorstand/Geschäftsführung),
- grundsätzlich langer Wirkungshorizont (Langfristwirkung),
- Bedeutung der Werthaltungen der obersten Willensbildungszentren.

Ad (2): Nicht-rationalistisches Strategieverständnis

Der Strategiebegriff wird vielfach auch in einem anderen Verständnis verwendet. Die Erfahrung zeigt, dass mit der hohen Geschwindigkeit des Umweltwandels es zumindest sehr schwierig ist, Strategien im Sinne komplexer, rational geplanter Maßnahmenbündel zu entwickeln. Die darin enthaltenen Maßnahmen sind in der Regel aufgrund ihres strategischen Charakters in relativ hohem Maße irreversibel sowie von daher in dynamischen Umwelten inflexibel und gegebenenfalls existenzgefährdend. Die damit in der Praxis verbundenen Probleme lassen die Frage aufkommen, inwieweit die Zukunft von Unternehmungen tatsächlich Objekt einer „managerialen Inszenierung" sein kann. Rationale (strategische) Entscheidungsfindung kann zudem nicht isoliert betrachtet werden. Sie ist eingebettet in grundlegende (unternehmungsspezifische) Problemlösungsmuster, institutionelle Gegebenheiten und mikropolitische Machtprozesse. Diese können nicht nur dazu beitragen, rationale Strategien zu unterstützen, sondern im Gegenteil den Entwicklungsprozess und die Umsetzungserfolge zu vereiteln. Es ist daher sinnvoll, solche Prozesse im Strategieverständnis auch zu berücksichtigen.

Betrachtet man Strategien einzelner Unternehmungen im Zeitablauf, so wird deutlich, dass Strategien immer Bestandteile eines Entwicklungsstromes, mit Beginn in der Vergangenheit, Fortgang in der Gegenwart und Fortbestand in der Zukunft darstellen. Die Kritik an der Rationalitätsprämisse des strategischen Managements wird von der Schule um *Mintzberg* vertreten. Für ihn sind Strategien nicht zwingend das Ergebnis formaler rationaler Planungen.[77] Folgende *Grundmuster* von Strategietypen werden differenziert[78] (s. Abb. 16).

---

[77] Die „rationale" Sicht suggeriert dagegen quasi, Strategien ließen sich unabhängig vom Umfeld und von der Vergangenheit formulieren. In der Realität werden sie aber nicht

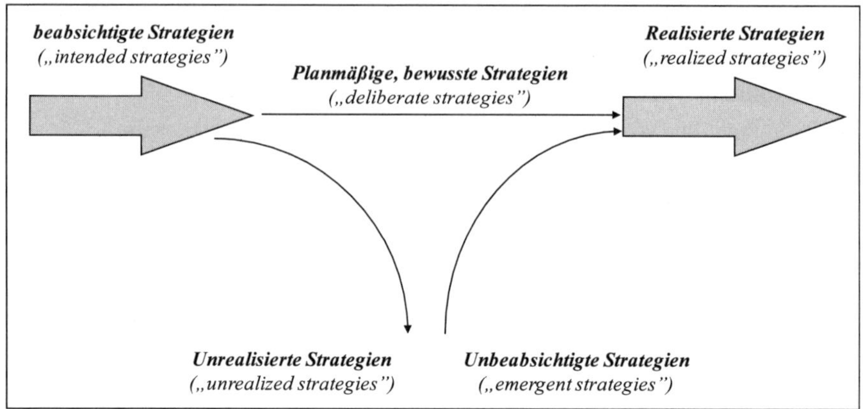

Abb. 16: Strategietypologie nach Mintzberg
Quelle: In Anlehnung an Mintzberg 1978, Sp 945.

- *Beabsichtigte Strategien* können als a priori-Richtlinien zur Lösung künftiger Entscheidungsprobleme verstanden werden. Sie entsprechen dem klassischen rationalen Strategieverständnis – unabhängig davon, ob sie nun realisiert werden oder nicht.
- *Realisierte Strategien* sind die sich in den Handlungen einer Unternehmung abzeichnenden Grundmuster. Sie betreffen die tatsächlich in der Vergangenheit (und ggf. auch die aktuell) umgesetzte Strategie.
- *Unrealisierte Strategien* sind aufgrund rascher Veränderungen keinesfalls als Ausnahme anzusehen. Sie kennzeichnen die beabsichtigten Strategien, die nicht realisiert werden. Gründe für die mangelnde Implementierung können zum Beispiel in unrealistischen Annahmen über die Umwelt oder die Unternehmungsressourcen liegen.
- *Planmäßige, bewusste Strategien* sind der „Ausnahmefall", bei dem beabsichtigte (geplante) Strategien tatsächlich realisiert werden.

---

nur von der Vergangenheit, sondern auch von der Gegenwart beeinflusst. Beispielsweise führen Entwicklungen in der Umwelt oft zu raschen Strategieänderungen. Dies steht der Annahme entgegen, Strategien könnten immer und vollständig vor der Ausführung erstellt werden.

[78] Vgl. dazu Mintzberg 1973, pp. 44-53, 1978, pp. 934-948, 1988, pp. 73-80.

– *Unbeabsichtigte Strategien* stellen realisierte Strategien dar, die aber nicht beabsichtigt waren. Sie entsprechen dem Muster im Strom der Entscheidungen („*Pattern in a stream of decisions*") und ergeben sich eher zufällig.

In einer dynamischen Betrachtungsperspektive kann sich die Ausprägung der Typologie im Zeitablauf verändern: Intendierte Strategien werden im Laufe ihrer Realisierung stark modifiziert und erhalten damit einen emergenten Charakter. Emergente Strategien werden formalisiert und vom Management im Nachhinein zu intendierten Strategien erklärt.

Die nicht-rationalistische Sichtweise lässt sich wie folgt bewerten:[79] Der Ansatz zeichnet sich dadurch aus, dass neben den formalen, geplanten Strategien auch andere Wege, den strategischen Unternehmungserfolg zu erreichen, berücksichtigt werden. Er lenkt den Fokus auf Strategiephänomene, die sich den formalen Systemen und Prozessen entziehen. Die Überlegungen werden zudem realitätsnäher. Es ergibt sich die Notwendigkeit, emergente Strategiephänomene zu erkennen und gegebenenfalls zu unterstützen oder zu verhindern. Allerdings werden wenig Aussagen darüber getroffen, welche Phänomene aus dem Objektbereich ausgeschlossen werden können. Dies führt im Extrem dazu, dass jede Unternehmungsentscheidung, sofern sie aus subjektiver Sicht bedeutend ist, als „strategisch" bezeichnet wird. Zudem weisen emergente Strategien kaum direkten Bezug zu den zentralen Merkmalen einer strategischen Führung auf: unklarer Zielbezug, keine Stärken- und Schwächenanalyse, kein unmittelbarer Wettbewerbsbezug.

Aus didaktischen Überlegungen legen wir im Folgenden einen formalen Strategiebegriff zugrunde. Zusammen mit der idealtypischen Konzeption eines strategischen Managements kann er die Kompetenz zur Erkennung strategischer Phänomene verbessern, die zudem eine Voraussetzung zum Umgang mit emergenten Strategiephänomenen darstellt.

In Anlehnung an das klassische Strategieverständnis soll eine *Strategie* daher auch hier verstanden werden *als die grundsätzliche, langfristige Verhaltens-*

---

[79] Vgl. Welge, Al-Laham & Eulerich 2017, S. 23-24.

weise (Maßnahmenkombination) der Unternehmung und relevanter Teilbereiche gegenüber ihrer Umwelt zur Verwirklichung der langfristigen Ziele. Strategien richten sich insbesondere auf kritische Erfolgspotenziale.[80] Ein Erfolgspotenzial ist dann kritisch, wenn man mit ihm gegenüber den Konkurrenten auf den Absatzmärkten die „besseren" Erfolge erzielen kann. Aber: Die nichtrationalistische Sichtweise darf nicht ignoriert werden, da sie ein reales Phänomen beschreibt. Sie ist unverzichtbar zum Verständnis.

80 *Beispiele* für Erfolgspotenziale: Diese können in den Augen der Kunden bessere Produkte (bspw. durch Produktinnovation), die erfolgreiche Methodik bei der Durchführung von Beschaffungsverhandlungen (z. B. durch Verfahrensinnovationen), eine effiziente Logistik (bspw. durch Strukturinnovationen) oder die bessere Qualifikation der Mitarbeiter (z. B. durch Sozialinnovationen im Personalbereich) sein.

4. Strategische Exploration, Analyse & Prognose

Im diesem Kapitel werden nun die wesentlichen Analyse- & Prognoseinstrumente zur Fundierung des strategischen Entscheidungsprozesses diskutiert. Zunächst geht es vor allem darum, einen Einstieg in die prinzipiellen Inhalte und die Zielsetzung der strategischen Analyse & Prognose zu vermitteln. Danach bedarf es einer inhaltlichen Beschreibung vieler passender Instrumente; Die zentralen Instrumente werden erläutert.

Nachdem Sie dieses Kapitel durchgearbeitet haben, sind Sie in der Lage,

- die *Funktion des Informationssubsystems* nachvollziehbar zu begründen.
- die Gründe der problematischen *Grenzziehung „Unternehmung – Umwelt“* argumentativ zu thematisieren.
- die *Umwelt einer Unternehmung* inhaltlich zu strukturieren und die Bedeutung einzelner Umweltsegmente zu erfassen.
- die *Zusammenhänge* von Umweltanalyse und -prognose einerseits und Unternehmungsanalyse & -prognose andererseits zu verstehen.
- die zentralen Inhalte einer Umweltanalyse & -prognose zu benennen, inhaltlich zu beschreiben sowie deren Zusammenhänge zu erläutern.
- die Grundstruktur einer *PESTE/E-Analyse und -Prognose* zu erläutern.
- eine Bedeutung der *Branchenstrukturanalyse & -prognose*, des *Konzepts der strategischen Gruppen* sowie der *Konkurrentenanalyse & -prognose* zu erläutern sowie die Instrumente beispielhaft anzuwenden.
- die Bedeutung der *PIMS-Studie*, des *Erfahrungskurveneffekts*, der *Lebenszyklusanalyse & -prognose*, der *Portfolioanalyse & -prognose*, der *Potenzialanalyse & -prognose*, der *Wertekette* und der *Stärken-Schwächen-Analyse & -Prognose* für das strategische Management zu erläutern sowie die Instrumente beispielhaft anzuwenden.

4.1 Informationssystem: Ansatzpunkte und Zusammenhänge

Analyse- & Prognoseaktivitäten im Rahmen der strategischen Unternehmungsführung erfolgen im Rahmen der Informationsfunktion, die der informatorischen Fundierung in verschiedenen Phasen und für verschiedene Managementsubsysteme dient. Nachfolgend gilt es zunächst die zentralen Elemente darzustellen und zu strukturieren sowie die Bedeutung zu verdeutlichen. Diese informatorische Fundierung bezieht sich sowohl auf die zeitlich nachgeordnete Strategieformulierung (i. W. Planung) und auf die anderen Managementfunktionen (Personal, Kontrolle und Organisation) als auch auf die nachfolgende Strategieimplementierung und -umsetzung. Dabei ist sie einerseits Grundlage in dem Sinne, dass Informationen aus Umwelt und Unternehmung für die Formulierung von Strategiealternativen (mit alten wie auch neuen Produkt-Markt-Kombinationen) gesucht, systematisiert und bewertet sowie andererseits die Wirkungen der erarbeiteten Alternativen bewertet und prognostiziert werden.

Der Strategieformulierung im Rahmen des strategischen Managements gehen die Phasen der Exploration und der Analyse & Prognose voraus. Beide sind unter das Informationssubsystem des strategischen Managements subsumiert (s. Abb. 17). Einerseits sind sie Basis für nachfolgende strategische Prozessschritte, andererseits erhalten sie nachhaltige Impulse zu ihrer Umsetzung (z. B. via Bildung strategischer Geschäftsfelder, ressourcen- oder marktorientierte Philosophie, Unternehmungszweck).

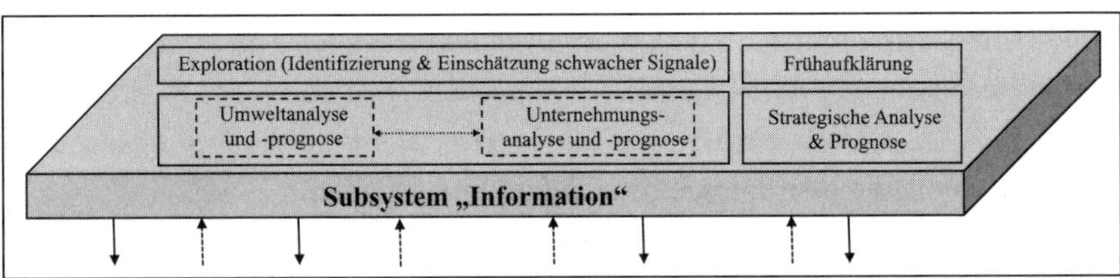

Abb. 17: Strategisches Informationssystem

„*Exploration*“ (= Frühaufklärung) betrifft die in Teilen unsystematische Beobachtung des Aufgabenumfeldes sowie die Erhebung solcher Informationen, die aus strategischer Perspektive relevant werden könnten. Dem schließt sich eine *Analyse & Prognose* an, d. h. die bis dahin nur unvollständig vorliegenden Informationen zu für die Unternehmung relevanten Bereichen müssen systematisch aufbereitet, eingeschätzt und bewertet werden. Die so verstandene informatorische Fundierung ist dabei sowohl unternehmungsextern als auch unternehmungsintern ausgerichtet. Dies stellt dann nicht nur die Informationsbasis für die Strategieformulierung zur Verfügung, sondern gibt auch Hinweise auf die Gestaltung der verschiedenen anderen Führungssubsysteme.

Frühaufklärung

Die folgende Auseinandersetzung richtet sich weniger auf Fragen der Exploration, sondern vielmehr auf Analyse- & Prognoseinstrumente. Dies liegt daran, dass die strategische Exploration weniger gut strukturierbar ist und kaum darauf gerichtete Instrumente entwickelt wurden bzw. existieren können. Diese Dominanz der strategischen Analyse & Prognose darf jedoch nicht mit einer geringeren Bedeutung der strategischen Exploration gleichgesetzt werden. Vielmehr kann sogar vermutet werden, dass erst aus forcierten explorativen Bemühungen jene Offenheit resultiert, die für ein grundlegendes Hinterfragen der eigenen strategischen Ausrichtung sowie für eine frühzeitige Beschäftigung mit innovativen Technologien oder gesellschaftlichen und marktlichen Veränderungen erforderlich ist.[81] Eine Beschäftigung mit strategischer Exploration findet in der Literatur vor allem unter dem Stichwort „*Weak signals*" statt.[82] Verschiedene Prognose- und Kreativitätstechniken können hierfür eingesetzt werden.[83]

---

81 *Beispielsweise* könnten aus dem Kommunikationsverhalten heutiger Jugendlicher (via Twitter, Facebook u. a.; Vokabular, Abkürzungen etc.) Informationen gewonnen werden, aus denen sich ableiten lässt, wie diese sich zehn Jahre später als Konsumenten bestimmter Produktgruppen möglicherweise verhalten werden. Auch könnten die seit ein paar Jahren in Deutschland gemessenen Klimadaten (Schnee, Stürme, Temperaturen etc.) Hinweise für die weitere Entwicklung von Bedarfen nach Reisezielen, Reisezeiten, Bekleidung, Versicherungen u. v. a. induzieren.

82 Vgl. Ansoff 1984, pp. 352-370, Macharzina & Wolf 2015, S. 330-335, Welge, Al-Laham & Eulerich 2017, S. 436-442, Kirsch, Seidl & van Aaken 2009, S. 190-198.

83 Vgl. bspw. Becker 2015, S. 273-298. Manche der Techniken wirken auf den ersten Blick einfach, bei näherer Verwendung stellt sich rasch heraus, dass selbst das bekann-

Grenzziehung „Umwelt zu Unternehmung"

Die Verwendung der Begriffe „Unternehmung" und „Umwelt" im Rahmen der strategischen Exploration und Analyse erfordert zweierlei: zum einen, dass eine Grenzziehung erfolgt, und zum anderen, dass die Umwelt umfassend systematisiert wird. Die Frage nach der genauen *Grenzziehung* ist dabei nicht so einfach zu beantworten, wie dies auf den ersten Blick erscheinen mag. So unterliegen Unternehmungsgrenzen nicht nur häufig raschen Veränderungen, sondern sind zugleich oft auch uneindeutig. Uneindeutigkeit bringen organisatorische Konstrukte wie strategische Allianzen, zwischenbetriebliche Kooperationen sowie Tochtergesellschaften mit sich. Zusätzlich verschärfen die Einstellung freier Mitarbeiter oder sogar die Wahrnehmung regionaler und sozialer Verantwortung dieses Problem der Grenzziehung. Je nachdem wie die Unternehmungsgrenzen vor dem Hintergrund derartiger Gegebenheiten interpretiert werden, resultiert ein je unterschiedlicher strategischer Spielraum. Da eine solche Grenzziehung immer nur im Einzelfall erfolgen kann, geht die folgende Diskussion nicht näher darauf ein und unterstellt damit Klarheit über die Unternehmungsgrenzen.[84]

Zusammenhänge Umwelt- und Unternehmungsanalyse & -prognose

Die strategische und Analyse & Prognose der Umwelt und der Unternehmung sind nicht unabhängig voneinander. So wird sich zeigen, dass beispielsweise bei einzelnen Instrumenten zur Unternehmungsanalyse & -prognose immer auch ein Umweltbezug besteht. Genauso umfasst jede Umweltanalyse die Aussage, dass die jeweils betrachtete Dimension für die Unternehmung strategische Relevanz besitzen könnte. Die nachfolgend vorgenommene getrennte Darstellung unterstellt damit also keineswegs eine Unabhängigkeit oder eine

te und als besonders „einfach" geltende Brainstorming eher selten gewinnbringend umgesetzt wird. Dies ist in Anbetracht der vielen üblichen Regelverletzungen auch kein Wunder.

84 Zur Diskussion der Unternehmungsgrenzen vgl. bspw. Schreyögg 2016, S. 253-257.

sequentielle Vorgehensweise. Auf die vielfältigen Interdependenzen wird an ausgewählten Stellen verwiesen.[85]

Die Beziehungen speziell der Umwelt- und der Unternehmungsanalyse & -prognose skizziert die folgende Abbildung (s. Abb. 18). Dies soll verdeutlichen, dass erst aus einer systematischen Zusammenschau von Umwelt- und Unternehmungsbedingungen so etwas wie Chancen und Gefahren sowie Stärken und Schwächen erkennbar werden und diese dann über die Beschreibung der Wettbewerbsposition sowie der Erfolgspotenziale die Basis für die Strategieformulierung bilden.

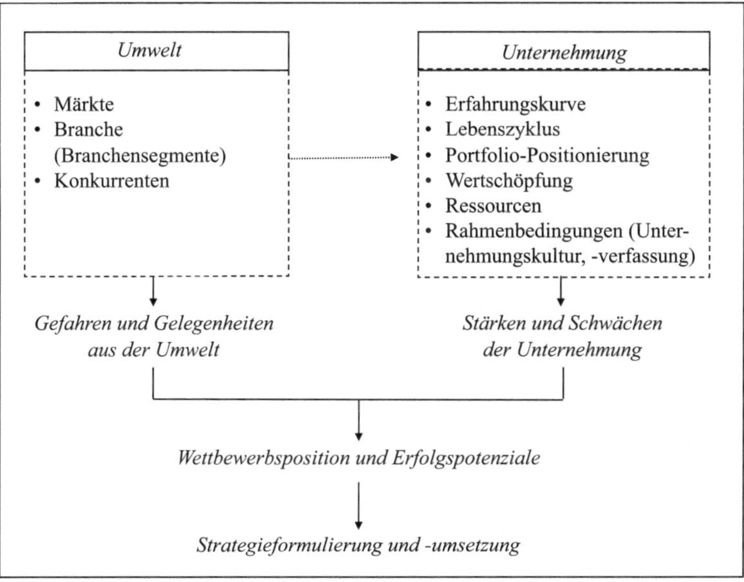

Abb. 18: Zusammenhang von Umwelt- und Unternehmungsanalyse &-prognose

85 Aus Vereinfachungsgründen wird manchmal statt Analyse & Prognose oft nur der Terminus „Analyse“ verwendet. Inhaltlich ist der Prognosegedanke dabei aber immer implizit.

Systematisierung von Umwelt und Unternehmung

Eine Systematisierung der *Umwelt* schafft Bezugspunkte für das strategische Management. Bewährt hat sich eine Unterteilung in globale Umwelt und Aufgabenumwelt. Erste betrifft vor allem indirekt wirkende Aspekte, während letztere unmittelbare Beziehungen zum Sachziel aufweist (s. Abb. 19).

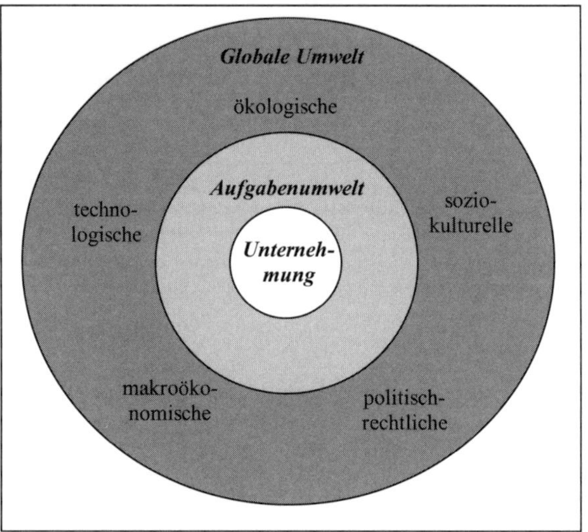

Abb. 19: Segmente der Umweltanalyse & -prognose

Die globale Umwelt wird, vergleicht man die verschiedenen hierzu erarbeiteten Kataloge, typischerweise in fünf Teilfelder unterschieden:[86]

- *Technologische Umwelt*: Ein besonders naheliegender Einfluss geht von technologischen Neuerungen und daraus folgenden Produkt- und Verfahrensinnovationen aus.
- *Politisch-rechtliche Umwelt*: Staatliche Institutionen (von der Gemeinde bis hin zur multinationalen Staatengemeinschaften) stellen in vielfältiger Weise Einflussquellen dar. In aller Regel wird der Einfluss in Form kodifizierter

[86] Vgl. bspw. Wheelen & Hunger 2006, pp. 53-58, Steinmann, Schreyögg & Koch 2013, S. 166-178, Pearce II & Robinson 2015, pp. 88-99, Welge, Al-Laham & Eulerich 2017, S. 299-309.

Regelungen (Steuerrecht, Haftpflichtregelungen, Rechtsformen, Arbeitsrecht, Verbote von Unternehmungszusammenschlüssen u. a.) ausgeübt. Zur politisch-rechtlichen Umwelt zählen aber auch Faktoren wie Infrastrukturmaßnahmen oder Eigentumspolitik.

- *Sozio-kulturelle Umwelt*: Mannigfaltige gesellschaftliche Entwicklungen haben in den vergangenen Jahrzehnten die Rahmenbedingungen für Entscheidungs- und Handlungsprozesse in Unternehmungen immer wieder neu geprägt. Von besonderer Relevanz für das strategische Management sind die Ausprägung und Entwicklung demografischer Merkmale sowie die vorherrschenden Wertmuster.
- *Ökologische Umwelt*: Zum einen stellen die natürlichen Ressourcen Inputfaktoren für den betrieblichen Kombinationsprozess dar und sind deshalb in ihrer Entwicklung von großer Bedeutung (z. B. Wasserqualität für Brauereien). Zum anderen werden die Auswirkungen organisatorischer Entscheidungen auf die Entwicklung der Umwelt immer genauer beobachtet, und die Reaktionen der Umwelt darauf entwickeln sich häufig zu einer zentralen Größe im Verhältnis von Umwelt und Organisation.
- *Makroökonomische Umwelt*: Neben der Wettbewerbs- respektive Aufgabenumwelt, sind auch die weiteren ökonomischen Rahmenbedingungen von großem Einfluss auf die Entscheidungen in Unternehmungen. Der Bereich potenziell relevanter Einflussfaktoren ist äußerst breit – er umfasst vielfältige gesamtwirtschaftliche (aber auch weltwirtschaftliche) Größen und ihre Entwicklung, wie zum Beispiel Wirtschaftswachstum, Handelsbeziehungen, Staatsverschuldung, Arbeitslosenquote. Für Unternehmungen wirkt die zunehmende internationale Verflechtung und Globalisierung komplexitätsverstärkend und macht es immer schwieriger, Einzelursachen und ihre Wirkungen eindeutig zu erfassen.

Das Problem solcher Kataloge möglicher Einflüsse ist, dass sie es weitgehend bei der Benennung potenziell relevanter Faktoren belassen. Zudem sind die Kataloge oft so breit angelegt, dass sie im Grunde kaum mehr ausschließenden Charakter haben. Überspitzt könnte man sagen, sie erklären schlicht alles für (potenziell) bedeutsam, was außerhalb der jeweiligen Unternehmung liegt.

Rein praktisch kann man sich dies nun so vorstellen, wie es in Tabelle 8 visualisiert wird:[87] Man erarbeitet zunächst die als relevant angenommenen Determinanten, gewichtet sie entlang der angenommenen Bedeutung für die eigenen Märkte und schätzt schließlich die Entwicklungsrichtung qualitativ ein.

Tab. 8: Checkliste zur globalen Umweltanalyse & -prognose (Ausschnitt)

Kriterium	Bedeutung	Ausprägung						Ergebnis	Entwicklung			Bewertung	
	Prozentual **100% je** Kriterium	trifft nicht zu					trifft zu	max. 5 = attraktiv; min 0 = unattraktiv	stabil	prognostiziert	nicht vorhersehbar	Chance	Risiko
		0	1	2	3	4	5						
1. Politisch-rechtliche Umweltfaktoren	**100%**							**1,40**					
- starke parteipolitische Entwicklung	15%	☐	☐	☐	☒	☐	☐	0,45	☐	☒	☐	☒	☒
2. Ökonomische Umweltfaktoren	**100%**							**1,60**					
- steigendes Volkseinkommen	20%	☒	☐	☐	☐	☐	☐	0,00	☐	☒	☐	☒	☐
3. Gesellschaftliche Umweltfaktoren	**100%**							**2,45**					
- geringer Wertewandel	20%	☐	☐	☒	☐	☐	☐	0,40	☐	☒	☐	☐	☒
4. Technologische Umweltfaktoren	**100%**							**3,35**					
- verbesserte Produktionstechn.	**30%**	☐	☐	☐	☐	☒	☐	1,20	☐	☒	☐	☒	☐
5. Ökologische Umweltfaktoren	**100%**							**2,15**					
- hohe Verfügbarkeit der Rohstoffe	30%	☐	☒	☐	☐	☐	☐	0,30	☒	☐	☐	☐	☒
								2,19					

Quelle: In enger Anlehnung an Dillerup & Stoi 2016, S. 108.

Es handelt sich dabei nur vordergründig um ein einfach anzuwendendes Analyse- & Prognose-Tool. Dadurch, dass Unternehmungen mit ihren Sachfunktionen (Beschaffung, Produktion, Absatz u. a.) in verschiedenen Ländern unterwegs sind, ist für jeden dieser Länder eine Analyse & Prognose vorzunehmen. Hinzu kommen noch die Länder, in denen mögliche weitere (auch alternative) Geschäftspartner ansässig sind.[88]

---

[87] Bei allen fünf Kriterien sind verschiedene Indikatoren identifiziert worden. Diese werden jeweils bewertet und gewichtet. Alle Gewichtungen addieren sich je Kriterium zu 100 %. In der Tabelle ist jeweils *nur* ein Indikator beispielhaft aufgeführt. Der erste Indikator des ersten Kriteriums wird mit 3 bewertet. Dies gibt als Ergebnis des Indikators $3 \times 0{,}15 = 0{,}45$. Alle Ergebnisse der Indikatoren ergeben im Beispiel zusammen den Wert 1,40 für das Kriterium. Bei allen anderen Kriterien wird genauso vorgegangen.

[88] Wenn *beispielsweise* ein Navigationsgeräteanbieter in Deutschland ansässig ist, seine Geräte in China herstellt, dabei Teile aus Vietnam, Deutschland und Algerien verarbei-

Manchmal wird – mehr oder weniger verwundert – die Bedeutung soziokultureller Aspekte für die strategische Unternehmungsführung bezweifelt. Die folgende, an keiner Stelle normativ zu verstehende Abbildung illustriert deshalb beispielhaft das sehr komplexe Zusammenspiel mehrerer der Umweltdimensionen und besonders die Facette „soziokulturell“ (s. Abb. 20).[89]

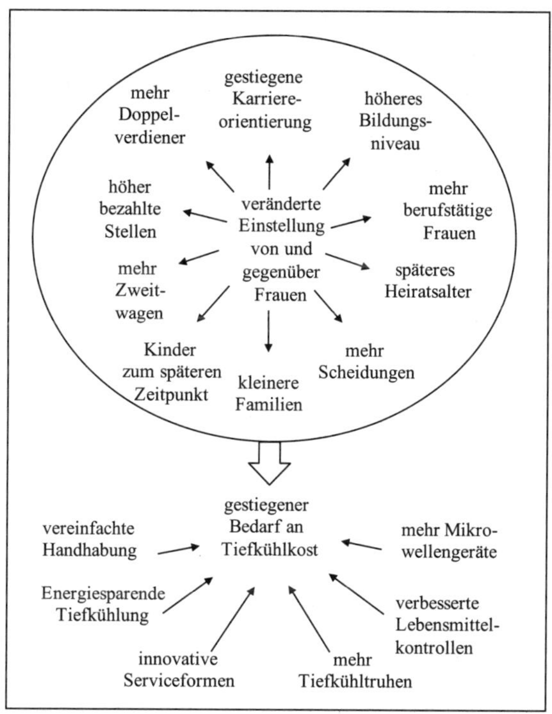

Abb. 20: Einfluss soziokultureller Entwicklung auf die Nachfrage nach Tiefkühlkost
Quelle: Steinmann, Schreyögg & Koch 2013, S. 172, Smith, Arnold & Bizzell 1991, p. 29.

---

tet, die Software von einem holländischen Anbieter einkauft, seine Callcenter in Irland eingerichtet hat sowie in alle europäischen Ländern exportiert, dann sind für alle diese Länder PEST/E-Analysen & -Prognosen für ausgewählte relevante Wettbewerbsfaktoren notwendig, ebenso im Übrigen für die alternativen Einkaufs-, Produktions- und Vertriebsstaaten. Für das strategische Management ist es bspw. bedeutend, ob die Umweltentwicklung in einem Produktions- und/oder wichtigen Rohstoffland stabil oder instabil ist, Handelsschranken aufgebaut oder abgebaut werden usw.

89 Andere grundlegende Einflüsse auf Unternehmungen und Märkte gehen von der demografischen Entwicklung und dem verbreiteten Gesundheitsmanagement aus.

Die Aufgabenumwelt von Unternehmungen wird als Wettbewerbsumwelt und bezogen auf Märkte, Branchen und Konkurrenten durchgeführt.

PEST/E-Analyse & -Prognose

In der Literatur wird unter dem Stichwort der *PEST-Analyse* (& -Prognose) („Pest analysis") Folgendes angenommen: Die Strategen nutzten sie im Rahmen der Analyse & Prognose dazu, um einen Überblick über die allgemeinen Umweltfaktoren der Unternehmung zu generieren. „PEST" ist ein Akronym für „**P**olitical", „**E**conomic", „**S**ocio-cultural" und „**T**echnological" – also jeweils unterschiedliche Segmente der externen Umwelt. Den Faktoren kommen prinzipiell Einflüsse hinsichtlich der Wertschöpfungsmöglichkeiten zu und insofern sind sie mit Ausgangpunkt der Strategieentwicklung. Die Tabelle 9 skizziert die Umweltsegmente; allerdings ist das ursprüngliche Konzept erweitert um ein ökologisches („**E**nvironmental") Segment sowie die Prognose.

Tab. 9: PEST/E-Analyse & -Prognose

„Political-legal"	„Economic"	„Socio-cultural"	„Technological"	„Environmental"
Gesetzgebung	Entwicklung Bruttosozial-produkt	Werte in der Bevölkerung	Erfindungen in der Wissenschaft	Umweltschutz-bestimmungen
Politische Ideolo-gien der Regieren-den	Bevölkerungs-entwicklung	Lebensstil	Technologische Entwicklungen in der Industrie	Einstellung der Bevölkerung
Außenhandels-regelungen	Einkommens-entwicklung und -verwen-dung	Arbeits-einstellungen	Staatliche F&E-Förderung	Naturzustand
Stabilität des Landes	Inflationsrate	Demografie der Bevölkerung	F&E-Ausgaben der Industrie	etc.
Steuer-, Gesund-heits-, Arbeits-marktpolitik	Wachstumsra-ten der Branchen	Religion	etc.	
etc.	etc.	etc.		

Quelle: In Anlehnung an Farmer & Richman (1965; erweitert).

Rein praktisch kann man sich dies nun so vorstellen: Man erarbeitet die als relevant angenommenen Determinanten, gewichtet sie entlang der angenommenen Bedeutung für die eigenen Märkte und schätzt schließlich die Entwicklungsrichtung qualitativ ein.

4.2 Umweltanalyse & -prognose

4.2.1 Marktanalyse & -prognose

Mit einer Marktanalyse und -prognose werden die Eigenschaften abgegrenzter Märkte oder Teilmärkte untersucht und zugleich die Nachfrage- und Angebotsseite im Sinne des eigenen Leistungsangebotes verknüpft. Das Ziel besteht in der Gewinnung von Informationen über Struktur und Veränderungen der jeweiligen Marktsegmente, um so die Basis vor allem für die Gestaltung von Absatzstrategien zu erhalten. Marktsegmente stellen in der Regel eine homogene Gruppe von Kunden (bspw. Teenager, Geschäftsleute, junge Frauen) dar.[90] Kriterien für Homogenität können dabei beispielsweise Altersstruktur, regionale Gesichtspunkte, Absatzkanäle oder Einkommen sein.

Eine solche Abgrenzung der Marktsegmente ist keineswegs unproblematisch und weist regelmäßig vielfältige Überschneidungen und Kompromisse auf. Wird ein undifferenziertes, große Segmente bildendes Raster zugrunde gelegt und beispielsweise nur eines der angeführten Abgrenzungskriterien verwendet, so ist es fraglich, ob diese Eingrenzung für eine differenzierte Strategie ausreicht. Dies würde dann bedeuten, dass eine Auseinandersetzung im Rahmen des strategischen Managements mit einer großen Zahl an Kunden und auch vielen Konkurrenten erfolgt. Definiert man hingegen den relevanten Markt sehr eng, fallen unter Umständen wichtige Kundengruppen und Konkurrenten durch dieses Raster, oder Marktvolumenveränderungen bleiben in der Planung unberücksichtigt.

Im Vordergrund der strategischen Marktabgrenzung stehen die strategische Selbstständigkeit, also die Möglichkeit und eventuell auch die Notwendigkeit, für das betreffende Geschäftsfeld eine eigenständige Wettbewerbsstrategie zu formulieren. Für diese Marktabgrenzung ist das in Abbildung 21 dargestellte Schema verbreitet. Die Dreidimensionalität macht die Schwierigkeit und Notwendigkeit deutlich, eine Positionierung des Marktsegmentes vorzunehmen:

---

90 Vgl. Kreikebaum, Gilbert & Behnam 2011, S. 241-246.

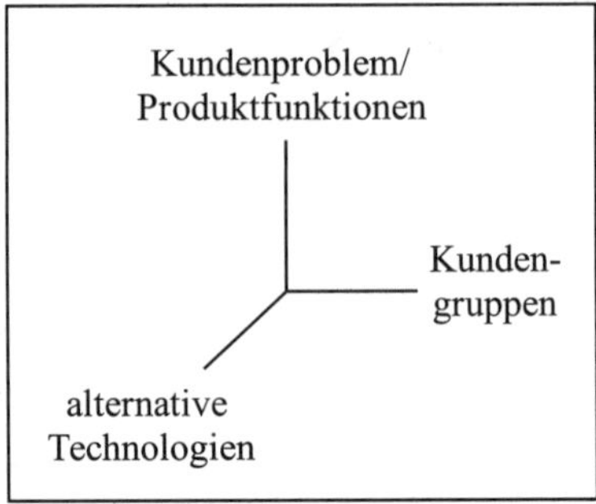

Abb. 21: Modell zur Eingrenzung relevanter Marktsegmente
Quelle: Abell 1980, S. 30.

Grundlegend ist dabei die Vorstellung, dass ein Produkt ein Leistungsbündel darstellt, das bestimmte Eigenschaften aufweist und auf spezifizierte Kundenprobleme und -bedürfnisse gerichtet ist. Die notwendigen Produktfunktionen und -eigenschaften sollten dabei aus der Sicht der Anwender bzw. Kunden definiert werden und erfordern eine genaue Eingrenzung der Kundengruppen. Für die Lösung des Kundenproblems ist zudem die Frage relevant, welche Technologien eingesetzt werden. Beispielsweise lösen Lastkraftwagen, Bahncargo und Binnenschifffahrt das gleiche Problem auf der Basis sehr unterschiedlicher Technologien und sind jeweils auf sehr unterschiedliche Kundengruppen und -probleme beziehbar. Entsprechend müssen Transport-Unternehmungen je nach Kundenproblem, eingesetzter Technologie und Kundengruppen ihr Marktsegment festlegen.[91]

Für den eingegrenzten Markt und die zu bearbeitenden Marktsegmente sollten dann folgenden Informationen erhoben werden:

- Marktvolumen,
- durchschnittliche Entwicklung des Marktwachstums in der jüngeren Vergangenheit sowie im Planungszeitraum erwartetes Marktwachstum,

[91] *Beispielsweise* lösen Lastkraftwagen, Güterzüge und Binnenschiffe das gleiche Problem auf der Basis sehr unterschiedlicher Technologien und sind jeweils auf sehr unterschiedliche Kundengruppen und -probleme beziehbar. Entsprechend müssen Transportunternehmungen je nach Kundenproblem, eingesetzter Technologie und Kundengruppen ihr Marktsegment festlegen.

- durchschnittliche Entwicklung des eigenen Marktanteils während der Vergangenheit sowie die im Planungszeitraum erwartete Veränderung,
- Marktanteile der wichtigsten Konkurrenten,
- bisherige und erwartete Preisentwicklung sowie
- Ausgestaltung der erwarteten Marketinginstrumente, beispielsweise Produktqualität, Lieferzeit oder Lieferbedingungen.

Zur Erhebung dieser Daten bieten sich eine strukturierte Vorgehensweise an und zugleich auch die Sammlung von Einstufungen des eigenen Betriebes relativ zu den wichtigsten Konkurrenten. Tabelle 10 stellt beispielhaft ein solches Arbeitsblatt zur Marktanalyse & -prognose vor.

Tab. 10: Checkliste zur Marktanalyse & -prognose (Beispiel)

Checkliste																		
Marktfaktoren	**Gewicht**	**Bedeutung**	**Situationsbeurteilung**								**Prognose**						**Wertung**	
	insgesamt 100 %	100 % je Kriterium	Nicht attraktiv					Sehr attraktiv	Attrak-tivität	Stabil					Unvorher-sehbar	Dyna-mik	Chance	Risiko
			0	**1**	**2**	**3**	**4**	**5**		**0**	**1**	**2**	**3**	**4**	**5**			
1. Marktgröße	24 %	**100%**							**3,70**							**2,55**		
- Marktvolumen		70 %					x		2,80				x			2,10	x	
- Marktpotenzial		15 %					x		0,60				x			0,45		x
- Abstand Volumen-Potenzial ...		15 %			x				0,30	x						0,00	x	
2. Marktdynamik	18 %	**100 %**							**3,00**							**2,40**		
- Marktwachstum		60 %					x		2,40				x			1,80	x	
- konjunkturelle Schwankungen		20 %		x					0,20				x			0,60		x
- saisonale Schwankungen ...		20 %			x				0,40	x						0,00	x	
3. Marktstruktur	12 %	**100 %**							**3,20**							**0,60**		
- Verhandlungsstärke der Lieferanten		20 %					x		0,80				x			0,60	x	
- Verhandlungsstärke der Kunden		30 %				x			0,90	x						0,00	x	
- Gefahr durch Substitutionsgüter		20 %				x			0,60	x						0,00	x	
- Bedrohung durch Konkurrenten		10%				x			0,30	x						0,00	x	
- Rivalität unter den Wettbewerbern		20 %				x			0,60	x						0,00	x	
- ...																		
4. Marktposition	21 %	**100 %**							**3,30**							**3,15**		
- absoluter Marktanteil		45 %				x			1,35						x	2,25		x
- relativer Marktanteil		20 %		x					0,20	x						0,00	x	
- Preissensibilität der Abnehmer		5 %						x	0,25	x						0,00	x	
- Preisentwicklung ...		30 %						x	1,50				x			0,90	x	
5. Spezielle Markteigenschaften	25%	**100 %**							**3,50**							**2,50**		
- Qualitätsanforderungen Abnehmer		50 %				x			1,50						x	2,50		x
- Stärke politischer Einflüsse ...		50 %					x		2,00	x						0,00	x	
	100 %	**Marktattraktivität**							**3,38**	**Marktdynamik**						**2,40**		

Quelle: In enger Anlehnung an Dillerup & Stoi 2016, S. 252.

Zwischen den Größen Marktanteil (MA), Marktwachstum bzw. Marktvolumensänderung (MV) und Unternehmungswachstum (UW) lassen sich Zusammenhänge ableiten, die für die Strategieformulierung grundlegend sind.[92]

---

92 Vgl. zum Folgenden Gälweiler 1986, S. 291-295.

Unter dem Marktvolumen wird die gesamte, tatsächlich realisierte Absatzmenge auf einem bestimmten Markt verstanden. Demgegenüber gibt der Marktanteil den Anteil einer Unternehmung am gesamten Marktvolumen (in Prozent) an.[93] Die Zusammenführung dieser drei Größen führt zu der sogenannten „Grundformel der Unternehmungsstrategie“:

$$\Delta\,\text{MV} \times \Delta\,\text{MA} = \Delta\,\text{UW}$$

Diese Formel verdeutlicht die Wirkung eines veränderten Marktvolumens (Δ MV). In diesem Sinne geht damit automatisch eine Veränderung der Marktanteile (Δ MA) sowie des Unternehmungswachstums (Δ UW) einher. Dabei kann das Unternehmungswachstum „negativ“ sein. Dies stellt dann eine Des-Investition dar. Die Kernaussage ist nun, dass eine Konstanz in den Marktanteilen bei einem Wachstum des Marktes oder des Marktsegmentes Unternehmungswachstum erfordert.

Die Veränderung einer der drei Größen lässt sich durch einen Veränderungsfaktor (Δ) beschreiben, der ≥ oder ≤ 1,0 sein kann, wobei 1,0 die jeweilige Ausgangsmenge darstellt. Ein Marktwachstum von zehn Prozent entspricht so einem Marktvolumenveränderungsfaktor von 1,10.[94] Die Grundformel der Unternehmungsstrategie verdeutlicht damit Art und Umfang der für die Realisierung der strategischen Ziele notwendigen Unternehmungspotenziale, Kapazitäten und Investitionen. Ihre Grenze besteht darin, dass ein statisches Verhalten der Wettbewerber unterstellt wird. So sind unter Umständen überproporti-

---

93 Beide Größen lassen sich in Mengen- und in Wertgrößen ausdrücken und sind jeweils auf eine bestimmte Periode bezogen. Unterschieden werden absolute und relative Marktanteile. Der relative Marktanteil einer Unternehmung bezieht sich auf den Marktanteil der größten Konkurrenten bzw. auf den des größten Konkurrenten.

94 Ein *Beispiel* macht dies deutlich: Als Marktwachstum wird zehn Prozent – und damit eine für viele Märkte realistische Veränderung – angenommen. Zugleich soll der Marktanteil von fünf auf sechs Prozent gesteigert werden. Durch einfaches Einsetzen in die oben benannte Formel resultiert das erforderliche, hohe Unternehmungswachstum: 1,1 × 1,2 = 1,32. Bei dem angegebenen Marktwachstum und dem Marktanteilsziel ist somit ein Unternehmungswachstum von 32 Prozent erforderlich; das heißt die gesamte zu produzierende und abzusetzende Menge an Gütern muss um circa ein Drittel gesteigert werden, um den Marktanteil in der geplanten Höhe auszuweiten.

onale Aufwendungen erforderlich, falls Wettbewerber eine Ausdehnung ihrer Marktanteile anstreben. Dies leitet über zur Wettbewerbsanalyse.

4.2.2 Wettbewerbsanalyse & -prognose

4.2.2.1 Differenzierung der Objekte

Nachfolgend wird der Aufgabenbereich der strategischen Wettbewerbsanalyse & -prognose erörtert. Dargestellt werden die drei Analyseebenen (1) Branchenstruktur, (2) strategische Gruppe sowie (3) (Haupt-) Konkurrenten. Abbildung 22 visualisiert diese Differenzierung der Wettbewerbs- respektive Aufgabenumwelt.

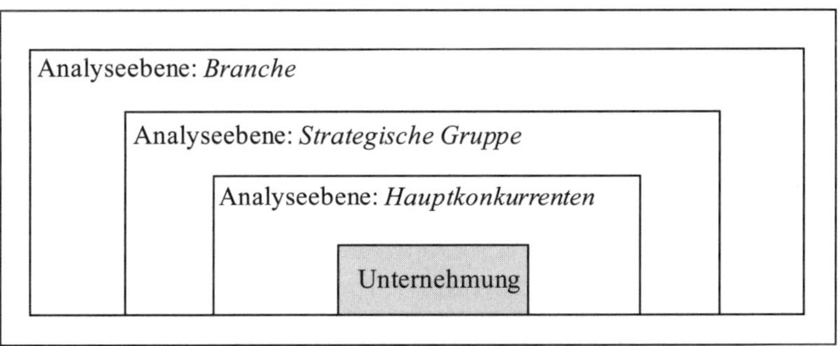

Abb. 22: Ebenen der Aufgabenumwelt

4.2.2.2 Branchenstrukturanalyse & -prognose

Die Branchenstrukturanalyse & -prognose von *Porter* beschreibt das unmittelbar wirksame Wettbewerbsumfeld.[95] Ihr Ziel ist die Einschätzung des Gewinnpotenzials einer Unternehmung, wobei den strukturellen Merkmalen einer Branche und damit der Wettbewerbssituation der maßgebliche Einfluss

[95] Vgl. Porter 1985, S. 4-11, 2013, S. 37-72, auch Kreikebaum, Gilbert & Behnam 2011, S. 238-241, Macharzina & Wolf 2015, S. 318-323, Pearce II & Robinson 2015, pp.100-109, Welge, Al-Laham & Eulerich 2017, S. 309-319.

zugesprochen wird. Darüber hinaus sollen branchenbezogene Chancen und Gefahren genauso wie Koalitionsmöglichkeiten und strategische Schlüsselprobleme deutlich werden. Dieses Analyseinstrument steht in der Tradition der Industrieökonomik und einer marktorientierten strategischen Führung.

Die Wettbewerbssituation in jeder Branche lässt sich demnach auf das Zusammenwirken von fünf Bestimmungsfaktoren (*Wettbewerbskräften*) zurückführen. Die Stärke jeder dieser fünf Kräfte ist wiederum eine Funktion der Branchenstruktur. Dabei beeinflussen die fünf Wettbewerbskräfte die Wettbewerbsintensität nicht in gleichem Maße. Vielmehr soll jeweils der stärkste Faktor ausschlaggebend sein (s. Abb. 23).

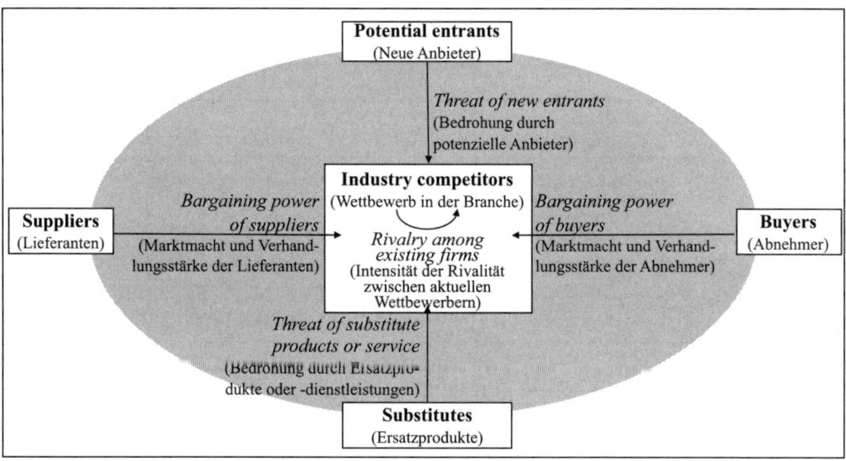

Abb. 23: Branchenstrukturanalyse (& -prognose)
Quelle: In Anlehnung an Porter 2013, S. 38.

Zu den Wettbewerbskräften zählen:[96]

- *Bedrohung durch neue Anbieter*. Neue Anbieter erhöhen die Kapazitäten in der Branche, drücken die Preise und reduzieren potenziell die Rentabilität. Die Veränderungsrate und der Umwelt- bzw. Wettbewerbsdruck in einem Geschäftsfeld hängen in entscheidendem Maße davon ab, in welchem Umfang die etablierten Anbieter durch Eintrittsbarrieren vor Neuanbietern geschützt sind. Unter Markteintrittsbarrieren werden alle diejenigen Kräfte verstanden, die potenzielle Neuanbieter davon abhalten, in einem Geschäftsfeld aktiv zu werden, oder sie bei Eintritt zumindest in eine nachteilige Position zwingen.[97]
- *Verhandlungsstärke der Lieferanten*: Die Lieferanten versorgen die Unternehmung mit den für den Leistungsprozess notwendigen Ressourcen. Je knapper diese Ressourcen und je geringer die Zahl der Anbieter sowie der Substitutionsmöglichkeiten sind, desto größer sind die Macht der Lieferanten und damit auch ihr Einfluss auf das Unternehmungsgeschehen.[98]
- *Verhandlungsstärke der Abnehmer*: Die Abnehmer stellen nicht nur mit ihren Vorstellungen, Wünschen und ihrem faktischen Kaufverhalten eine zentrale externe Einflussgröße dar. Die Stärke ihres Einflusses der Abneh-

---

96 *Beispiel* „Personenluftverkehr (Linien- und Charterflüge): (1) Bedrohung durch neue Anbieter: Zugang zu Flugzeugen und Flughafen, Genehmigungen, Personal, ggf. staatliche Subventionen, Privatisierungstendenzen ..., (2) Verhandlungsstärke der Lieferanten: traditionelle Fluggesellschaften, Luftfahrkonzerne ..., (3) Verhandlungsstärke der Abnehmer: private und berufliche Reisen ..., (4) Bedrohung durch Ersatzprodukte oder -dienste: Bahn, Auto, Bus, Schiff ..., (5) Rivalität unter bestehenden Unternehmungen: Allianzen, Low-cost-Carrier, Anzahl.

97 *Zentrale Determinanten bzw. Markteintrittsbarrieren*: Economies of scale, unternehmungseigene Produktunterschiede, Markenidentität, Umstellungskosten, Kapitalbedarf, Zugang zur Distribution, absolute Kostenvorteile (unternehmungsinterne Lernkurve, Zugang zu erforderlichen Inputs, unternehmungseigene kostengünstige Produktgestaltung), staatliche Politik, zu erwartende Vergeltungsmaßnahmen.

98 *Zentrale Determinanten der Lieferantenmacht:* Differenzierung der Inputs, Umstellungskosten der Lieferanten und Unternehmungen der Branche, Ersatz-Inputs, Lieferantenkonzentration, Bedeutung des Auftragsvolumens für Lieferanten, Kosten im Verhältnis zu Gesamtumsätzen der Branche, Einfluss der Inputs auf Kosten oder Differenzierung, Gefahr der Vorwärtsintegration im Vergleich zur Gefahr sowie, der Rückwärtsintegration durch Unternehmungen der Branche.

mer bestimmt sich auch nach dem Konzentrationsgrad der Abnehmer, ihrem Informationsstand oder dem Ausmaß der Produktstandardisierung.[99]

- *Druck durch Substitutionsprodukte*: Existenz und Ausmaß der Verfügbarkeit von Substitutionsprodukten und -leistungen sind als weitere bedeutsame Wettbewerbskraft, wenn auch eher indirekter Art, anzusehen. Substitutionspotenziale relativieren die Marktstrukturen und selbst monopolistische Marktstrukturen können durch Substitutionsprodukte einen starken Preis- oder Veränderungsdruck erfahren.[100]
- *Grad der Rivalität unter den Konkurrenten*: Zu den besonders offenkundig relevanten Umweltkräften zählen die Wettbewerber und das Ausmaß an Rivalität, das sich unter den Wettbewerbern entwickelt. Ein hohes Maß an Rivalität und damit Tendenz zum „ruinösen Wettbewerb" besteht besonders dort, wo Märkte die Sättigungsgrenze erreicht haben und ein Marktaustritt für die Wettbewerber schwer zu erreichen ist.[101]

Daneben sind auch noch industrielle Beziehungen und die Industriepolitik zu berücksichtigen. Vielfach liegt staatliche Einflussnahme auf die Wettbewerbssituation vor, was sich durch Marktregulierung oder Subventionen mitunter direkt auf einzelne Geschäftsfelder auswirkt. Die industriellen Beziehungen, als zweitgenannter Faktor, definieren die Rahmenbedingungen für die unternehmungsinterne Regelung der Konflikte zwischen Arbeitgebern und Arbeitnehmern.

---

[99] *Zentrale Determinanten der Abnehmermacht:* Abnehmerkonzentration gegen Unternehmungskonzentration, Abnehmervolumen, Umstellungskosten der Abnehmer im Vergleich zu denen der Unternehmung, Informationsstand der Arbeitnehmer|innen, organisationale Fähigkeit zur Rückwärtsintegration, Durchhaltevermögen, Preisempfindlichkeit, Preis-Gesamtumsätze, Produktunterschiede, Markenidentität, Einfluss auf Qualität-Leistung, Abnehmergewinne, Anreize der Entscheidungsträger|innen.

[100] Zentrale Determinanten: relative Preisleistung der Ersatzprodukte, Umstellungskosten, Substitutionsneigung der Abnehmer.

[101] *Zentrale Determinanten der Rivalität*: Branchenwachstum, Fixkosten/Wertschöpfung, Phasen der Überkapazität, Produktunterschiede, Markenidentität, Umstellungskosten, Konzentration und Gleichgewicht, komplexe Informationslage, heterogene Konkurrenten, strategische Unternehmungsinteressen, Austrittsbarrieren.

Die praktische Bedeutung demonstriert auch Tabelle 11, die eine beispielhaft ausgefüllte *Checkliste* zur Bewertung der Brancheneinflüsse darstellt. In der linken Spalte sind die fünf Wettbewerbskräfte (sowie jeweils ein beispielhaftes Kriteriumitem) wiedergegeben. Die jeweiligen Faktoren sind ihrer angenommenen Bedeutung entsprechend gewichtet. Danach ist sowohl für die aktuelle Situation (Branchenattraktivität von nicht attraktiv bis sehr attraktiv) als auch für die sich noch entwickelnde Situation (Branchendynamik von stabil bis unvorhersehbar) eine Bewertung – mit einer abschließenden Wertung „Chance oder Risiko" – abgebildet.

Tab. 11: Checkliste einer Branchenstrukturanalyse & -prognose (Ausschnitt)

Checkliste																		
Branchenstrukturfaktoren	**Gewicht**	**Bedeutung**	**Situationsbeurteilung**							**Prognose**							**Wertung**	
	100 % Faktoren	100 % Kriterium	Nicht attraktiv					Sehr attraktiv	Attraktivität	Stabil					Unvorhersehbar	Dynamik	Chance	Risiko
			0	**1**	**2**	**3**	**4**	**5**		**0**	**1**	**2**	**3**	**4**	**5**			
1. Rivalität - Branchenwachstum - …	37 %	**10 %** 10 %		x					**2,52** 0,10				x			**0,30** 0,30	x	
2. Abnehmer - Umstellungskosten - …	13 %	**10 %** 10 %	X						**2,30** 0,00	x						**1,60** 0,00	x	x
3. Ersatzprodukte - Eignungsgrad - …	10 %	**30 %** 30 %		x					**2,70** 0,30	x						**1,30** 0,00	x	
4. Lieferanten - Lieferantenwettbewerb - …	18 %	**20 %** 20 %					x		**3,58** 0,80	x						**0,60** 0,00	x	
5. Neue Anbieter - Zugänglichkeit Distributionskanäle - …	22 %	**20 %** 20 %				x			**2,25** 0,60						x	**1,00** 1,00		x
			Branchenattraktivität						**2,64**	**Branchendynamik**						**0,78**		

Quelle: In enger Anlehnung an Dillerup & Stoi 2016, S. 245.

Kritisch anzumerken bleibt, dass zahlreiche Aussagen den Charakter von mehr oder minder plausiblen Hypothesen haben. Sie sind weder schlüssig aus Modellen abgeleitet noch durch empirische Untersuchungen gestützt. Möglicherweise ist der Brancheneinfluss nicht so bedeutend wie von *Porter* unterstellt, zumindest führen empirische Untersuchungen zu Relativierungen.[102] Dies

[102] Zur Kritik vgl. bspw. Kreikebaum, Gilbert & Behnam 2011, S. 241, Macharzina & Wolf 2015, S. 321-223. Rumelt (1991) untersuchte in einer Längsschnittstudie von ca. 600 Unternehmungen, welcher Anteil der Varianz in den finanziellen Ergebnissen der Unternehmungen durch die Branchenzugehörigkeit erklärt wird. Er kommt zu dem Er-

hängt auch mit der Dominanz externer respektive marktorientierter Umweltfaktoren als Basis der Strategieformulierung zusammen. Die überwiegend qualitativen Aussagen von *Porter* bedürfen zudem immer einer schwierigen situationsspezifischen Präzisierung, um brauchbare Erklärungen und Prognosen zu gestatten.[103]

Diese Branchenstrukturanalyse & -prognose hat Theorie und Praxis der strategischen Planung stark beeinflusst. Der flexibel ausgestaltete Bezugsrahmen ermöglicht eine begründete strukturelle Analyse & Prognose der Wettbewerbssituation und damit auch des *Rentabilitätspotenzials* einer Branche. Gleichzeitig werden die Hebelpunkte zur Gestaltung einer effektiven Wettbewerbsstrategie sowie für eine Verbesserung der spezifischen Wettbewerbssituation verständlich. Folglich stellt die Branchenstrukturanalyse & -prognose einen wesentlichen Bestandteil der Umweltanalyse & -prognose dar.

4.2.3 Analyse & Prognose strategischer Gruppen

Das Konzept strategischer Gruppen ergänzt für heterogene aufgestellte Branchen die Branchenstrukturanalyse & -prognose.[104] Dies ist erforderlich, da sich innerhalb einer Branche immer Unternehmungen befinden, die sich in ihrer strategischen Ausrichtung ähneln und damit gegenüber anderen strategischen Gruppen dieser Branche unterscheiden.

Als *strategische Gruppe* bezeichnet man entsprechend Unternehmungen, die ein relativ homogenes strategisches Verhalten, beispielsweise hinsichtlich des Spezialisierungsgrades, der Produktqualität, der Absatzkanäle oder der vertikalen Integration, aufweisen.

---

gebnis, dass Brancheneffekte nur etwa acht Prozent der Varianz des Erfolges begründen können.

103 Zu ergänzenden Modellen der Analyse & Prognose von Branchenumwelt und -dynamik (bzgl. von Branchenlebenszyklussen, Technologien, neue Geschäftsmodelle, Branchendynamik, -prozesse u. a.) s. bspw. Hungenberg 2014, S. 108-124, Pearce II & Robinson 2015, pp. 109-120, Welge, Al-Laham & Eulerich 2017, S. 319-341.

104 Vgl. Porter 2013, S. 183-187, auch Welge, Al-Laham & Eulerich 2017, S. 350-354, Wheelen & Hunger 2006, pp. 82-86.

Die Anzahl strategischer Gruppen entspricht dabei maximal der Zahl der Branchenunternehmungen, wenn sich Unterschiede in der strategischen Ausrichtung zwischen allen Unternehmungen identifizieren lassen. Diese Situation liegt aber genauso wenig wie das Fehlen strategischer Gruppen nahe. Das kommt beispielsweise daher, dass innerhalb vieler Branchen eine Differenzierung nach unterschiedlichen Kundengruppen möglich ist und je unterschiedliche strategische Ausrichtungen erlauben, die dann von mehreren Konkurrenten gleichzeitig gewählt werden.

Die strategischen Gruppen einer Branche können mit Hilfe einer Karte dargestellt werden. Zur Vereinfachung werden dabei regelmäßig zwei besonders relevante strategische Dimensionen ausgewählt und die Unternehmungen der Branche positioniert. Die Größe der Kreise stellt den Marktanteil der strategischen Gruppe dar (s. Abb. 24).

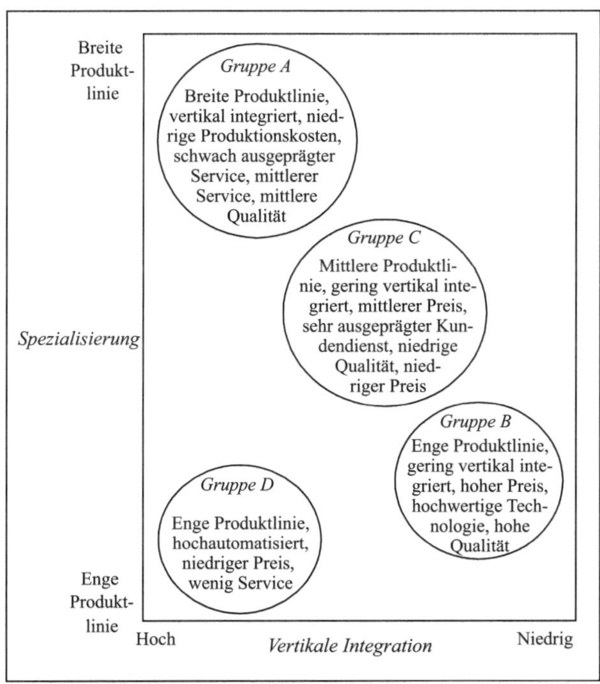

Abb. 24: Beispiel einer Karte strategischer Gruppen
Quelle: In Anlehnung an Porter 2013, S. 186.

Die oben skizzierten Wettbewerbskräfte der Branche haben dabei einen ungleichmäßigen Einfluss auf die verschiedenen Gruppen und können beispielsweise unterschiedliche *Eintrittsbarrieren* aufweisen. Diese Eintrittsbarrieren bewahren die Unternehmungen einer strategischen Gruppe allerdings nicht nur vor dem Eintritt bislang branchenfremder Unternehmungen, sondern sie be- oder verhindern auch ihren eigenen Wechsel der strategischen Position von einer Gruppe in eine andere, wirken folglich auch als *Mobilitätsbarrieren.*

Dies wird auch deutlich am in der Abbildung 25 wiedergegebenen Beispiel des Marktes für Master-Abschlüsse in der Betriebswirtschaftslehre. Sie demonstriert die unterschiedlichen Teilmärkte. Darüber hinaus zeigt sie auch, dass die Achsen durchaus anders gebildet werden können, um präziser auf die spezifischen Marktgegebenheiten einzugehen.

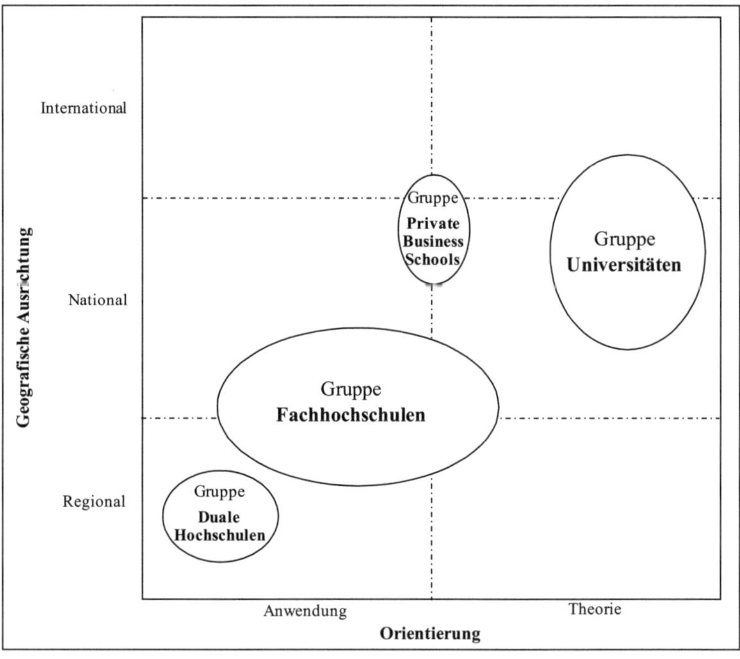

Abb. 25: Beispiel strategischer Gruppen am Hochschulmarkt für BWL-Master-Abschlüsse
Quelle: In Anlehnung an Dillerup & Stoi 2016, S. 242.

Im Beispiel ist die „Gesamtbranche“ einerseits durch das geografische Einzugsgebiet der Studierenden wie ihre internationale Orientierung sowie andererseits durch die inhaltliche Ausrichtung gekennzeichnet. Durch die Kombination dieser beiden Aspekte bilden sich unterschiedliche strategische Gruppen, die sich voneinander in der „Branchenstruktur“ unterscheiden. Traditionelle *Universitäten* fokussieren eine Vielzahl von Studienfächer, sie sind auf hierbei auf Forschungsreputation und forschungsbasierte Lehre ausgerichtet sowie zielen auf internationale wie nationale Studierende. *Duale Hochschulen* dagegen sind – alleine schon wegen der Praxispartner – im Allgemein regional verankert sowie, stark praxisorientiert auf Anwendung ausgerichtet. *Private Business Schools* zielen vor allem auf nationale, viele auch auf internationale Studierende. In ihrem Lehrfokus steht in die praktische Anwendung auf Basis theoretischer Erkenntnisse. *Fachhochschulen* (Hochschulen für angewandte Wissenschaften) zielen – je nach Standort – auf regionale und/oder nationale Studierende. Ihre Lehre ist stark anwendungsorientiert ausgerichtet, wenngleich die dazu notwendigen theoretischen Grundlagen auch vermittelt werden. Die Darstellung der strategischen Gruppen lässt sich erweitern (bspw. um private und staatliche Hochschulen sowie Business Schools) und differenzieren (bspw. durch eine genauere Analyse und nachfolgende Gruppierung der einzelnen Hochschulen) vornehmen. Für eine erste Strukturierung reicht das Beispiel jedoch.[105]

Die Verwendung des Instruments „strategische Gruppen“ gestattet jedenfalls durch die Einbeziehung der Betrachtung der Mobilität eine differenziertere Einschätzung der Wettbewerbsintensität als die einfache Branchenstrukturanalyse und es werden auch bracheninterne Rentabilitätsunterschiede erklärt. Letztere werden zudem durch den Rivalitätsgrad der strategischen Gruppen zueinander determiniert: Je höher die gegenseitigen Marktabhängigkeiten, je stärker die Überschneidungen der Kundenzielgruppen, je größer die Anzahl und je geringer die Größenunterschiede zwischen den Gruppen, desto höher wird die Wettbewerbsintensität sein – so die Annahme. Die sorgfältige Analy-

[105] Nicht immer sind trennscharfe Unterscheidungen – gerade bei einer nur zweidimensionalen Differenzierung – möglich. Zudem können sich Gruppen überlagern, was die optische Visualisierung erschweren würde.

se im Rahmen des Konzepts liefert damit weitere wichtige Hinweise für die Formulierung der Wettbewerbsstrategie. Sei es, dass die für die Unternehmung (aber auch für andere) rentabelste strategische Gruppe identifiziert wird, oder aufgrund der Positionierung der anderen Unternehmungen sich Anhaltspunkte für deren strategisches Verhalten ergeben, wie beispielsweise unbedeutende Gruppen zu verlassen und damit gegebenenfalls Konkurrent in der eigenen Gruppe zu werden.

Trotz dieser schon recht differenzierten Analyse & Prognose der gesamten Branche ist nach wie vor eine systematische Konkurrentenanalyse & -prognose sinnvoll. Je genauer der Kenntnisstand von Branche, strategischer Gruppe und Konkurrenz ist, desto eher kann durch eine adäquate Wettbewerbsstrategie die Fehlallokation eigener Ressourcen verhindert werden.

4.2.4 Konkurrentenanalyse & -prognose

Im Rahmen der Konkurrentenanalyse & -prognose werden über die Konkurrenten der eigenen strategischen Gruppen und wenn möglich auch der gesamten Branche jene Informationen beschafft und analysiert, die eigene strategische Entscheidungen fundieren können. Dazu zählen die jeweiligen Leistungsangebote und die wesentlichen wettbewerbsrelevanten Aktivitäten der Konkurrenten sowie auch deren Umsatz, Marktanteil, Produktprogramm, Standorte, Managementqualität, Planungssystem, Ressourcenlage, Organisationsstruktur, Marktpositionierung, strategische Ziele und Optionen.[106] In der Wirtschaftspraxis werden im Allgemeinen bei der Durchführung der Konkurrentenanalyse Check-Listen verwendet (s. bspw. Tab. 12).[107]

---

[106] Vgl. Welge, Al-Laham & Eulerich 2017, S. 355-359, Kreikebaum, Gilbert & Behnam 2011, S. 232-234.

[107] Auch hier werden zunächst wieder die wesentlichen Erfolgsfaktoren (auch der Konkurrenz) differenziert, operationalisiert und entsprechend ihrer angenommenen Bedeutung gewichtet. Es folgt im Rahmen der Situationsanalyse die Bewertung der Ausprägung der jeweiligen Items sowie im Rahmen der Prognose die Bewertung der angenommenen Dynamik – jeweils bezogen auf einen spezifischen Konkurrenten. Die entspre-

Die Qualität einer Konkurrentenanalyse & -prognose hängt entscheidend von der Auswahl der relevanten Konkurrenten sowie der Beschaffbarkeit der benötigten Informationen ab. Zwar ist ein Großteil der Informationen bereits durch die – vom Kapitalmarkt geförderte – Publizitätsfreudigkeit vieler Unternehmungen relativ einfach beschaffbar, dem steht jedoch der Aufwand für darüber hinausreichende Einschätzungen beispielsweise strategischer Optionen sowie unternehmungsinterner Stärken und Schwächen gegenüber. Hier bietet sich der systematische Einsatz von Mitarbeiter|innen im Außendienst, spezieller Arbeitsgruppen an, so dass die Konkurrentenanalyse mit einer ähnlichen Intensität betrieben wird wie die klassische Marktforschung.

Tab. 12: Arbeitsblatt zur Konkurrentenanalyse & -prognose (Beispiel)

Checkliste																		
Konkurrenzfaktoren	Gewicht	Bedeutung	Situationsbeurteilung							Prognose							Wertung	
	insgesamt 100 %	100 % je Kriterium	nicht attraktiv 0	1	2	3	4	sehr attraktiv 5	Attraktivität	stabil 0	1	2	3	4	unvorsehbar 5	Dynamik	Chance	Risiko
1. Führung - Führungskräfte (Ziele, Werte, Entgeltsystem) - …	10 %	**15 %** 15 %				x			**2,30** 0,45			x				**2,10** 0,30	x	x
2. Entwicklung - Technik (Patente, Technologie, Integration) - …	21 %	**20 %** 20 %	X						**4.01** 0,00		x					**1,80** 0,20	x	
3. Beschaffung - Lieferanten (Sourcing, Kooperationen) - …	16 %	**20 %** 20 %			x				**3,76** 0,40		x					**2,30** 0,20		x
4. Produktion - Maschinen (Automatisierung, Instandhaltung …) - …	10 %	**30 %** 30 %					x		**2,80** 1,20		x					**1,20** 0,30	x	
5. Marketing/Vertrieb - Verkaufsmannschaft (Fähigkeiten, Art, Standorte) - …	9 %	**40 %** 40 %		x					**3,10** 0,40	x					x	**2,80** 0,00		x
6. Finanzen - kurzfristige Mittel (Kreditlinien, Kosten Fremdkapital - …	19 %	**15 %** 15 %		x					**0,56** 0,15		x					**3,40** 0,15		x
7. Produkte - Zuverlässigkeit, Qualität - …	15 %	**25 %** 25 %		x					**2,98** 0,25		x					**2,80** 0,25		x
		Konkurrenzattraktivität							**2,79**	**Konkurrenzdynamik**						**2,39**		

Quelle: In enger Anlehnung an Dillerup & Stoi 2013, S. 259.

Das Ziel einer Konkurrentenanalyse & -prognose sollte letztlich immer darin bestehen, Reaktionsprofile zu erstellen, denn erst dadurch kann die Tragfähigkeit eigener strategischer Entscheidungen deutlich werden. Es reicht damit nicht aus, so wie in dem oben dargestellten Arbeitsblatt angedeutet, lediglich

---

chenden gewichteten Einschätzungen führen dann zu einer Einschätzung der Fähigkeit der Konkurrenten jetzt und in der Zukunft.

Informationen bloß nebeneinander zu stellen. Im Zentrum der Analyse & Prognose stehen im Allgemeinen die zwei bis drei als wesentlich angesehenen Mitwettbewerber in einem bestimmten strategischen Geschäftsfeld. Sie stellen eine besondere, potenzielle Gefahr für den Erfolg der eigenen Strategie dar. Insofern sind sie näher zu untersuchen. Dabei kann, muss es sich nicht alleine um die Größten im Markt handeln. Auswahlkriterium ist die erwartete Gefährlichkeit dieser Mitwettbewerber für die eigene Entwicklung im Markt.[108]

Einen konzeptionellen Rahmen für eine systematische Konkurrentenanalyse & -prognose ist sinnvoll (s. Abb. 26).

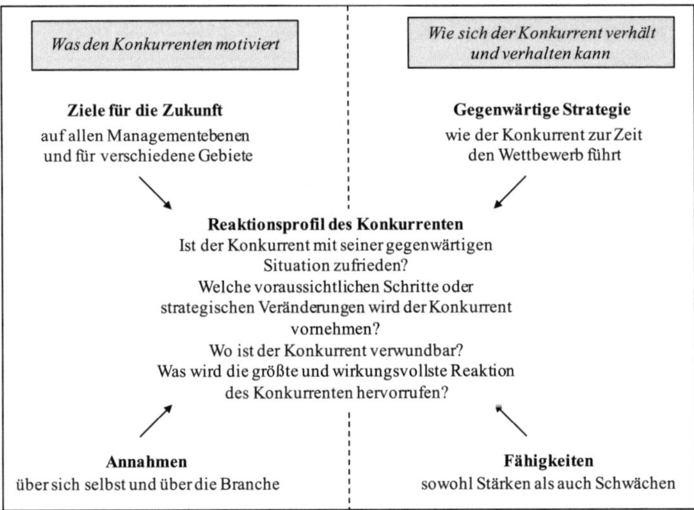

Abb. 26: Elemente einer Konkurrentenanalyse & -prognose
Quelle: Porter 2013, S. 90.

[108] *Beispielsweise* war für Apple im entstehenden Smartphone-Markt Nokia, ehedem Marktführer im Handymarkt, schon bald kein in der Zukunft gefährlicher Mitwettbewerber, da dort nicht in die „richtigen“ Technologien entwickelt wurde. Dagegen waren die kleineren Mitwettbewerber (bspw. HTC, Blackberry und damals auch der wachsende, aber auch noch nicht große Konzern Samsung) viel wichtiger für die Konkurrentenprognose. Deutlich wird hierdurch auch, dass eine Konkurrenzanalyse & -prognose laufend erneuert werden muss.

Demnach besteht eine systematische Konkurrentenanalyse & -prognose aus vier Elementen die gemeinsam das Reaktionsprofil der Konkurrenten oder einer strategischen Gruppe prägen: Informationen über die Ziele, die gegenwärtigen Strategien, die zugrundeliegenden Annahmen sowie die Fähigkeiten. Im Vergleich zu dem oben wiedergegebenen Arbeitsblatt verdeutlicht dies, dass dort vor allem die Annahmen sowie die Ziele vernachlässigt werden. Schenkt man dieser linken Seite in der Abbildung und damit den Bestimmungsgründen für das Verhalten der Konkurrenten zusätzliche Aufmerksamkeit, so lassen sich auch Prognosen über mögliche Reaktionen der Konkurrenten auf eigene strategische Entscheidungen besser begründen.

4.3 Unternehmungsanalyse & -prognose

4.3.1 Einführung

Nicht nur, aber gerade auch unter einer ressourcenorientierten Perspektive bedarf es des Weiteren einer Unternehmungsanalyse & -prognose, das heißt, dass unternehmungsinterne Elemente näher im Hinblick auf ihre Stärken und Schwächen für die strategische Unternehmungsführung untersucht werden. Auch hier werden wieder verschiedene Phasen und Instrumente differenziert.

Der *Prozess* der strategischen Unternehmungsanalyse & -prognose vollzieht sich in verschiedenen Schritten:

- Sie beginnt mit der Suche und der *Aufdeckung* strategisch bedeutsamer Potenziale. Diese lassen sich entweder direkt einzelnen Funktionsbereichen oder nur dem Wertschöpfungsprozess insgesamt zuordnen. In jedem Fall müssen durch diesen ersten Schritt Vorstellungen resultieren, worin strategische Potenziale bestehen könnten.
- Dem schließt sich deren *Bewertung* an, um genaue Informationen über die Tragfähigkeit einer Kennzeichnung als „strategisches Potenzial“ zu bekommen. Eine solche immer nur relativ mögliche Bewertung, kann durch einen Zeitvergleich, einen Vergleich mit dem jeweils unterstellten Produktlebenszyklus oder einen Vergleich mit den wichtigsten Konkurrenten erfolgen.

– Dies leitet zum dritten Schritt über, der in der Formulierung eines *Stärken-Schwächen-Profils* besteht. Dieses umfasst dann idealerweise detaillierte Hinweise auf die Erfolgspotenziale einer Unternehmung, die die Basis zur Formulierung von Strategien bilden.

In diesem Prozess der strategischen Unternehmungsanalyse können durch verschiedene Aufgabenträger in einer Unternehmung unterschiedliche Instrumente der Informationsgenerierung und -bewertung eingesetzt werden. Diese werden auch als Instrumente der strategischen Planung bezeichnet, von denen im Folgenden die wichtigsten vorgestellt werden. Dabei ist zu beachten, dass sich diese Instrumente nicht an allen Stellen den benannten drei Schritten direkt zuordnen lassen. So gehen die Portfolio-Analysen sogar noch darüber hinaus und stellen eine Verbindung zur Umweltanalyse her, während beispielsweise die auch angesprochene Stärken-Schwächen-Analyse dem dritten Schritt zuordbar ist. Bei der Vorstellung der Instrumente der Unternehmungsanalyse muss weiterhin beachtet werden, dass deren nicht hinterfragte Kombination leicht zu problematischen Ergebnissen führen kann, so dass immer zunächst detaillierte Analysen zur jeweiligen situationsspezifischen Anwendbarkeit erfolgen sollten. Im Einzelnen werden als Instrumente der Unternehmungsanalyse & -prognose die Berücksichtigung der PIMS-Studie, die Lebenszyklusanalyse, die Erfahrungskurvenanalyse, die Portfolioanalyse, die Wertschöpfungskette, die Potenzialanalyse sowie die Stärken-Schwächen Analyse (jeweils mit einer Prognosefunktion) dargestellt. Den größten Raum nehmen die Portfolio-Analysen ein, da sie in vielen Varianten diskutiert werden und auch jeweils relativ komplexe Argumentationsgänge umfassen.

4.3.2 PIMS-Studie

In den einschlägigen Lehrbüchern zum strategischen Management wird mehrheitlich auch die so genannte PIMS-Studie („*Profit Impact of Market Strategy*“) im Zusammenhang mit und als Instrument der Unternehmungsanalyse beschrieben.[109] Hierbei handelt es sich um eine Datenbank, die als Längsschnittstudie Informationen zu einer Vielzahl von strategischen Geschäftsfeldern mehrerer hundert, freiwillig teilnehmender Unternehmungen speichert. Der zentrale Gedanke ist dabei, dass eine Auswertung dieser Daten die generellen Wirkungen strategischer Entscheidungen offenbart und zudem die teilnehmenden Unternehmungen Referenzwerte für vergleichbare strategische Geschäftsfelder erhalten. Das Ergebnis ist dabei, dass insbesondere der relative Marktanteil, die relative Produktqualität sowie die Kapitalintensität entscheidend den Return on Investment beeinflussen. Die Ausrichtung auf generell gültige, aber genauso leicht kritisierbare nomologische Aussagen steht damit im Vordergrund. Das ist auch der wesentliche Unterschied zu den nachfolgenden Analyseinstrumenten. Diese basieren weniger auf solchen generellen Aussagen, sondern erlauben zum großen Teil eine fallbezogene Analyse der jeweiligen Unternehmung oder einzelner strategischer Geschäftseinheiten.

4.3.3 Lebenszyklusanalyse & -prognose

Die Lebenszyklusanalyse & -prognose (hier synonym: Analyse & Prognose des Produktlebenszyklusses; „*Product life cycle analysis*“) beruht auf der plausiblen Vorstellung, dass v. a. industrielle Produkte nur eine begrenzte marktliche Lebensdauer haben.[110] Dies lässt sich mit Nachfrageveränderungen, technischem Fortschritt oder der Ausschöpfung des Marktpotenzials etc. begründen.

Während ihrer „Lebensdauer“ durchlaufen Produkte demnach verschiedene Stadien. Diese werden in der Literatur unterschiedlich differenziert. Während in der Marketingliteratur ein enger, nur auf den Marktzyklus (= Zeitraum, in der ein Produkt angeboten und nachgefragt wird) bezogenes Verständnis mit vier bis fünf Phasen vorzufinden ist, betrachtet die Strategieliteratur zusätzlich noch den Entstehungszyklus. Dieser beschreibt den Zeitraum, der die Phasen

---

109 Vgl. Buzzel & Gale 1987, p. 1-16, Kreikebaum, Gilbert & Behnam 2011, S. 256-260

110 Vgl. bspw. Kreikebaum, Gilbert & Behnam 2011, S. 219-222.

der Forschung und Entwicklung sowie die Produktions- und Absatzvorbereitung umfasst. Beides zusammen ergibt den Lebenszyklus (s. Abb. 27). Charakteristisch ist, dass jede der benannten Phasen mit einem unterschiedlichen Finanzmittelbedarf oder -überschuss verbunden ist; das heißt, dass aus der Lebenszyklusanalyse produktspezifische Cashflow-Verläufe abgeleitet werden. Genau diese Verbindung macht das Instrument strategisch relevant.

Vor dem Hintergrund des Phasenschemas lassen sich zumindest grobe Rückschlüsse auf das künftige Wachstum des Gesamtmarktes sowie der zeitlichen Kosten-, Umsatz- und Gewinnstruktur ziehen:

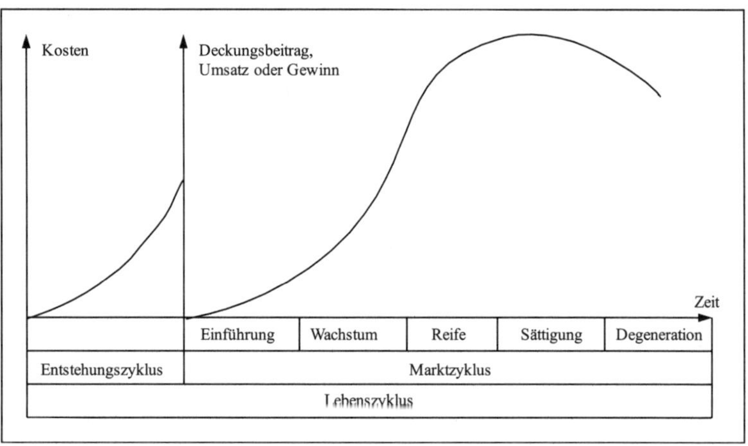

Abb. 27: Idealtypischer Produktlebenszyklus

Im Entstehungszyklus entstehen nur Kosten. Umsätze können erst nach der *Markteinführung* realisiert werden. [111]

- In der *Wachstumsphase* sind überproportionale Umsatzzuwächse bei hohen Kosten zu erwarten, wobei im Zeitablauf der Break-even erstrebt wird.
- Höhere Gewinne sind erst in der die *Reifephase* zu erhoffen.

[111] Um ein langfristiges Wachstum zu sichern, ist es erforderlich, zusätzlich zu Maßnahmen der Stabilisierung gegebener Produkte in Innovationsprozessen rechtzeitig neue Produkte zu entwickeln und in den Märkten einzuführen. Diese sollen einerseits die rückläufigen Umsätze der alten Produkte ausgleichen und andererseits die Basis für weiteres Wachstum legen.

- Die *Sättigungsphase* kennzeichnet das Absatz- und Umsatzmaximum, wobei sich durch eine sinkende Nachfrage die Gewinnsituation verschlechtert.
- In der *Degenerationsphase* sinkt die Nachfrage weiter, so dass allenfalls noch durch ein Relaunching und zusätzliche Marketingaufwendungen Gewinne aufrechterhalten werden können.

Bei der Verwendung des Produktlebenszyklus ist man mit verschiedenen Problemen konfrontiert. Zu nennen sind hier die Produktdefinition (Was ist neu? Wie geht man mit marginalen Produktdifferenzierungen um?), Messgrößen/ Indikatoren (Berücksichtigung von Preisveränderungen, Problem der Kostenreduzierung und der Deckungsbeitragsermittlung) oder auch die Phasenbestimmung (Durchläuft ein Produkt alle Phasen? Wie lang sind diese?). Diese ungelösten und ex ante kaum lösbaren Fragen schmälern den Aussagegehalt der Lebenszyklusanalyse. Auch ihre empirische Fundierung – gerade über eine allgemeine Verlaufsform – ist eher schwach, da höchst unterschiedliche Zyklustypen existieren.

Trotz dieser Kritikpunkte ist der Lebenszyklus für die Unternehmungsanalyse & -prognose zumindest als beschreibendes Instrument hilfreich: Er gibt Hinweise auf Absatzentwicklungen und den damit verbundenen Cashflows (Finanzmittelbedarfe wie -überschüsse, zeigt Ansatzpunkte für den phasenspezifischen Einsatz des marketingpolitischen Instrumentariums auf, hilft das Gewinnpotenzial eines Produktes zu beurteilen, initiiert und unterstützt die langfristige Produktplanung (Einführungs- wie Programmplanung). Voraussetzung für die Nutzung des Instruments ist eine produktspezifisch ausgerichtete Analyse und Prognose der Rahmenbedingungen, um zu einem produktspezifischen Lebenslauf zu gelangen.

4.3.4 Erfahrungskurvenanalyse & -prognose

Die Erfahrungskurvenanalyse & -prognose ist aufgrund ihres intuitiven Zugangs sowie ihrer strategischen Implikationen ein bekanntes Instrument der strategischen Analyse.[112] Der Begriff „Erfahrungskurve" wurde von der Boston Consulting Group geprägt und betrifft den Zusammenhang von langfristigen Stückkosten und Gesamtproduktionsmenge einer Unternehmung. Die Basisaussage der Erfahrungskurve lautet: Mit jeder Verdopplung der kumulierten Produktionsmenge sinken die inflationsbereinigten Stückkosten potenziell um einen konstanten Prozentsatz (ca. 20-30 Prozent).

Diese Beziehung zwischen Stückkosten und kumulierter Produktionsmenge lässt sich grafisch als fallende Hyperbel in geglätteter Form darstellen. Diese Visualisierung stößt an Grenzen, als dass sich die kumulierte Produktionsmenge aus den vorab insgesamt produzierten Einheiten eines Produkts zusammensetzt. Deshalb kommt eine logarithmische Darstellungsweise in Frage, um so die längerfristige Perspektive umzusetzen, wie sie mit der Verdopplung der kumulierten Produktionsmenge angesprochen ist. Somit lässt sich der Stückkostenrückgang aus dem Steigungsmaß der gradlinig verlaufenden Kurve bzw. der in diesem Fall gradlinig verlaufenden Gerade ablesen (s. Abb. 28).

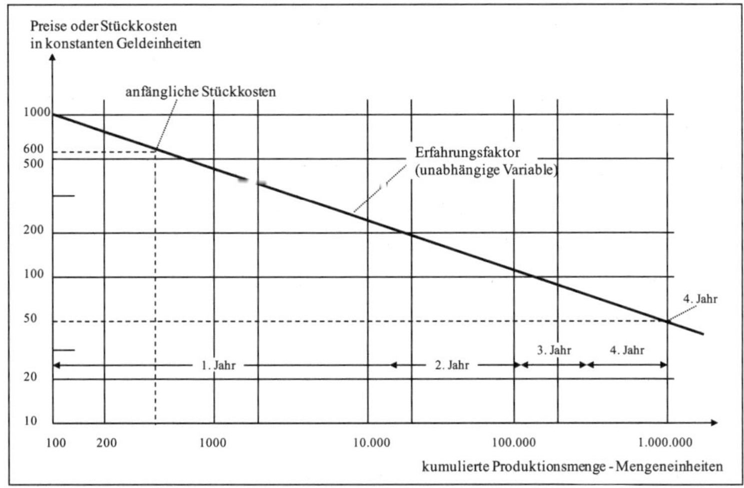

Abb. 28: Erfahrungskurveneffekt
Quelle: In Anlehnung an Henderson 1974, S. 21, Macharzina & Wolf 2015, S. 366.

[112] Vgl. Henderson 1974, auch Gälweiler 1986, S. 257-281, Kreikebaum, Gilbert & Behnam 2011, S. 222-231.

Für diese potenzielle und nicht automatisch eintretende Stückkostenreduktion werden v. a. vier *Ursachen* angeführt:[113]

- *Lernkurveneffekt*: Dieser basiert auf der Annahme, dass jeder Mensch (und damit auch in der Arbeitnehmerrolle) während seiner Tätigkeiten seine Kompetenzen verbessert und Übungsgewinne realisieren kann. Ob und wie stark dies tatsächlich der Fall ist, kann kaum präzise und allgemeingültig bestimmt werden.
- *Größendegression*: Die Stückkosten eines Produktes sinken c. p. – so die prinzipielle Annahme – mit einer Vergrößerung der Kapazität (Betriebsgröße). Ursachen der Größendegression sind technisch bedingte Kostenvorteile (mögliche Nutzung kostengünstigerer Produktionstechnologien) sowie absolute Kostenvorteile größerer Unternehmungen in den Bereichen Beschaffung, Produktion und Absatz (steigende Skalenerträge bzw. sog. „Economies of scale“).[114]
- *Technischer Fortschritt*: Insbesondere Prozessinnovationen im Produktionsbereich, beispielsweise die Einführung von Fertigungsinseln, tragen ebenfalls zur Verschiebung der Kostenfunktion nach unten bei.
- *Rationalisierungsmaßnahmen*: Hiermit ist die Ausnutzung der Kostensenkungspotenziale in allen betrieblichen Bereichen (durchaus auch im Zusammenhang mit den bereits angegebenen Größen) angesprochen.

Die Erfahrungskurve stellt *keine Gesetzmäßigkeit* dar, zumal eine Verdopplung der kumulierten Produktionsmenge allenfalls in den ersten Jahren des Produktlebenszyklus und auch nur bei wachsenden Märkten einfach realisierbar sein kann. Es sind nur mögliche Kostensenkungspotenziale – jenseits von Mengenrabatten für Materialkosten – angesprochen, die erst durch bewusste Managementanstrengungen realisiert werden müssen.

---

[113] Vgl. v. a. Kreikebaum, Gilbert & Behnam 2011, S. 222-231, Welge, Al-Laham & Eulerich 2017, S. 257-265.

[114] Der Größendegressionseffekt bezieht sich auf die Produktionsmenge eines Jahres und nicht auf die kumulierte Menge. Von diesem Effekt zu trennen ist die Fixkostendegression (sinkende Stückkosten bei wachsender Beschäftigung) als eine weitere Determinante des Erfahrungskurveneffekts.

Aus strategischer Perspektive impliziert die Erfahrungskurve eine Ausrichtung auf wachsende Märkte, bei denen eine Ausdehnung der eigenen Marktanteile erreicht werden sollte. Dies ist in der Erfahrungskurvenlogik erforderlich, da eine kontinuierliche Kostensenkung nur unter der Voraussetzung eintreten kann, dass die Absatzmöglichkeiten und damit auch die Produktionsmengen um einen konstanten Prozentsatz wachsen. Ein hohes Marktwachstum eröffnet dabei nicht nur für alle Konkurrenten gute Absatzchancen, sondern erleichtert auch – relativ zu etablierten und weniger stark wachsenden Märkten – die Ausdehnung der eigenen Marktanteile. Dies bedeutet zusätzlichen Absatz. Nur unter diesen Bedingungen ist eine Verdopplung der kumulierten Produktionsmengen auch für Produkte erreichbar, die nicht ganz am Anfang ihres Produktlebenszyklus stehen. Dieser Zusammenhang wiederum erweitert die zentrale strategische Folgerung und führt dazu, nicht nur in schnell wachsende Märkte zu investieren, sondern auch dort eine beherrschende Marktposition zu erreichen. Nur dies erlaubt im Sinne der Erfahrungskurvenlogik die Realisierung von Kostenvorteilen gegenüber den Konkurrenten.[115]

Verschiedene *kritische Aspekte* an der Erfahrungskurvenanalyse & -prognose stellen jedoch deren unvoreingenommene Akzeptanz in Frage.[116]

– Zunächst sind *mess- und datentechnische Probleme* zu nennen. Die Ermittlung und Bewertung der Kosten ist insofern unzureichend, als dass zum Ersten das ausnutzbare Kostensenkungspotenzial von Vor- und Fremdleistungen nicht berücksichtigt wird. Zum Zweiten wird der „Shared experience-Effekt" (Lerneffekte durch ähnliche Produkte) nicht beachtet. Zum Dritten scheitert eine exakte Stückkostenermittlung an den allgemeinen

[115] *Beispiel*: Dieser Zusammenhang lässt sich gut am Markt für Mobiltelefone veranschaulichen: Eine Verdopplung der kumulierten Produktionsmenge war zu Beginn des Handybooms in den Jahren 1997 und 1998 noch relativ leicht möglich, während dies aufgrund des deutlich geringeren Marktwachstums, der gefestigten Marktanteile und der großen Zahl bereits produzierter Mobiltelefone im Jahr 2001 gemäß der Erfahrungskurve erheblich länger dauern wird. Jene Hersteller mit der größten kumulierten Produktionsmenge verfügen entsprechend über eine besonders günstige Kostenposition, die sich in Qualität, Preis oder Service niederschlagen kann.

[116] Vgl. v. a. Kreikebaum, Gilbert & Behnam 2011, S. 229-231.

Problemen der Fix- und Gemeinkostenzurechnung. Zum Vierten werden im Allgemeinen Preis- und nicht Kostendaten verwendet, was problematisch ist, da sich Preise nicht automatisch analog zu den Kosten entwickeln.

– Die *empirische Absicherung* des Erfahrungskurveneffektes beschränkt sich vor allem auf stark standardisierbare Produkte wie PVC, integrierte Schaltkreise oder Farbfernseher. Für diese Produkte bestehen allerdings keine einheitlichen Erfahrungsraten, sondern diese reichen vielmehr von circa 6 bis 27 Prozent. Damit kann der Erfahrungskurveneffekt keine umfassende empirische Gültigkeit beanspruchen, speziell nicht für den Dienstleistungsbereich. Theoretisch fehlt es an ausreichenden Erklärungen für den unterstellten Effekt sowie an Erkenntnissen über dessen genaue Wirkungszusammenhänge.
– Auch im Rahmen der *angenommenen strategischen Implikation* ist Kritik angebracht. Zunächst einmal empfiehlt die Erfahrungskurve, eine dominierende Marktposition anzustreben. Zur Ausnutzung aller Gewinnpotenziale sind damit eine weitgehende Produktstandardisierung und eine vertikale Integration verbunden. Dies wiederum reduziert die Flexibilität, auf Marktänderungen zu reagieren, und birgt Risiken durch die Produktstandardisierung.

Begründet durch diese Kritik, stellt sich die Frage nach dem eigentlichen Wert der Erfahrungskurvenanalyse & -prognose. Die Antwort liegt vor allem im heuristischen Wert des Instrumentes und ihrer Signalwirkung für das Management. Sie weist auf das Kostensenkungspotenzial bei hohen Stückzahlen und die Vorteile eines hohen Marktanteils mit entsprechend großem Umsatzvolumen hin. Zusammenhänge zwischen der Kostenposition als Erfolgspotenzial sowie dem Marktanteil und dem Marktwachstum werden sichtbar gemacht. Da sich die Höhe der Erfahrungskurve je nach Produkt bzw. dessen Herstellungsprozess und darüber hinaus auch je nach Branche stark unterscheidet, erfordert der Einsatz dieses Instrumentes zunächst eine einzelfallspezifische Analyse der Kostenstruktur und -entwicklung. Erst im Anschluss daran können berechtigterweise strategische Entscheidungen – möglicherweise auch im Einklang mit der Erfahrungskurve – geknüpft werden.

4.3.5 Portfolioanalysen & -prognosen

Die Grundidee der Portfolioanalyse & -prognose entstammt dem finanzwirtschaftlichen Bereich. Dort bezeichnet ein Portfolio die optimale Mischung mehrerer Investitionsmöglichkeiten. Daran angelehnt geht es bei der strategischen Portfolioanalyse um eine möglichst vorteilhafte Mischung verschiedener Einzelinvestitionen oder strategisch relevanter Ressourcen. Dies soll die Frage beantworten, für welche strategischen Geschäftsfelder (SGF)[117] oder in welche Ressourcen Mittel in welcher Höhe eingesetzt werden sollen.

Aufgrund der Vielzahl strategisch relevanter Perspektiven wurden unterschiedliche Ansätze entwickelt. Sie unterscheiden sich in ihrer Ausrichtung und in den verwendeten Dimensionen. Primär auf den Absatzmarkt sind das Marktwachstum-Marktanteil-Portfolio sowie das Marktattraktivität-Wettbewerbsvorteil-Portfolio ausgerichtet. Andere Portfoliokonzepte stellen stärker unternehmungsbezogene Ressourcen in den Vordergrund. Darüber hinaus wurden eine Reihe weiterer Portfoliokonzeptionen entwickelt. Diese Vorschläge reichen an vielen Stellen kaum über die Analysemöglichkeiten der grundlegenden Portfoliokonzeptionen hinaus und werden deshalb nicht detailliert vorgestellt.[118]

Methodisch laufen diese unterschiedlichen Portfolioanalysen weitgehend einheitlich ab (s. Abb. 29). Sie spannen jeweils einen *zweidimensionalen Beurteilungsraum* in Form einer Matrix auf, wobei in der Regel eine Unternehmungs- und eine Umweltdimension zum Einsatz kommen. In dieser Matrix werden

---

[117] Strategische Geschäftsfelder (SGF) stellen eine gedachte, jeweils isolierte Produkt-Markt-Kombination jenseits der operativen Organisationsstruktur dar. Es handelt sich um homogene Gruppen von betrieblichen Produkten bzw. Dienstleistungen, die durch eine eigene, von anderen Geschäftsfeldern relativ unabhängige Marktaufgabe, eigene Wettbewerber am Markt, Wettbewerbsfähigkeit und/oder spezielle Erfolgsprodukte ausgezeichnet sind. Vgl. hierzu sowie zur SGF-Abgrenzung Kap. 6.2.2.

[118] Ausführlicher vgl. bspw. Hinterhuber 2015, S. 171-214, Welge, Al-Laham & Eulerich 2017, S. 482-524, die allerdings aufgrund einer anderen Betonung, die viele Aspekte (Umwelt- wie Unternehmungsaspekte, Analyse aktueller Wettbewerbssituation, Prognose möglicher Entwicklungen, Normstrategien für Portfolio-Positionierungen, Hinweise für abgestimmte Cashflow-Bedarfe) umfassende Portfolio-Technik in den Bereich der Planungsfunktion (Strategieformulierung und -bewertung) einordnen.

dann die strategisch auszurichtenden Portfolioelemente abgetragen. Dies führt zu einer Ist-Aufnahme über die Einzelinvestitionen bzw. über bestimmte Ressourcen jeweils aus einer ganz bestimmten Perspektive. Vielfach umfassen Portfolioanalysen auch Normstrategien (Strategiekataloge für Matrixfelder), so dass sich dann Aussagen ableiten lassen, wie sich die einzelnen Portfolio-Elemente entwickeln sollen und wo Investitionen erforderlich sind. In der Matrix werden die Portfolioelemente durch Kreise dargestellt. Deren Größe soll die relative Bedeutung beispielsweise eines strategischen Geschäftsfelds anhand des Umsatzes, Deckungsbeitrages oder gebundenen Kapitals verdeutlichen. Unterschiede zwischen den einzelnen Portfolio-Varianten bestehen dabei nicht nur in den verschiedenen Umwelt- und Unternehmungsdimensionen, sondern auch in den Unterteilungen (4-, 9-, 16-Felder-Matrizen) sowie in unterschiedlichen Normstrategien.

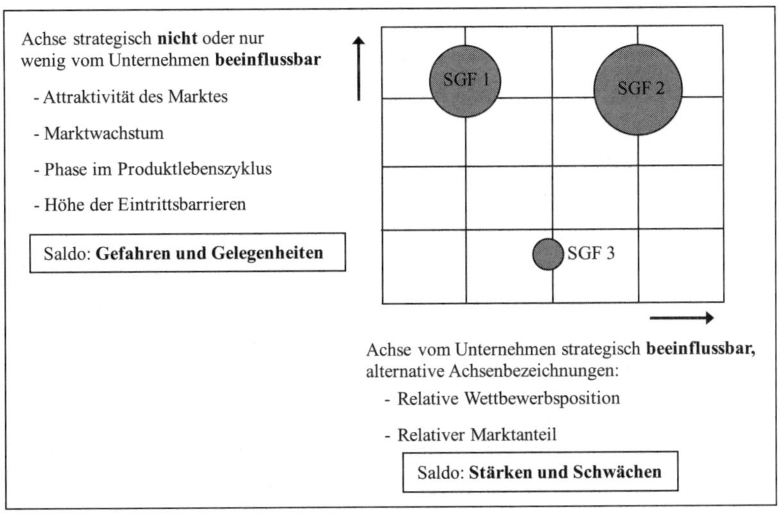

Abb. 29: Grundstruktur einer Portfolio-Matrix

Das Stichwort „*Normstrategien*" impliziert, dass mit einer bestimmten Positionierung im Portfolio nach der Analyse- & Prognosephase sich gewissermaßen automatisch die idealtypische Strategie ergibt. Entsprechend enthalten die klassischen Portfoliomatrizen gleichzeitig auch Strategiekataloge für die verschiedenen Matrixfelder. Aus ihnen lassen sich – so die Behauptungen – dann

Aussagen ableiten lassen, wie sich die einzelnen Portfolioelemente entwickeln sollen und wo Investitionen erforderlich sind.

Solche Normstrategien haben aber den Nachteil, dass sie weder die konkrete Unternehmungssituation hinsichtlich von Ressourcen noch die Positionierung der anderen strategischen Geschäftsfelder berücksichtigen, bspw.: (1) Eine Unternehmung mit vielen SGF im unteren linken Feld der Abbildung 29 (nicht unüblich) würde sich gewissermaßen selbst liquidieren, wenn sie der Normstrategie folgen würde. (2) Viele SGF im oberen linken Feld würden gewaltige Ressourcenbedarfe nach sich ziehen, die gesamthaft nicht zu bewältigen wären. Letztlich sollte man immer den konkreten Einzelfall betrachten, bevor eine Entscheidung – auch gegen die Normstrategie – getroffen wird. Letztlich sind Normstrategien keine umzusetzen Normen, sondern allenfalls unverbindliche *Vorschläge zur Strategieentwicklung.*

Marktwachstum-Marktanteil-Portfolio (BCG-Matrix)

Der „klassische" Portfolio-Ansatz stammt von der Boston Consulting Group (BCG).[119] Als Beurteilungsdimensionen kommen das Marktwachstum und der relative Marktanteil eindimensional, also nicht weiter differenziert, zum Einsatz. Marktanteile sind insofern relativ, als dass sie die Stellung gegenüber dem wichtigsten oder den drei wichtigsten Konkurrenten angeben. Beide Dimensionen werden jeweils in „niedrig" und „hoch" eingeteilt, so dass eine aus vier Feldern bestehende Matrix (4-Felder-Matrix) entsteht. Als abhängige Variable einer gegebenen Konstellation dieser Dimensionen werden unter anderem der Cashflow, aber auch die Renditen gesehen. Die Zusammenhänge werden aus dem Produktlebenszyklus sowie der Erfahrungskurve abgeleitet. Danach hängt die Cashflow-Erzeugung vom relativen Marktanteil ab und der Cashflow-Verbrauch vom Marktwachstum (s. Abb. 30).

Für die Dimensionen der BCG-Matrix werden in der Regel für das zukünftige Marktwachstum ein linearer Maßstab und für den gegenwärtigen Marktanteil

---

[119] Vgl. bspw. Hedley 1977, pp. 9-15, Wheelen & Hunger 2006, pp. 179-183, Macharzina & Wolf 2015, S. 363-370, Kreikebaum, Gilbert & Behnam 2011, S. 262-266.

ein logarithmischer Maßstab gewählt.[120] Untersucht wird letztlich, wie sich die einzelnen strategischen Geschäftsfelder auf den Cashflow einer Unternehmung und die beiden Variablen auf das Cashflow-Gleichgewicht der Unternehmung auswirken. Der Cashflow bezeichnet dabei eine Kennziffer über den Mittelzufluss aus dem betrieblichen Umsatzprozess, der Einblicke in die Liquiditätslage und die finanzielle Entwicklung einer Unternehmung gestattet.[121]

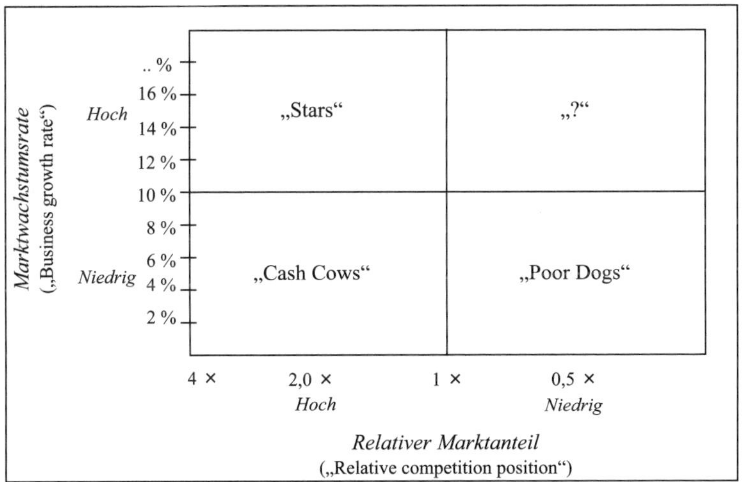

Abb. 30: Marktwachstum-Marktanteil-Portfolio
Quelle: In Anlehnung an Hedley 1977, p. 12.

Zwei *Basishypothesen* sind bei der BCG-Matrix zu differenzieren: Erstens führt c. p. eine Erhöhung des Marktanteils aufgrund einer Erhöhung des Mengenabsatzes einer Unternehmung potenziell zu einer Senkung der Stückkosten sowie zu einer Erhöhung der Rendite und des Cashflows. Dies basiert auf dem

---

[120] Eine Verdopplung des relativen Marktanteils, bspw. von 0,5 auf 1, hat dann den gleichen Abstandswert wie eine Verdopplung von 2 auf 4. Dies ist insofern zutreffend, als dass beides auf der gleichen Kostenverbesserung (s. Erfahrungskurveneffekt) basiert.

[121] Der Cashflow weist aus einer erfolgswirtschaftlichen Perspektive den Überschuss aus dem marktlichen Engagement aus, da güterbezogene Überlegungen nicht enthalten sind. Aus finanzwirtschaftlicher Perspektive ist dieser Überschuss nicht nur „verdient“, sondern auch in flüssigen Mitteln realisiert, so dass dies zugleich die periodenbezogene Finanzkraft einer Unternehmung erfasst.

Erfahrungskurveneffekt. Die Höhe des Marktanteils bestimmt damit also das Cashflow-Potenzial eines strategischen Geschäftsfeldes. Zweitens erfordert die Unternehmungsentwicklung Investitionen, die zu dem Marktwachstum passen und damit einen Verbrauch der Finanzmittel mit sich bringen. Das Unternehmungswachstum ist prinzipiell am leichtesten und billigsten zu erreichen, wenn der Markt stark wächst. Die erwartete Marktwachstumsrate gilt demnach als Indikator für den Finanzmittelbedarf.

Die vier *Portfoliofelder* sind mit einprägsamen Bezeichnungen belegt, die sich jeweils auf den zu erwartenden Cashflow (als Finanzmittelbedarf oder -überschuss) ausrichten.

- „*Stars*“ stellen SGF mit einem hohen relativen Marktanteil auf einem schnell wachsenden Markt dar. Sie haben einen hohen Finanzmittelbedarf, den sie aber zumindest zum Teil selbst decken können.
- „*Cash Cows*“ bezeichnen SGF mit einem hohen relativen Marktanteil in einem nur schwach wachsenden Markt. Die Marktführerschaft und die darauf aufbauende Niedrigkostenposition führen zu überdurchschnittlichen Gewinnen und zu einem Cashflow.
- Als „?“ („*Question Marks*“) gelten SGF auf stark wachsenden Märkten, die nur über einen geringen relativen Marktanteil verfügen. Der generierte Cashflow reicht entsprechend nicht aus, um den Finanzmittelbedarf für weitere Investitionen zu decken.
- „*Poor Dogs*“ sind SGF mit einem niedrigen Marktanteil bei einem niedrigen Marktwachstum. Durch ihre ungünstige Kostenposition entsteht ein „negativer Cashflow“: Der Finanzmittelbedarf zum Erhalt der Marktposition ist größer als die freigesetzten finanziellen Mittel.

Wie oben angesprochen ist es das Ziel der Portfolioanalyse & -prognose, ein ausgewogenes Unternehmungsportfolio aufzustellen. Ausgewogen heißt zum Ersten, dass ausreichend „Cash Cows“ vorhanden sind, um die „Nachwuchs“-Produkte zu finanzieren, zum Zweiten, dass „Stars“ mit der guten Möglichkeit zu Marktanteilsausweitung aufgebaut werden und dass zum Dritten „Question Marks“ so lange im Produktprogramm verbleiben, bis Klarheit über ihre Entwicklungsrichtung, entweder zu „Stars“ oder zu „Poor Dogs“ besteht. „Poor

Dogs“ besitzen zum Vierten keinerlei Potenziale und sollten nach dieser Logik sofort aus dem Programm entfernt werden.

In der Literatur wird mitunter ein *Durchschreiten der verschiedenen Matrixfelder* analog zum Lebenszyklus eines Produktes unterstellt. Demnach lässt sich anhand des jeweiligen Lebenszyklusstadiums eine Zuordnung zu den einzelnen Matrix-Feldern vornehmen und zudem Aussagen über die Entwicklungsrichtung folgern. Bei einer Unterstützung durch weitere Investitionen entwickeln sich Question Marks, die sich in einer frühen Lebensphase befinden demnach idealerweise zu Stars. Schreitet der Lebenszyklus weiter voran und lässt das Marktwachstum damit nach, entwickeln sich Stars wiederum zu Cash Cows. Deutlich wird dann auch, warum Poor Dogs kaum Chancen haben. Die niedrige Wachstumsrate verweist auf ein fortgeschrittenes Lebenszyklusstadium, so dass Konkurrenten einen sehr hohen relativen Marktanteil besitzen, der kaum noch aufzuholen ist. Eine solche Prozessdarstellung sollte aber nicht als Gesetzmäßigkeit (miss)interpretiert werden.

Da die Überlegungen der Erfahrungskurve und des Produktlebenszyklus die Basis für die Portfolioanalyse & -prognose sind, gilt die dort formulierte *Kritik* auch hier. Insgesamt werden auch die Prämissen, die Positionierungsbasen und die Ableitung der Normstrategien kritisiert: Ein ursächlicher und wesentlicher Zusammenhang zwischen Marktanteil und Rentabilität ist nicht nachgewiesen. Zudem ist auch auf Wachstumsmärkten eine Marktanteilsausweitung nicht unbedingt leicht möglich. Es besteht zwar ein Zusammenhang zwischen dem Cashflow einer SGF und seiner Position in der Matrix, jedoch existiert neben dem Marktwachstum und dem Marktanteil noch eine Vielzahl anderer Variablen, die insgesamt eine nicht minder große Bedeutung für die Cashflow-Erzeugung und dessen Verbrauch haben. Zudem besteht das Problem, dass sich Unternehmungen kaum in voneinander unabhängige strategische Geschäftsfelder zerlegen lassen. So sind Interdependenzen häufig nicht nur finanzieller Natur, vielmehr bestehen oftmals auch produktions- und absatzmäßige Gemeinsamkeiten. Zudem stellt eine so starke Orientierung auf den Finanzmittelausgleich zwischen Geschäftsfeldern zugleich auch eine Vernachlässigung des Kapitalmarktes dar, denn für renditeträchtige Bereiche finden sich auch alternative Finanzierungsmöglichkeiten.

Trotz dieser Kritikpunkte stellt die BCG-Matrix eine *tragfähige Heuristik* zur Analyse der Unternehmungssituation dar. Gerade der bedachte Einsatz im Analyseprozess gewährt grundlegende Einblicke für die Strategieentwicklung.

Marktattraktivität-Wettbewerbsvorteil-Portfolio (McKinsey-Matrix)

Von *McKinsey* wurde in Zusammenarbeit mit General Electric eine 9-Felder-Matrix entwickelt.[122] Der gegenüber der BCG-Matrix formulierten Kritik, dass der Erfolg eines strategischen Geschäftsfeldes nicht nur vom Marktanteil und dem Marktwachstum abhängt, trägt sie mit einer Berücksichtigung der vielschichtigen Dimensionen „Marktattraktivität" und „relative Wettbewerbsvorteile" Rechnung. Diese beiden multidimensionalen Achsen werden über umfangreiche Kriterienkataloge ermittelt. Ein zweiter wesentlicher Unterschied besteht, da keine Hypothesen über den inhaltlichen Zusammenhang der Variablen enthalten sind. Durch die Dreiteilung der Dimensionen in „niedrig", „mittel" und „hoch" ergeben sich neun Felder. Die Darstellung der SGF erfolgt ebenfalls durch Kreise. Je nach SGF-Positionierung resultieren unterschiedliche Normstrategien (s. Abb. 31).

Die *9-Felder-Matrix* kennzeichnet eine weitgehende Unverbindlichkeit und Offenheit. So muss der Anwender aus umfangreichen Listen mit Einflussfaktoren die beiden *Dimensionen* unternehmungsbezogen bestimmen, die jeweiligen strategischen Geschäftsfelder bewerten und abschließend zu einem Gesamturteil zusammenfassen:

[122] S. bspw. Kreikebaum, Gilbert & Behnam 2011, S. 266-271, Macharzina & Wolf 2015, S. 374-381, Welge, Al-Laham & Eulerich 2017, S. 492-496.

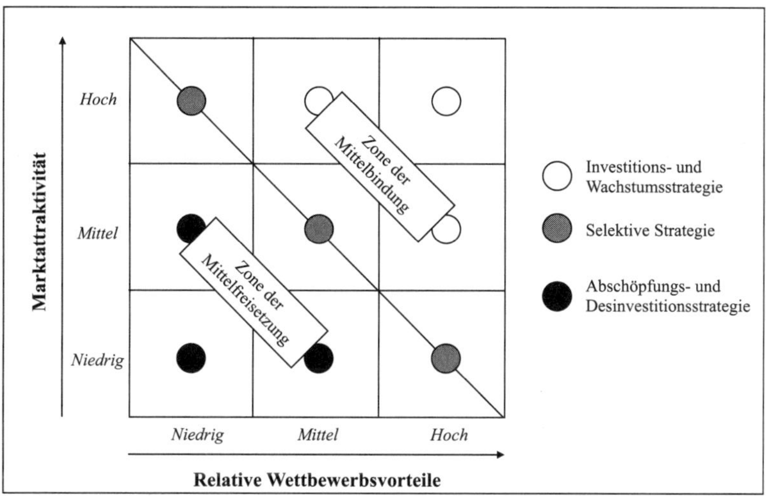

Abb. 31: Grundschema des Marktattraktivität-Wettbewerbsvorteil-Portfolios
Quelle: In Anlehnung an Hinterhuber 2015, S. 173.

- Die Stärke der *Marktattraktivität* (Branchenattraktivität) kann anhand folgender Dimensionen ermittelt werden: (1) Marktwachstum und -größe, (2) Marktqualität und Rentabilität der Branche (Stellung im Marktlebenszyklus, Schutzfähigkeit des technischen Know-how, Wettbewerbsintensität, Anbieterstruktur, Lieferanten- und Abnehmermacht, Substitutionsmöglichkeiten), (3) Energie- und Rohstoffversorgung (Störanfälligkeit, Kostenentwicklung), (4) Umweltsituation (Konjunkturabhängigkeit, Abhängigkeit von öffentlichen Aufträgen).
- Die Position der Unternehmung im Markt (*relativer Wettbewerbsvorteil*) soll anhand folgender Dimensionen deutlich werden: (1) relative Marktposition (Marktanteil und dessen Entwicklung, Größe und Finanzkraft der Unternehmung, Marketingpotenziale durch Image, Service, Abnehmerloyalität), (2) relatives Produktionspotenzial (Kostenvorteile, Innovationsfähigkeit, technisches Know-how, Lizenzbeziehungen, Standortvorteile, Produktionsstrukturen), (3) relatives Forschungs- und Entwicklungspotenzial (Stand der Grundlagenforschung, Innovationspotenzial und Innovationskontinuität), (4) relative Qualifikation der Führungskräfte und Mitarbeiter (Führungssystem, Professionalität, Kultur).

Abbildung 32 visualisiert die Bestimmung von Markattraktivität und relativem Wettbewerbsvorteil beispielhaft mithilfe eines Scoring-Modells.

Durch die Aufstellung eines unternehmungsspezifischen Kriterienkataloges für die beiden Dimensionen sowie die Bewertung und Gewichtung der jeweiligen Faktoren auch mittels eines *Scoring-Modells* erfordert die Entwicklung des Ist-Portfolios und Einordnung aller Geschäftsfelder deutlich größeren Aufwand als bei der 4-Felder-Matrix.

	Kriterien	Gewichtung	Bewertung 0	1	2	3	4	5	6	7	8	9	10
Marktattraktivität	Marktgröße (Mrd. €)	10%	<3	<5	<7	<10	<15	<20	<25	<30	<40	<50	>50
	Marktdynamik (p. a.)	40%	<-5	<-3,5	<-2	<0,5	<1	<2,5	<4	<5,5	<7	<8,5	>8,5
	Wettbewerbsintensität (5-Forces)	15%	unattraktiv				mittel				attraktiv		
	Wettbewerbseigenschaften	15%	unattraktiv				mittel				attraktiv		
	Tends: Chancen vs. Risiken	20%	Risiken > Chancen				Risiken = Chancen				Risiken < Chancen		
Relativer Wettbewerbsvorteil	Relativer Marktanteil	40%	<0,05	<0,1	<0,2	<0,3	<0,4	<0,5	<0,6	<0,7	<0,8	<0,9	=1
	Erfüllung Erfolgsfaktoren	20%	< Wettbewerb				= Wettbewerb				> Wettbewerb		
	Wettbewerbsdynamik	20%	hoch				mittel				niedrig		
	Preisentwicklung	20%	unattraktiv				mittel				attraktiv		

Abb. 32: Bestimmung von Marktattraktivität und relativem Wettbewerbsvorteil
Quelle: In enger Anlehnung an Dillerup & Stoi 2016, S. 315, und Alter 2013, S. 199 (nach einer BCG-Abbildung).

Für die strategische Analyse lässt sich aus den Ergebnissen wiederum die Flussrichtung des *Cashflows* darstellen. Es ergeben sich drei Zonen: Zone der Mittelbindung, Zone der Mittelfreisetzung und Zone der Selektion. Die Zone der Mittelbindung betrifft Investitions- und Wachstumsstrategien. Hohe Marktattraktivität sowie relative Unternehmungsstärken sollen „wachsen". Der Aufbau einer starken Marktstellung soll langfristig die Rentabilität verbessern helfen. Ein negativer Cashflow ist typisch, da die benötigten Finanzmittel höher sind als die selbst erwirtschafteten. Die Zone der Mittelfreisetzung bezieht sich auf Abschöpfungs- und Desinvestitionsstrategien. SGF wird hierbei ein geringes mittelfristiges Erfolgspotenzial zugesprochen. Von daher wird eine kurzfristige Gewinnerzielung und Maximierung des Cashflows angestrebt („ernten"). Freigesetzte Mittel werden zur Innenfinanzierung eingesetzt und neue Investitionen kaum noch getätigt. In der Zone der Selektion werden einzelfallbezogene Vorgehensweisen nahegelegt.

Aufgrund der Ähnlichkeit zur 4-Felder-Matrix gelten auch einige der dort geäußerten *Kritikpunkte* gegenüber der 9-Felder-Matrix. Positiv sind jedoch die mehrdimensionalen Kriterien hervorzuheben, da sie eine genauere Situationserhebung erlauben. Das Problem der Auswahl und Bewertung bleibt jedoch bestehen. Zudem müssen alle strategischen Geschäftsfelder zur Vergleichbarkeit anhand der gleichen Dimensionen bewertet werden, was eine möglicherweise problematische Vereinheitlichung mit sich bringt. Zudem unterstellt die multiplikative bzw. additive Ermittlung eines Gesamtwertes eine kaum gegebene Unabhängigkeit der Dimensionen.[123]

Neben den beiden skizzierten Portfolio-Modellen existiert noch eine Vielzahl von Weiterentwicklungen und Varianten, teilweise mit anderen Objekten. Es handelt sich dabei um absatzmarktorientierte Konzepte (u. a. das Produktlebenszyklus-Wettbewerbspositions-Portfolio von A. D. Little), um unternehmungswertorientierte Konzepte (mit der Zielgröße „Shareholder value", u. a. das Wertbeitragsportfolio der BCG), um kompetenzorientierte Konzepte (auf Basis von vorhandenen Ressourcen) sowie um andersartige Konzepten (bspw. Technologie-Portfolio, Beschaffungsportfolio, Länder-/Regionenportfolio, Ökologieportfolio).[124] Die Prinzipien sind ebenso wie die prinzipiellen Vorteile wie Grenzen nahezu ähnlich. Von daher reicht in einem einführenden Lehrbuch die kritische Darstellung der beiden „Ursprungsmodelle".

---

[123] Zur Kritik vgl. bspw. Kreikebaum, Gilbert & Behnam 2011, S. 269-270, Welge, Al-Laham & Eulerich 2017, S. 479-480, Wheelen & Hunger 2006, pp. 182-183.

[124] Vgl. Welge, Al-Laham & Eulerich 2017, S. 496-517.

Dennoch soll hier eine ergänzende Darstellung vorgenommen werden, und zwar um das *marktbezogene Kompetenzportfolio* von Krüger & Homp.[125] Es verbindet im Rahmen der Analyse & Prognose die *Markt- mit der Ressourcenperspektive* und baut auf den Ergebnissen die Planung (Strategieformulierung) auf – und zwar in einem mehrstufigen Prozess (s. Abb. 33):

- Zunächst erfolgt die Erstellung einer *Marktmatrix* zur Erfassung der aktuellen wie der erwarteten zukünftigen Marktattraktivität. Die beiden Achsen „gegenwärtige Position“ und „zukünftige Erwartungen“ sollen mithilfe spezifisch festzulegender Kriterien (bspw. inspiriert durch die Wertekette, s. u., oder die 9-Felder-Matrix) näher erfasst werden. Mit dieser externen Perspektive soll die Bedeutung der Geschäftsfelder abgeschätzt werden.

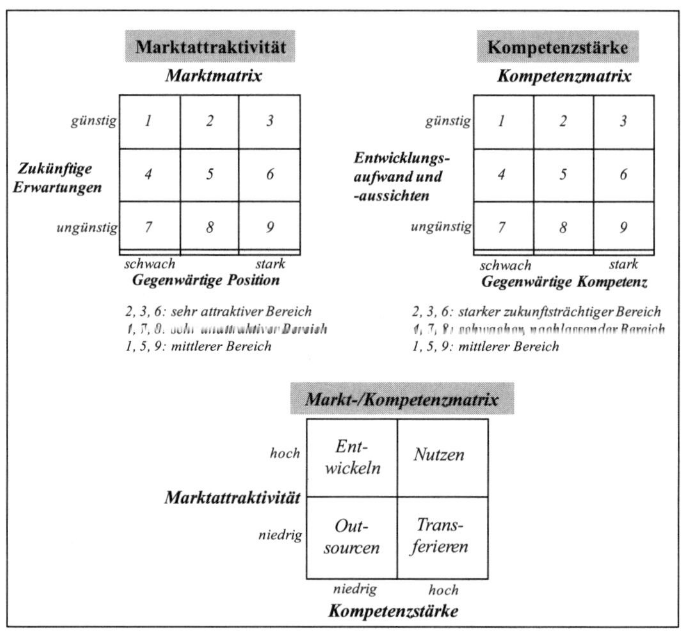

Abb. 33: Markt-Kompetenz-Portfolio
Quelle: Krüger & Homp 1997, S. 105.

125 Vgl. Krüger & Homp 1997, S. 25-29; auch Welge, Al-Laham & Eulerich 2017, S. 505-508, Hungenberg 2014, S. 454-457.

- Daneben ist eine *Kompetenzmatrix* zur Erfassung der internen Kompetenzstärke (bspw. finanzieller, standortspezifischer, personeller, prozessualer Kompetenzen) zu erstellen. Beide Achsen werden sukzessive eingeschätzt: „gegenwärtige Kompetenz" (Erstellung eines Ist-Profils im Hinblick auf Kernbedürfnisse der Kunden, Kerneigenschaften der Produkte, Kernprozesse, vorhandene/fehlende Ressourcen + Fähigkeiten, Wettbewerbsvergleich, Kompetenzabschätzung) und „Entwicklungsaufwand und -aussichten" (Erstellung eines Soll-Profils mit Abschätzungen der zukünftig benötigten Kompetenzen, der Entwicklungs- und Integrationschancen wie -risiken, der Kosten wie Zeitdauer).
- Abschließend erfolgt die Zusammenführung in eine *Markt-Kompetenzmatrix* anhand der Achsen „Kompetenzstärke" und „Marktattraktivität" und sich ergebenden vier Feldern mit unterschiedlichen Optionen für die Geschäftsbereichsstrategien: Outsourcing (resp. Verkauf), Nutzung (langfristige Pflege einer stabilen Kompetenzbasis, Rechteschutz), Transfer (Übertragung vorhandener Kompetenzen auf andere Produkte, Regionen oder Märkte) und Entwicklung (Aufbau von neuen Kernkompetenzen via Akquisition, Eigenentwicklung, Kauf von Technologien, strategischen Allianzen o. a.).

Der mehrstufige, systematische Aufbau der Portfolio-Matrix mit der expliziten Verbindung der „Out-inside"- wie „Inside-out"-Perspektiven stellt eine sinnvolle Vorgehensweise dar. Dies darf aber nicht darüber hinwegtäuschen, dass die vorgenommene „Verobjektivierung" (v. a. durch die Verwendung der Scoringmethode) auf Basis unsicherer Erwartungen gerade bezüglich der Kompetenznutzung wie -entwicklung vorgenommen wird. Auch ist mit der Verdichtung von neun zu vier Feldern ein vielleicht wichtiger Informationsverlust verbunden. Dennoch, es handelt sich um eine inspirierende Portfolio-Matrix.

4.3.6 Potenzialanalyse & -prognose

Die Potenzialanalyse & -prognose kann unterschiedlich eingesetzt werden:

- Mit ihm sollen zum Ersten aus mittelfristiger Perspektive notwendige strategische Entwicklungsrichtungen und Entscheidungen bzw. Entscheidungsbereiche hervorgehoben und verdeutlicht werden.[126] So liegt es nahe (und dies wurde im Rahmen der Lebenszyklusanalyse & -prognose auch bereits angesprochen), dass aufgrund ihrer zeitlichen Reichweite neue Produkt-Markt-Kombinationen bereits insofern frühzeitig entwickelt werden müssen, als dass oft andere Produkt-Markt-Kombinationen ihren Lebenszyklus noch bei weitem nicht durchlaufen haben. Diese zeitliche Interdependenz soll die Potenzialanalyse & -prognose darstellen.

- Zum Zweiten kann auch durch die Analyse & Prognose der allgemeinen Ressourcen (Kapital, Personal, Know-how etc.) – auf Basis der ressourcenorientierten Strategieentwicklung – systematisch geklärt werden, inwieweit sich hieraus Wettbewerbspotenziale auch in neuen Produkt-Markt-Bereichen ergeben könnten.
- Zum Dritten sollen bezogen auf die bis dahin bearbeiteten Produkt-Markt-Kombinationen mögliche Weiterentwicklungen aufgezeigt werden. Stellt man Prognosen sowohl für neue *(„Neugeschäft")* als auch für die jeweils aktuellen Produkt-Markt-Kombinationen *(„Basisgeschäft")* auf, so führt dies zu zwei unterschiedlich begründeten Potenzialen (s. Abb. 34). Dies erklärt auch die alternative Bezeichnung als *Lückenanalyse & -prognose*.

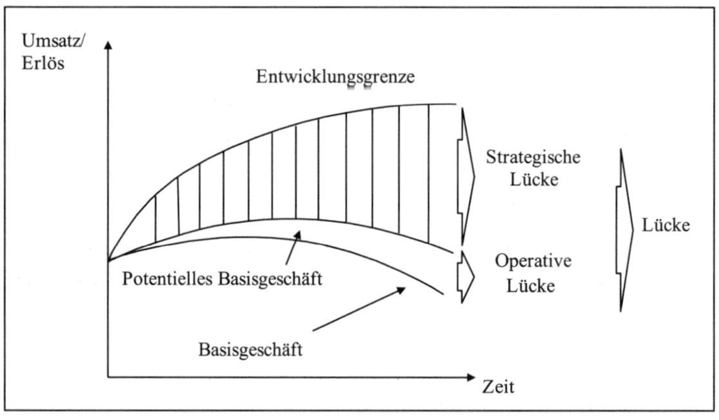

Abb. 34: Potenzialanalyse & -prognose
Quelle: In enger Anlehnung an Kreikebaum, Gilbert & Behnam 2011, S. 203.

[126] Vgl. Kreikebaum, Gilbert & Behnam 2011, S. 202-205.

Das „Basisgeschäft" bezieht sich auf Umsatz und die Erlöse durch bestehende Produkte auf vorhandenen Märkten. Durch unternehmungsspezifische Maßnahmen wie Rationalisierung, intensitätsmäßige Anpassung oder Mitarbeitermotivation, kann dieses Basisgeschäft – so die Annahme – prinzipiell um das potenzielle Basisgeschäft erweitert werden. Der Abstand von Basisgeschäft und potenziellem Basisgeschäft spiegelt die operative Lücke wider, das heißt zur Schließung dieser Lücke sind keine strategischen Entscheidungen relevant.

Die in der Abbildung enthaltene obere Begrenzung der Lücke wird als *Entwicklungsgrenze* bezeichnet. Diese resultiert aus Extrapolationen über die vorhandenen Erfolgsfaktoren und damit die strategischen Potenziale. Dies ist freilich immer nur in stark begrenztem Maße möglich, da vor allem die Entwicklung von Märkten und Marktsegmenten nur schwer prognostizierbar ist.[127] In jedem Fall stellt die Analyse einer solchen sicherlich kaum erreichbaren Entwicklungsgrenze eine wichtige Richtschnur dar und fungiert in der Potenzialanalyse als Bezugsbasis. Die damit deutlich werdende strategische Lücke ist umso kleiner, je intensiver das bisherige Potenzial bereits ausgenutzt wurde. Die Verkleinerung der strategischen Lücke kann jedoch – wie angesprochen – nur durch ein innovatives Neugeschäft geschlossen werden.

Potenzial- und Lückenanalysen & -prognosen leisten bei weitem nicht das, was die Termini suggerieren: Potenziale und Lücken werden nicht analysiert, vielmehr besteht die Funktion in der Bereitstellung einer Struktur, innerhalb der unter Rückgriff auf andere Instrumente strategische und operative Lücken analysiert werden können.

4.3.7 Wertkettenanalyse und -prognose

Ein weiteres Instrument zur Unternehmungsanalyse & -prognose ist die so genannte Wertkette (synonym: Wertschöpfungskette; „Value chain") nach *Por-*

---

[127] Ein *Beispiel* stellt hierfür der Markt für Telekommunikation dar. Dessen enormes Wachstum und die Bereitschaft breiter Bevölkerungsschichten, vielfältige Telekommunikationsmöglichkeiten in Anspruch zu nehmen, waren kaum absehbar.

ter.[128] Sie stellt die Unternehmung als eine Kette wertsteigernder Aktivitäten dar und soll damit zeigen, welche Bereiche an der Werteschöpfung beteiligt sind. Damit erfolgt automatisch zunächst eine wettbewerbs- und kundennutzenorientierte Unternehmungsanalyse, denn alle betrieblichen Aktivitäten werden auf ihren Beitrag zur Befriedigung der Kundenbedürfnisse untersucht. Entsprechend muss eine Unternehmung zur Erlangung eines Wettbewerbsvorteils die Wertschöpfungsaktivitäten strategisch relevanter Funktionsbereiche entweder zu geringeren Kosten als die Konkurrenz ausführen oder sie so gestalten, dass sie zu einer Produktdifferenzierung bzw. zu größerem Kundennutzen führen. Die Prognose (des Eintritts) der Wirkungen einer geplanten Wertekettenveränderung ist ergänzend durchzuführen.

Charakteristisch ist die Unterteilung der Wertschöpfungsaktivitäten in primäre und sekundäre Kategorien[129] (s. auch Abb. 35):

– Zu den *primären Aktivitäten* („Primary activities") zählen: Beschaffungslogistik, Produktion, Absatzlogistik, Marketing/ Vertrieb und Kundendienst.
– *Die sekundären Aktivitäten* („Support actitvities") werden unterteilt in: eigentliche Beschaffung, Technologieentwicklung, Personalbereich und Unternehmungsinfrastruktur.

---

[128] Vgl. Porter 1985, S. 36-50, Welge, Al-Laham & Eulerich 2017, S. 368-383, Wheelen & Hunger 2006, pp. 207-212, Pearce II & Robinson 2015, pp. 159-163, 243-252.

[129] Die Wertschöpfungskette deckt sich nicht mit den Standardkategorien der Kostenartenrechnung und nicht mit der üblichen Einteilung in betriebliche Funktionsbereiche. Dies ist aber auch nicht notwendig. Auch hier gilt in erster Linie der heuristische Wert des Vorschlags: *Differenziere deinen Betrieb in seine zentralen Wertschöpfungsaktivitäten, optimiere sie im Hinblick auf ihren Wertschöpfungsbeitrag und achte dabei insbesondere auf reibungslose Prozesse zwischen den einzelnen Phasen!* Dies betrifft auch die von Porter vorgenommene konkrete Differenzierung in primäre und sekundäre Aktivitäten. Jede Unternehmung muss auf Basis dieser Unterscheidung die konkrete Aufteilung selbst unternehmungs- und branchenspezifisch vornehmen.

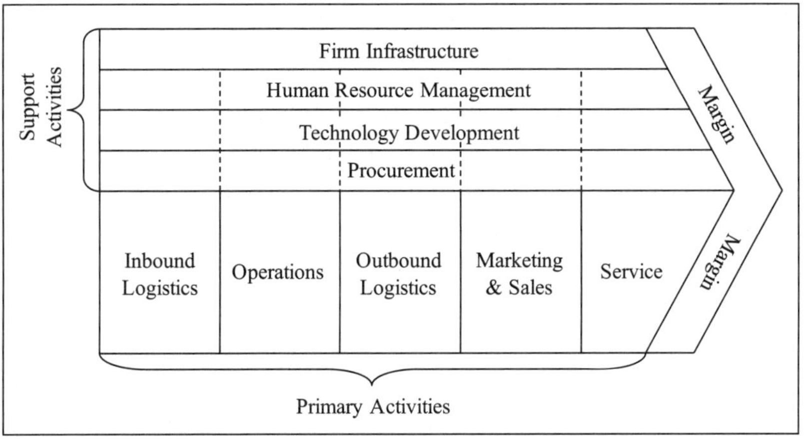

Abb. 35: Grundstruktur der Wertschöpfungskette
Quelle: In enger Anlehnung an Porter 1985, p. 37.

Innerhalb jeder der neun Bereiche fallen unterschiedliche Aktivitäten an, die von den einzelfallspezifischen Gegebenheiten abhängen. Unter strategischen Aspekten kann man so – heuristisch angeregt – besser prognostizieren, wo erfolgskritische Unternehmungsprozesse lokalisiert sind.[130] Neben einer solchen Analyse kann auch ein Vergleich mit den Wertschöpfungsketten von Mitbewerbern durchgeführt werden, und eröffnet dann weitergehende Einblicke in Quellen von Erfolgspotenzialen. Wichtig ist nicht unbedingt „gut zu sein", sondern „besser zu sein" als die Mitwettbewerber.

Insgesamt erlaubt es die Wertschöpfungskette, den Innenbereich einer Unternehmung unter strategischen Gesichtspunkten als Quelle von Wettbewerbsvorteilen differenziert zu untersuchen. Dabei verbleiben die unterstellten Zusammenhänge jedoch auf dem Niveau reiner Plausibilitäten. Die vielfältigen qualitativen Aussagen behindern zudem eine empirische Überprüfung des Gesamtmodells. Dennoch liefert die Analyse der Wertschöpfungskette(n) wert-

---

[130] Erfolgskritisch können beispielsweise sein: schnelle Innovationszyklen oder Markenimage (also ein spezieller Bereich), Schnittstellen zwischen Unternehmungseinheiten (Logistik + Vertrieb, Unternehmungsinfrastruktur und Produktionsstätten, Produktion und Marketing etc.) oder Teilprozesse in einzelnen Kettengliedern.

volle Anregungen zur Offenlegung der strategischen Hebelpunkte beim Aufbau von Wettbewerbsvorteilen.[131]

Inwieweit eine solche Möglichkeit gegeben sein kann, verdeutlicht Abbildung 36. Hier sind für die einzelnen Stufen mögliche Ansatzpunkte für eine Strategieentwicklung bzw. -verbesserung beispielhaft angeführt. Sie ergeben sich zwar nicht unmittelbar aus der Darstellung, liegen aber der inhaltlichen Analyse und Prognose der einzelnen Wertschöpfungsstufen zugrunde.

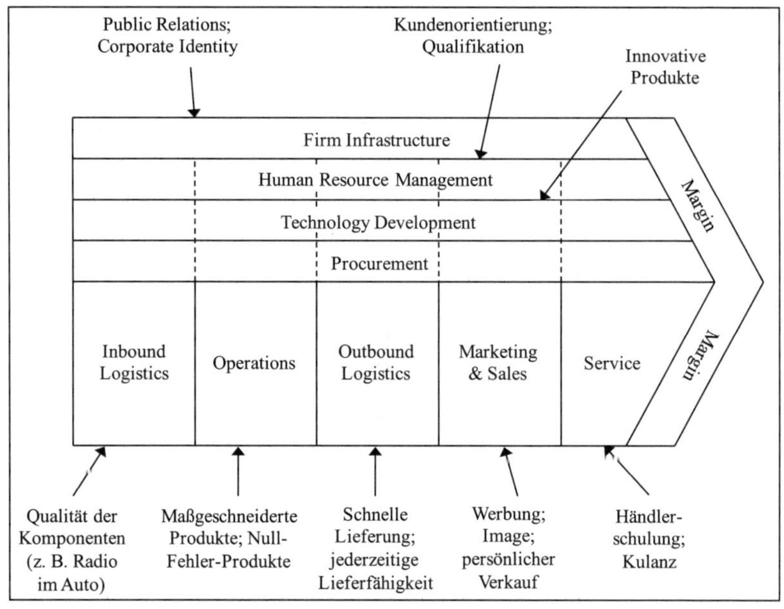

Abb. 36: Differenzierungsquellen nach der Wertschöpfungskette
Quelle: Grant 1988, p. 234 (zitiert in enger Anlehnung an Steinmann, Schreyögg & Koch 2013, S. 211).

131 Zur Kritik vgl. bspw. Macharzina & Wolf 2015, S. 318, Kreikebaum, Gilbert & Behnam 2011, S. 205.

4.3.8 Stärken-Schwächen-Analyse & -Prognose

Mit Hilfe der Stärken-Schwächen-Analyse & -Prognose werden Ressourcen im Sinne von Leistungspotenzialen einer Unternehmung analysiert, prognostiziert und bewertet.[132] Die Bezugsbasis für eine solche Bewertung bilden die wichtigsten Konkurrenten sowie unterschiedliche Zeiträume. So impliziert zum einen die Verwendung der nur relativ denkbaren Begriffe „Stärken" und „Schwächen" einen Vergleich mit den wichtigsten Konkurrenten. Zum anderen sind automatisch aktuelle Situation und künftige Entwicklungen angesprochen; dies macht den Zeitraumcharakter von Stärken und Schwächen deutlich (s. Abb. 37).

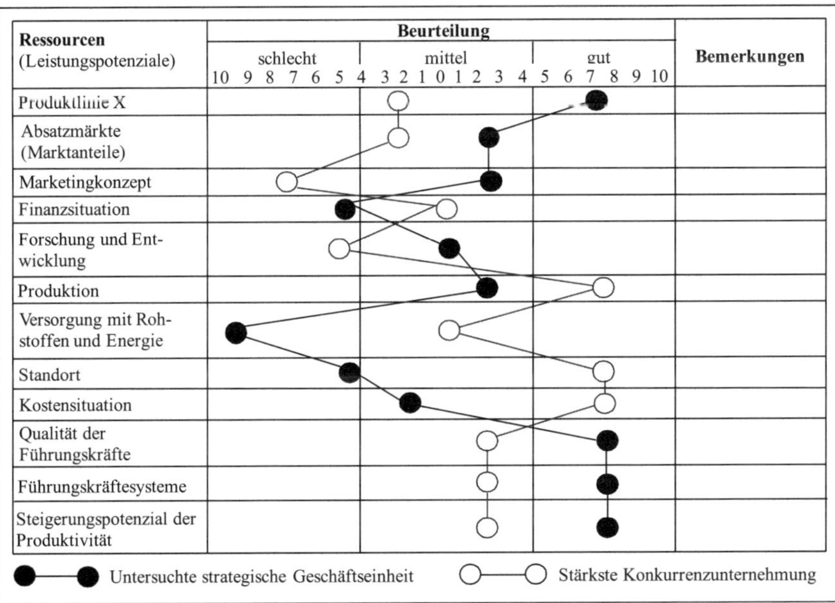

Abb. 37: Stärken-Schwächen-Analyse & -Prognose (Beispiel)

Häufig erfolgt eine nach Funktions- oder Geschäftsbereichen differenzierte Analyse der Stärken und Schwächen. Dies bietet beispielsweise den Vorteil, innerhalb des einen Geschäftsbereichs nach Produktlinien und innerhalb eines

132 Vgl. bspw. Bea & Haas 2017, S. 140-143, Hinterhuber 2015, S. 140-143, S. 119-126.

anderen nach Kundengruppen oder in einem Funktionsbereich nach Prozessen und in einem anderen nach Ergebnissen vorzugehen. Jedoch verbleibt die Ermittlung von Stärken und Schwächen im Vergleich zu einigen der bisher dargestellten Analyseinstrumente in besonderem Maße dem intuitiven Ermessen der Planungs- und Entscheidungsträger überlassen. Zwar ist es auch denkbar, nachvollziehbare Kriterien zu formulieren, jedoch weist dieses Analyseinstrument keine innere Logik auf, die die Ergebnisse, zum Beispiel wie bei den absatzmarktorientierten Portfolios, prägen würde.

„Stärken-Schwächen-Analysen & -Prognosen" können auch in einem weiteren Sinne verstanden werden, in dem quasi alle Unternehmungsanalysen und -prognose darunter subsumiert werden. Sie alle versuchen systematisch, absolute oder relative Stärken und Schwächen der Unternehmung als Ganzes oder einzelner Bereiche zu erfassen.

5. STRATEGIEFORMULIERUNG

In diesem Kapitel erfolgt eine Darstellung des unternehmerischen Strategiesystems, das heißt des Aufbaus unterschiedlicher Strategien und Teilstrategien in einer Unternehmung. Es macht nämlich gerade bei größeren Unternehmungen – aus Komplexitäts-, Kompetenz- und Motivationsgründen – Sinn, entsprechend der jeweiligen hierarchischen Zuständigkeiten Strategien nicht als monolithischen Block zu betrachten, sondern als hierarchisches, mehrere Ebene umfassendes Konstrukt. Im Text werden nach der entsprechenden Kategorisierung die Objekte und die prinzipiellen strategischen Richtungsmöglichkeiten für die erste Ebene des Strategiesystems (die Gesamtunternehmung) dargestellt. Die Rahmenplanung konzentriert sich dabei auf den möglichen Ausgangspunkt einer Strategieformulierung, während die Grundstrategien schon explizitere Strategien ansprechen. Auf der zweiten Ebene (Geschäftsbereich bzw. strategisches Geschäftsfeld) interessiert die jeweils gewählte strategisches Stoßrichtung, insofern werden auch die Geschäftsbereichsstrategien (bzw. Wettbewerbsstrategien) mit ihren unterschiedlichen Inhalten (Kostenorientierung, Differenzierung) und Richtungen (Wachstum, Schrumpfung, Halten) erläutert. Ergänzend bedarf es auf einer dritten Ebene der Thematisierung von Funktionsbereichsstrategien und ihren Zusammenhängen. Schlussendlich wird zentrale Aspekte der Bewertung (inkl. der Erfolgspotenziale) für die nachfolgende Auswahl von Strategiealternativen eingegangen.

Nach der Lektüre des Kapitels sollten Sie in der Lage sein

- ein Verständnis für die Zusammenhänge verschiedener *Strategieebenen* einer Unternehmung zu haben.
- das *Strategiesystem* einer Unternehmung verständlich und beispielhaft zu erläutern.

- den Zusammenhang der *SWOT-Analyse mit der Formulierung von Strategien* nachvollziehbar zu erklären.
- den *Strategiefächer* zu verstehen und dieses Wissen gezielt auf abstrakte wie reale Fälle der Unternehmungspraxis anzuwenden.
- die verschiedenen grundsätzlichen *strategische Haltungen* von Unternehmungen zu erläutern und ihre Auswirkungen auf Strategieinhalte zu thematisieren.
- die *Objekte der Rahmenplanung* inhaltlich zu skizzieren.
- die grundsätzlichen *Ausrichtungen von Strategien* (Wachstum, Stabilisierung, Schrumpfung) in ihren Inhalten und Begründungen zu erläutern.
- den Wert von *Normstrategien* kritisch einzuschätzen.
- sowohl die *Vorgehensweisen markorientierte als auch ressourcenorientierter Strategieentwicklungen* nachvollziehbar (und beispielhaft) zu erläutern.
- die wesentlichen Elemente respektive *Grundfragen von Wettbewerbsstrategien* sowie die Matrix zur Differenzierung ihrer Varianten begründet zu erläutern.
- die wesentlichen Elemente einer *Strategie der Kostenführerschaft* zu erkennen und sie auch argumentativ zu beschreiben.
- die wesentlichen Elemente einer *Strategie der Differenzierung* und ihrer möglichen Ausrichtungen zu erkennen sowie sie argumentativ zu beschreiben.
- die wesentlichen *Elemente einer Nischenstrategie* zu erkennen und sie auch argumentativ zu beschreiben.
- *Hybridstrategien* und ihre Varianten zu beschreiben sowie ihre Sinnhaftigkeit und Umsetzungsmöglichkeit kritisch zu hinterfragen.
- *Funktionalstrategien* sowohl inhaltlich passend zu übergeordneten Strategien zu spezifizieren als auch die zentralen Elemente ihrer Wirkungsmöglichkeiten zu erklären.
- die *Schnittstellenfunktion* von Funktionalstrategien zu hinterfragen.
- die Bedeutung von *Erfolgspotenzialen* allgemein wie beispielhaft zu erläutern.
- die *Balanced Scorecard* in ihren zentralen Inhalten und in ihrem Zusammenhang zur strategischen Unternehmungsführung zu erklären.

5.1 Planungssystem und Strategien

Die Formulierung von Strategien im Rahmen des Planungssystems lässt sich nur im Zusammenhang mit dem gesamten strategischen Management verstehen.[133] Sie basiert auf der strategischen Exploration sowie der Analyse & Prognose (Verknüpfung von externen Chancen, internen Ressourcen und Werten der entscheidenden Stakeholder) und findet in der Planung der Strategieumsetzung ihre Fortsetzung. In erster Linie geht es darum, auf Basis von Analyse- & Prognoseergebnissen und unter Berücksichtigung von übergeordneten Zielen Strategien für unterschiedliche Unternehmungsebenen zu erarbeiten.

Diese auch als *strategische Planung im engeren Sinne* (bzw. Strategieformulierung) bezeichnete Aktivität steckt den grundsätzlichen Rahmen für zentrale Unternehmungsentscheidungen ab. Im Ergebnis werden die für die Erfolgspotenzialsteuerung verbundenen Märkte, Geschäfte, Ressourcen mithilfe von Strategien gewählt und für die Zukunft positioniert und eingesetzt. Im Rahmen der Strategieformulierung werden aber nicht nur Strategien entwickelt. Diese fördert und systematisiert auch das prinzipielle Nachdenken über zentrale strategische Fragen und eine praktische Umsetzung. Der Formulierungsprozess umfasst allerdings nicht die Durchsetzung und die Kontrolle der Auswirkungen getroffener Planungsentscheidungen. Diese Aktivitäten sind Gegenstand der in Teil 6 vorzustellenden Systeme und Prozesse.

Innerhalb des strategischen Managementsystems hat das Planungssubsystem mit seinen zentralen Inhalten (s. Abb. 38) eine wichtige Rolle, da mit ihm die zukünftige Richtung der Unternehmung und seiner Untereinheiten festgelegt wird. Dabei ist das Planungssubsystem allerdings eingebettet in das Gesamtsystem mit durchaus originären Steuerungsimpulsen der anderen Managementsubsysteme. Gegenseitige Einflussnahmen und Informationen sind notwendig, um ein Gesamtoptimum zu erreichen. Die operative Planung dagegen stellt später darauf ab, eine unter Berücksichtigung strategischer Ziele konkre-

---

133 In manchen Fällen ist es angemessen, eher von Strategie*formierung* zu sprechen, insbesondere, wenn man an emergente Strategien denkt. Vgl. Kap. 3.3.3, auch Hax & Majluf 1996, pp. 1-19.

te Orientierung für das tägliche Handeln zu gewinnen. Der operative Plan ist das Orientierungsgerüst, das sich Führungskräfte für Tages-, Wochen- und Monatsaktivitäten schaffen. Er ergibt sich aus strategischen Vorgaben, ist vom Problemcharakter besser strukturiert und handhabbar sowie kann nur so erfolgreich sein, wie es die Strategieformulierung und -umsetzung zulässt.[134]

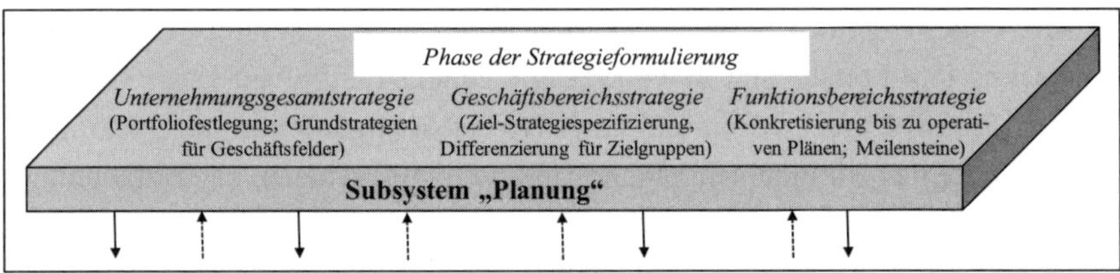

Abb. 38: Planungssubsystem

Ein Bestandteil dieses Schichtenmodells ist das *Subsystem strategische Planung*. Dieses interagiert unmittelbar mit dem Subsystem „Strategische Analyse & Prognose“ und beschäftigt sich speziell mit der *Strategieformulierung* auf Basis der vorher analysierten und prognostizierten internen wie externen Umwelten.[135] Wie beim Schichtenmodell üblich, ist keine Vorrangstellung des Planungssubsystems innerhalb eines strategischen Managements verbunden. Diese kann allenfalls situations- und problemspezifisch gegeben sein. Dennoch wird der Strategieformulierung prinzipiell ein maßgebliche Anteil für die strategische Positionierung einer Unternehmung und damit an der Erarbeitung von Erfolgspotenzialen zugesprochen. Dies ist vielfach auch treffend.

---

[134] *Beispiel:* Eine Person setzt sich bei der Strategieformulierung das Ziel, Englisch verhandlungssicher innerhalb eines bestimmten Zeitraums zu beherrschen. Dazu werden sowohl finanzielle als auch zeitliche Ressourcen vorgesehen. Mit der Strategieumsetzung geht man nun daran, den konkreten Zeitplan von Seminaren, Anwendungsphasen, Coaching etc. mit den dazu passenden Orten und Anbietern zu konkretisieren. Bei der operativen Planung beschäftigt man sich nun innerhalb der einzelnen Lernphasen mit konkreten Lern- und Anwendungsschritten. Hat man vorab einen ungeeigneten Seminaranbieter ausgesucht, eine zu kurze Lernphase geplant, keine Anwendungsphase vorgesehen u. Ä., dann nützt die beste operative Planung nichts, das Ziel kann nicht erreicht werden.

[135] Die operative Planung dagegen stellt darauf ab, eine unter Berücksichtigung strategischer Ziele konkrete Orientierung für das tagtägliche Handeln zu gewinnen. Der operative Plan ist das Orientierungsgerüst für Tages-, Wochen- und Monatsaktivitäten.

Üblich und sinnvoll ist es, bei der Strategieformulierung verschiedene *Strategieebenen* zu unterscheiden. Entsprechend einer organisatorischen Differenzierung werden im Allgemeinen[136] drei hierarchische Ebenen (bzw. zwei bei kleineren, nicht oder kaum diversifizierten Unternehmungen) im Strategiesystem unterschieden (s. Abb. 39):

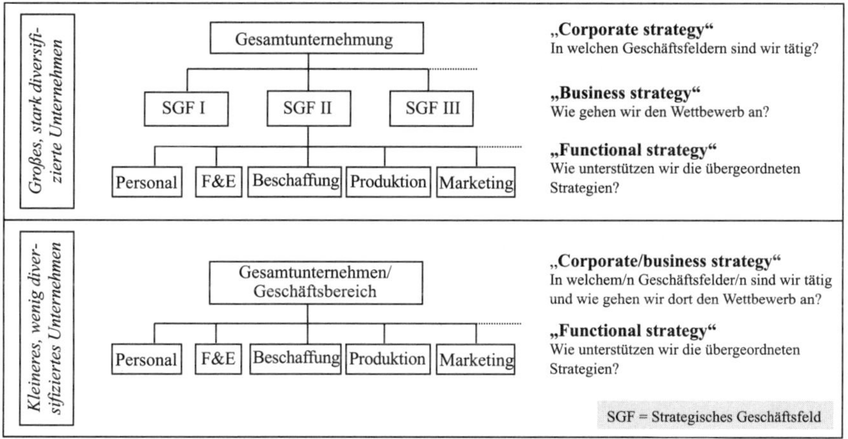

Abb. 39: Ebenenspezifisches Strategiesystem
Quelle: Auf Anregung von Pearce II & Robinson 2015, p. 6.

- die Strategieebene der Gesamtunternehmung („*Corporate strategy*"). Diese Ebene wird weiter in zwei Bereiche differenziert. Die Rahmenplanung konzentriert sich zunächst auf die Formulierung der unternehmungsweiten Gesamtstrategie und ihrer Voraussetzungen. Dazu beschäftigt sie sich analysierend und gestaltend zunächst mit Aspekten des unternehmungspolitischen Rahmens. Die Planung der Grundstrategie betrifft nachfolgend die Festlegung der jeweiligen strategischen Stoßrichtung der definierten strategischen Geschäftsfelder im Unternehmungsportfolio.
- die Strategieebene der Geschäftsbereiche („*Business strategy*"). Auf der zweiten Ebene werden die Bereichsstrategien im Rahmen einer strategischen Programmplanung je Geschäftsfeld entwickelt. Die vorgegebenen

---

136 Vgl. bspw. Vancil & Lorange 1977, pp. 23-24, Lorange 1980, pp. 18-28, Steinmann, Schreyögg & Koch 2013, S. 159-163, Wheelen & Hunger 2006, p. 15, Kirsch 1997, S. 312-324, Welge, Al Laham & Eulerich 2017, S. 467-469

strategischen Stoßrichtungen werden dadurch konkretisiert. Dies erfolgt gegebenenfalls über eine Differenzierung der Ziele und Stoßrichtungen für zu definierende Zielgruppen und folglich für die einzelnen Produkt-Markt-Kombinationen, sofern die strategische Analyse dies empfiehlt. Eine zielgruppenspezifische Gestaltung der betrieblichen Wertschöpfungsstruktur kann dann in die entsprechende Strategie einfließen.[137]

- die Strategieebene der Funktionalbereiche („*Functional strategy*"). Auf der dritten Ebene besteht die Aufgabe darin, die einzelnen (Unter-)Strategien der Funktionsbereiche eines Geschäftsfeldes respektive der betroffenen operativen Einheiten sukzessive – bis hin zu operativen Plänen – zu spezifizieren.

Als Ausgangspunkt der Strategieformulierung wird in Tabelle 13 die „SWOT"-Analyse & -Prognose[138] beispielhaft veranschaulicht.

Tab. 13: Strategietypen auf Basis der SWOT-Analyse & -Prognose

Internal Factors / External Factors	**Strengths** (S) "List 5 to 10 internal strengths here."	**Weaknessess** (W) "List 5 to 10 internal wecknesses here."
Opportunities (O) "List 5 to 10 external opportunities here."	**SO-Strategies** Generate strategies here that use strengths to take advantage of opportunities.	**WO-Strategies** Generate strategies here that take advantage of opportunities by overcoming weaknesses.
Threats (T) "List 5 to 10 external threats here."	**ST-Strategies** Generate strategies here that use strengths to avoid threats.	**WT-Strategies** Generate strategies here that minimize weaknesses an avoid threats.

Quelle: In Anlehnung an Weihrich 1982, p. 60.

Mit dieser grundlegenden Heuristik werden Hinweise für die inhaltliche Entwicklung von Strategien auf den drei Strategieebenen gegeben. Die zunächst

---

137 Bei kleineren Unternehmungen vermischen sich die Unternehmungs- und die Bereichsebenen. Wettbewerbsstrategien sind dann quasi auf der obersten Ebene Gegenstand.

138 SWOT ist ein Akronym für „**S**trengths", „**W**eaknesses", „**O**pportunities" und „**T**hreats" – als Ausgangsfaktoren für die Strategieentwicklung. Vgl. Weihrich 1982, S. 59-66, Barney 1991, S. 101-117, Wheelen & Hunger 2006, S. 138-143, Kirsch 1997, S. 158-160, Pearce II & Robinson 2015, pp. 152-159, Macharzina & Wolf 2015, S. 350-357.

ermittelten Stärken und Schwächen der Unternehmung werden mit den Gelegenheiten und Gefahren aus der Umwelt ebenenspezifisch kombiniert. Hier wird erneut die markt- mit der ressourcenorientierten Sichtweise einer Strategieentwicklung verknüpft (s. Kap. 3.2). Die Überlegungen führen zur Entwicklung spezifischer *(Norm-)Strategietypen*, die jeweils andere Ausgangspunkte und Zielsetzungen haben sowie eine erste Idee für die Strategie anbieten:

- SO-Strategien zur Verwendung von Stärken, um Gelegenheiten zu nutzen,
- WO-Strategien zur Behebung von Schwächen, um Gelegenheiten zu nutzen,
- ST-Strategien zur Verwendung von Stärken, um Gefahren zu begegnen und
- WT-Strategien zur Minimierung von Schwächen, um Gefahren zu vermeiden.

Die SWOT-Analyse ist eine grobe Strategieeinstellung, die auf den Ergebnissen der internen wie externen Analyse- & Prognose basiert und eine notwendige Verbindung erstellt. Präzise Hinweise, wie man weiter vorgehen soll, werden mit ihr allerdings nicht generiert.

5.2 Strategieebenen

5.2.1 Unternehmungsebene

5.2.1.1 Überblick

Auf der Unternehmungsebene wird die zu entwickelnde Unternehmungsstrategie differenziert in die unternehmungspolitische Rahmenplanung und die Planung der Grundstrategien.[139] Zusammen stellen sie die *konzeptionelle Gesamtsicht der Unternehmungspolitik* („Policy“ als Inhalt) dar, mit der die grundsätzlichen strategischen Entscheidungen der Gesamtunternehmung für die Zukunft im Rahmen des strategischen Führungsprozesses festgelegt werden („Politics“ als Prozess). Alle vier möglichen Objektbereiche (s. Kap.

[139] Vgl. ähnlich Kirsch 1997, S. 292-298.

3.3.1) sind darin als Gegenstände der Strategieformulierung auf Unternehmungsebene enthalten: Primär- und Sekundärbereich stehen schwerpunktmäßig bei der Planung der Grundstrategien (und später der strategischen Programme auf Geschäftsbereichsebene) im Zentrum der Überlegungen, Tertiär- und Quartärbereiche werden bei der Rahmenplanung stärker fokussiert.

Die Objekte der Rahmenplanung begleiten den Prozess mehrfach:

- Zum Ersten sind sie *Daten* bei der Ingangsetzung der strategischen Planung bzw. sie stellen maßgebliche Determinanten der Ausgangssituation.
- Zum Zweiten sind sie teilweise der strategischen Analyse & Prognose *vorgegeben*, indem ihre von außen oder von ihnen zu erwartenden Veränderungen näher untersucht werden, um mögliche Konsequenzen für die weitere Strategieentwicklung kennenzulernen.
- Zum Dritten schließlich werden sie quasi im Rahmen der *Metaplanung* (als Bestandteile des Tertiär- und des Quartärbereichs) selbst Objekt der Gestaltung – soweit dies bei dem jeweiligen Objekt möglich ist.

Auf solche Aspekte wird nachfolgend näher eingegangen. Ein besonderer Aspekt sollte vorher hervorgehoben werden: die strategischen Grundhaltungen. Menschen sind in ihrer Persönlichkeitsstruktur zumindest zum Teil gefangen und daher auch eingeengt in der Wahl ihrer jeweiligen Entscheidungen und Handlungen. Ähnliches trifft auch auf Unternehmungen zu. Ihre „Persönlichkeitsstruktur" ist hier als Grundhaltung bezeichnet. Diese fordert, aber gestattet auch nur bestimmte Herangehensweisen an die Strategieformulierung.

Der Zusammenhang zwischen Unternehmungs*politik* und strategischer Unternehmungs*planung* bedarf noch einer weiteren Diskussion. In der Literatur werden die Begriffe manchmal synonym verwendet, normalerweise aber voneinander abgegrenzt. Im Allgemeinen – und auch hier – wird davon ausgegangen, dass die Unternehmungspolitik der strategischen Planung – zumindest teilweise – vorgelagert ist. Ihre Aufgabe besteht in der Festlegung des obersten Zielsystems, der Bestimmung der benötigten Ressourcen sowie der Rahmenbedingungen zur Präzisierung von Zielen und Strategien. Es handelt sich dabei um originäre, langfristig angelegte Basisentscheidungen mit allgemeinem, wenig operationalem Charakter, die sich letztlich im gesamten Managementsystem und -prozess niederschlagen. Darüber hinaus können auch noch Entscheidungen zu den wichtigsten Produkt-Markt-Kombinationen einer Unternehmung dazu zählen.[140] In diesem Sinne beschäftigt sich die im Folgenden vorgestellte Rahmenplanung mit der konzeptionellen Gesamtsicht der Unternehmungspolitik bevor die nachrangige strategische Planung mit der Portfolio-Bestimmung folgt. Sie ist im Übrigen nicht allein dem sonstigen strategischen Planungssystem vorgelagert. Sie hat dieses wie andere Führungssubsysteme auch als Objekt (Tertiär- und Quartärbereich) im Rahmen der Metaplanung gestaltet und insofern auch das Managementsystem als Ganzes.

Strategische Planung im Sinne der Unternehmungspolitik wird vielfach mit *Langfristplanung* oder politischer Planung der Unternehmung gleichgesetzt. Abbildung 40 veranschaulicht die Beziehungen. Strategische Rahmenplanung ist demnach immer politische Planung, in der Regel mit einem langfristigen Planungshorizont (Zeitdauer für die geplant wird). Politische Planungsprozesse sind aber auch beispielsweise bei der operativen Budgetplanung möglich. Langfristige Planung kann ebenso operative Vorgänge betreffen, wie zum Beispiel bei der Planung zur Errichtung eines neuen Werkes.

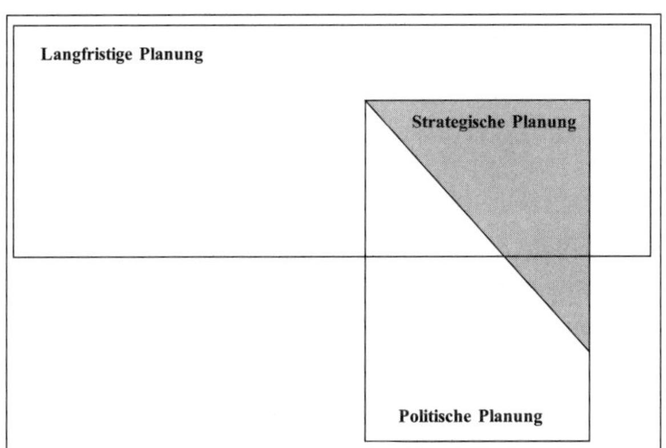

Abb. 40: Zusammenhang von strategischer, langfristiger und politischer Planung
Quelle: Kirsch, Esser & Gabele 1979, S. 331.

140 Vgl. Ulrich 1978, S. 18-25.

5.2.1.2 Rahmenplanung

Die Rahmenplanung steht zunächst im Mittelpunkt der Entwicklung einer Unternehmungsstrategie. Sie beschäftigt sich analysierend und gestaltend mit generellen Aspekten des *unternehmungspolitischen Rahmens* (v. a. auch determiniert durch die externen Umweltbedingungen und die Unternehmungsidentität), dem alle folgenden Entscheidungen zu Grunde liegen. Gerade die Rahmenplanung dient der Erhaltung, Sicherung, Verbesserung und Schaffung gegenwärtiger und zukünftiger Erfolgspotenziale. Sie steuert dabei die Erarbeitung und die Umsetzung der Strategien auf allen Ebenen. Die Rahmenplanung wird nicht nur nach einem festen Planungszyklus durchgeführt, sondern auch dann, wenn Anpassungen durch Änderungen interner und/oder externer Rahmenbedingungen erforderlich erscheinen.

Als *Objekte* lassen sich v. a. folgende untersuchen:[141]

(1) Unternehmungsverfassung,

(2) Unternehmungszweck, -vision und -mission,

(3) Unternehmungskultur und

(4) Unternehmungsumwelt.

Ad (1): Unternehmungsverfassung

In aller Regel werden unter der rechtlichen Komponente des Begriffs der Unternehmungsverfassung solche unternehmungsspezifischen Regelungen verstanden, die die Gründung einer Unternehmung, ihr Außenverhältnis, die Verteilung des erzielten Erfolges (v. a. Gewinne), die Grundrechte der Koalitionsmitglieder (Stakeholder, u. a. unternehmerische und betriebliche Mitbestimmung) und der Organe (z. B. Aufsichtsrat, Beirat, Vorstand, Geschäftsleitung) der Unternehmung betreffen. Letzteres bezieht sich auf Bezeichnung,

---

[141] Zum Teil sind diese Rahmenbestandteile eher als die Strategien in der Unternehmung gewachsen, sie haben sich formiert. Dennoch lassen sich die wesentlichen Aussagen entweder durch die Formulierung eines Leitbildes explizit machen oder durch das Management teilweise gestalten. Vgl. auch Becker 2015, S. 99-148.

Zustandekommen, Zusammenwirken, Zuständigkeiten, Verantwortung und Befugnis der einzelnen Organe bzw. Personen im Rahmen einer gewählten Rechtsform.

Heutzutage spricht man in diesem Zusammenhang oft von *Corporate Governance.*[142] Eine in sich geschlossene, kodifizierte und allgemeine Unternehmungsverfassung existiert allerdings nicht. Unternehmungsspezifische Regelungen haben aber den gesetzlichen Bestimmungen (z. B. Bildung eines Aufsichtsrats und Kollegialprinzip in Vorständen bei Aktiengesellschaften) zu genügen. Weitergehende (bspw. Einrichtung eines Beirats), nicht jedoch einschränkende Regelungen sind möglich. Letztlich ist die Unternehmungsverfassung (gegebener, aber auch veränderbarer) Ausgangspunkt sowie Objekt der strategischen Rahmenplanung, ebenso wie der nun anzusprechende Rahmenbestandteil.[143] In diesem Zusammenhang ist auch die Frage des Unternehmungszwecks zu klären, das heißt der Position zwischen den weiter oben skizzierten Stakeholder- und Shareholder-Ansätzen.

Ad (2): Unternehmungszweck, -vision und -mission

Der Unternehmungszweck (= „*Purpose*") ist handlungssteuernd: Er bietet Entscheidungskriterien für die Formulierung von Strategien, er erleichtert die Koordination im Tagesgeschäft wie bei Konfliktfällen, und er legitimiert letztlich Unternehmungsentscheidungen. Konkretisiert wird er im Wesentlichen durch die Formulierung der situations-, zeit- und gegebenenfalls bereichsspezifischen *Unternehmungsziele* (Gewinne, Aktienkurssteigerung, Marktanteile, Kundenzufriedenheit, Kostensenkung, Qualitätsführerschaft u. a.). Hierbei lassen sich unterschiedliche Bereiche, oft quasi hierarchische Zielebenen, benen-

---

142 Vgl. bspw. Becker 2007, S. 48-51, Macharzina & Wolf 2015, S. 123-149, Wheelen & Hunger 2006, pp. 34-50, und die dort jeweils genannte Literatur.

143 Vgl. Chmielewicz 1995, Sp. 2074-2080.

nen und verwenden, um die „die Sicht der Unternehmung" zu konkretisieren und zu kommunizieren: Vision und Mission.[144]

Die *Vision* gilt als Leitstern unternehmerischer Tätigkeit. Sie konkretisiert die Vorstellung, wie eine Unternehmung in der Zukunft aus der Sicht der Entscheidungsträger „aussehen" (bezüglich „Sinn" und grundsätzliche Entwicklungsrichtung) soll. Oft wird eine solche Vision zurückgeführt auf das Ergebnis der Vorstellungskraft einer einzigen Person, deren subjektive Einschätzungen zukunftsweisende Entwicklungen in Gang setzen.[145] Letztlich sollen Visionen einen Anspruch an die Mitarbeiter formulieren, an dem sie sich orientierten können und sollen. Damit kommen ihnen eine Identitäts-, eine Identifikations- und eine Mobilisierungsfunktion zu.

Die Verschriftlichung der Vision führt zur *Mission* (synonym: Leitbild). Damit wird versucht, das in der Vision aufgeführte Leitbild in Oberziele und Normen konsistent umzusetzen und an alle zu vermitteln, um somit auch ihre Wirkung aufrechtzuerhalten. Die Mission ist insofern in aller Regel detaillierter formuliert, um für alle Bereiche, das Kerngeschäft, die Oberziele, die Kompetenzen, die Normen unter anderem ausreichend zu kommunizieren (s. u.).

Die hier genannten Termini sind gewissermaßen Alternativen für „Ziel"; es sind jeweils nur verschiedene Zielebenen mit unterschiedlichen Konkretisierungsgraden angesprochen. Eine sprachlich einheitliche Fassung ist in der Wissenschaft und der Wirtschaftspraxis nicht vorzufinden, ganz im Gegenteil.

Im Zusammenhang mit der Zwecksetzung ist innerhalb eines normativen Managements die *unternehmungsethische Positionierung* (oft synonym: Management-/Unternehmungsphilosophie) festzulegen. Dies ist nicht ohne Op-

---

144 Vgl. bspw. Hinterhuber 2015, S.85-98, Dillerup & Stoi 2016, S. 111-119, Kreikebaum, Gilbert & Behnam 2011, S. 58-64, Hungenberg 2014, S. 418-423, Pearce II & Robinson 2015, pp. 23-36, Becker 2015, S. 105-115.

145 *Beispiel*: Bill Gates formulierte in den 1970er Jahren die Vision: „A computer in every home!" Dieser Leitstern war die Grundlage für darauf aufbauende Unternehmungsstrategien auf allen Ebenen.

portunitätskosten und Kompromisse möglich, wie folgendes Zitat von *Drumm* deutlich macht: „Dass das Prinzip der Gewinnmaximierung und ethische Normen zur Schadensunterdrückung oder -begrenzung miteinander konkurrieren, ist unübersehbar. Wie dieser Konflikt aufgelöst werden kann, hängt vom Gewicht ab, das eine Unternehmung ethischen Normen beimisst: Vorstellbar ist eine wechselseitige, gleichgewichtige Beschränkung von Gewinnmaximierung und unternehmungsethischen Normen …“[146]

In dem hier vertretenen Managementverständnis ist die *Unternehmungsethik* Bestandteil des selbst geschaffenen respektive entwickelten unternehmungspolitischen Rahmens und dort als normativer Aspekt des Unternehmungszwecks sowie gelebtem Teil der Unternehmungskultur zuzuordnen. Die Unternehmungsethik umfasst dabei die moralischen Maßstäbe der Unternehmung (verantwortet durch die Entscheidungsträger und getragen durch die wesentlichen Stakeholder), die zum einen ihre moralische und gesellschaftliche Verantwortung verdeutlichen sowie zum anderen ihr Handeln wie das ihrer Mitarbeiter legitimieren.[147]

Im Rahmen des strategischen Managements sind es vor allem zwei Perspektive, die wertfrei – anzusprechen sind:

- ethisch-moralisches Verhalten an sich und
- ethisch-moralisches Verhalten und dessen Auswirkungen auf die Märkte und die Unternehmungserfolge.

Das erstgenannte „Problem“ des unternehmungsethisch-moralischen Verhaltens trifft überall dort auf, wo Menschen (für sich selbst und/oder für eine Unternehmung) agieren. Die Auseinandersetzung mit dieser Herausforderung ist schwierig: Unterschiedliche internationale Gesellschaftskulturen, der laufende Wandel von Situationen u. a. lassen eine allgemeingültige und zeitlose Festlegung ethisch-moralischer Normen nicht zu. Es ist letztlich Aufgabe der Entscheidungsträger|innen einer Unternehmung, unternehmungsweit geltende

---

146 Drumm 2008, S. 681

147 Vgl. bspw. Pearce II & Robinson 2015, pp. 79-85, Göbel 2006, Steinmann, Schreyögg & Koch 2013, S. 101-118.

ethische Normen zu formulieren, zu implementieren und entsprechende Verhalten positiv (oder negativ) zu sanktionieren. Hier sind sowohl Unternehmungsethik als auch die individuellen Ethiken der einzelnen Personen angesprochen.[148]

Bei der zweitgenannten Thematik geht es darum, ob Ethik & Moral ein Wert an sich darstellt bzw. darstellen soll oder ihre inhaltliche Ausrichtung nur von Belang ist, wenn sie nachhaltige Wirkungen auf den Unternehmungserfolg determiniert. Eine entsprechende Entscheidung ist nicht immer einfach, da auch hier wiederum international und im Zeitablauf unterschiedliche Vorstellungen vorherrschen, Ethik & Moral in unterschiedlichen Schattierungen vorliegt sowie oft unterschiedliche Wirkungen gleichzeitig vorliegen.[149]

Ad (3): Unternehmungskultur

Unternehmungskultur wird als ein von den Mitarbeitern einer Unternehmung, vor allem in der Vergangenheit geschaffenes Konstrukt von Werten, Normen, Annahmen, Artefakten verstanden, welches es erlaubt, das unternehmungsspezifische Verhalten dieser Mitarbeiter zu koordinieren und zum Teil auch zu steuern.[150] Diese Kulturelemente werden dabei von den Mitarbeitern im Wesentlichen weitgehend geteilt und akzeptiert. Im Rahmen der strategischen Analyse & Prognose ist es notwendig zu untersuchen, inwieweit die Unternehmungskultur einerseits eine Ausgangsbedingung zur Strategieentwicklung und -umsetzung ist, andererseits aber auch eine Veränderung bei grundsätzlich anderen Strategien möglich erscheint. Von daher ist im Rahmen der Unterneh-

---

148 Vgl. Berthel & Becker 2017, S. 809-815.

149 *Beispiele*: (1) Alleine in den letzten 50 Jahren haben sich die Einstellungen in der Gesellschaft und die (steuer-)rechtlichen Rahmenbedingungen zu Bestechungsgeldzahlungen im internationalen Geschäft sukzessive und international nicht immer gleichzeitig geändert. Die Steuermoral in Deutschland ist heutzutage ebenfalls eine andere als noch in den 1960er Jahren – von anderen Ländern selbst in Europa ganz zu schweigen. (2) Ab wann ist die Erwartung von projektindiziert notwendigen Überstunden bei alleinerziehenden Mitarbeiter|innen ethisch-moralisch noch in Ordnung? (3) Problematisch sind Vergleiche wie „Zahlung eines geforderten Bestechungsgelds hier versus Erhalt/Verlust von Arbeitsplätzen dort“.

150 S. bspw. Steinmann, Schreyögg & Koch 2013, 649-691, Becker 2015, S. 119-127.

mungsanalyse & -prognose ein besonderes Augenmerk auf die Unternehmungskultur zu legen. Ihre Verhaltenssteuerungsfunktion betrifft sowohl die Formulierung von Strategien als auch deren Umsetzung.

Inhalte und Formen der Unternehmungskultur sind spezifisch. Sie bilden in der Unternehmung ein relativ stimmiges System (trotz der einen oder anderen Subkultur in regionalen und/oder verrichtungsorientierten Organisationseinheiten). Sie unterscheiden sich von Unternehmung zu Unternehmung (unterschiedliche Kulturtypen wie beispielsweise Risikokultur, Machokultur, Prozesskultur) und befinden sich ständig im – langsamen – Wandel (durch Neuinterpretationen, Weiterentwicklungen, Umformulierungen).

Die Schaffung einer gewünschten Strategie-Kultur-Kompatibilität ist aber ein nur partiell lösbares Problem. Im Allgemeinen werden die Möglichkeiten des konkreten Eingreifens (Gestaltung wie Veränderung) als sehr gering eingeschätzt. Dennoch findet sich eine Anzahl von Versuchen, das Konstrukt der Unternehmungskultur als möglichen Erfolgsfaktor gezielt zu beeinflussen. In Grenzen und in bestimmten Situationen ist dies möglich, allerdings nicht unbedingt schnell und zielgerecht. Eine entscheidende Rolle kommt dabei dem Verhalten der Unternehmungsleitung, mit anderen Worten der Glaubwürdigkeit (Einheit von Wort und Tat) dieser Instanz zu. Verlässliche Aussagen darüber, welche Anforderungen bestimmte Strategien stellen sowie darüber, wie Kulturen zielgenau zu verändern sind, liegen nicht vor. Die Möglichkeit ihrer Veränderung ist nur graduell zu bewältigen. Dennoch sind Bemühungen zur (An-)Passung und Entwicklung der Unternehmungskultur sinnvoll.[151]

Ad (4): Unternehmungsumwelt

Unternehmungsführung generell findet nicht im luftleeren Raum statt, sondern innerhalb gegebener, teilweise auch gestaltbarer Bedingungen der Unternehmungsumwelt. Diese Unternehmungsbedingungen sind von daher einerseits Rahmen und Ausgangspunkt, andererseits aber auch Objekt der Unterneh-

---

[151] S. Macharzina & Wolf 2015, S. 240-255, Steinmann, Schreyögg & Koch 2013, S. 651-691.

mungsführung. Man differenziert im Allgemeinen in externes Umfeld (Aspekte in der äußeren Umwelt der Unternehmung) und in internes Umfeld (innerhalb der Unternehmung selbst).

- *Externe Umweltbedingungen* lassen sich ebenenspezifisch in unterschiedliche Bereiche (technologische, soziokulturelle, politisch-rechtliche, ökologische und makroökonomische) differenzieren (s. Kap. 4.2). Sie sind nicht generell als gegeben zu betrachten, da beispielswiese durch die Standort- und die Rechtsformwahl, die Bestimmung der Produkt-Markt-Bereiche, die Wahl der Produktionsstandorte und -prozesse Umweltbedingungen zum Teil auch gewählt werden – oft gerade auch wegen ihrer spezifischen Ausprägungen (z. B. Entgeltkosten, Haftungsregelungen, Mitbestimmungsregelungen, Umweltschutzauflagen). Aber gleich, ob gewählte oder gegebene Umweltbedingungen, sie sind zu berücksichtigender Ausgangspunkt für die Strategieformulierung; sei es, um sie zu berücksichtigen, zu nutzen, zu verändern o. a.
- Als *unternehmungsinterne Rahmenbedingungen* gelten vor allem die Unternehmungsgeschichte, auch die vergangenen und aktuellen Unternehmungsstrategien selbst (Stichwort „Pfadabhängigkeit; s. Kap. 3.2), das vorhandene Produktprogramm, die vorherrschende Unternehmungskultur, die Unternehmungsverfassung sowie die zur Verfügung stehenden Ressourcen personeller, sachlicher und finanzieller Art. Diese internen Bedingungen mögen zwar prinzipiell veränderbar sein, zunächst stellen sie aber den erneuten Ausgangspunkt strategischer Überlegungen dar – sei es als Stärke (i. S. von Kernkompetenz), sei es als Schwäche oder sei es einfach nur so. Veränderungen sind nicht immer leicht, wenn überhaupt (z. B. Beschaffung von Eigenkapital) und effektiv (z. B. Veränderungen der Unternehmungskultur), sowie mit unterschiedlichen Zeithorizonten (z. B. Rechtsform und Erfahrungen mit neuen Technologien) vornehmbar. Wichtig ist zunächst, sich über den Bedingungsrahmen (für größere Unternehmungen genauer: die Bedingungsrahmen in unterschiedlichen Kontexten) im Klaren zu sein.

5.2.1.3 Strategische Grundhaltungen

Die Entwicklung von Strategieprinzipien und -inhalten (bzw. die Gesamtsicht der Unternehmungspolitik) ist von strategischen Grundhaltungen wesentlich bestimmt. Diese stellen kognitiv-emotionale Einstellungen als Element der Unternehmungskultur dar. Sie sind einerseits – bei bestehenden Unternehmungen – der Ausgangspunkt strategischer Überlegungen und andererseits gegebenenfalls Objekt von Strategien bzw. Veränderungen. Es lassen sich sechs *Typen* unterscheiden (s. Abb. 41):[152]

- Zum einen werden sie durch die *Haltung zu Neuerungen* – konservativ, liberal analysierend oder progressiv – determiniert,
- zum anderen durch die *Grundhaltung zur Spezialisierung* – Spezialisierung auf ein Produkt bis hin zum Generalisten – bestimmt.

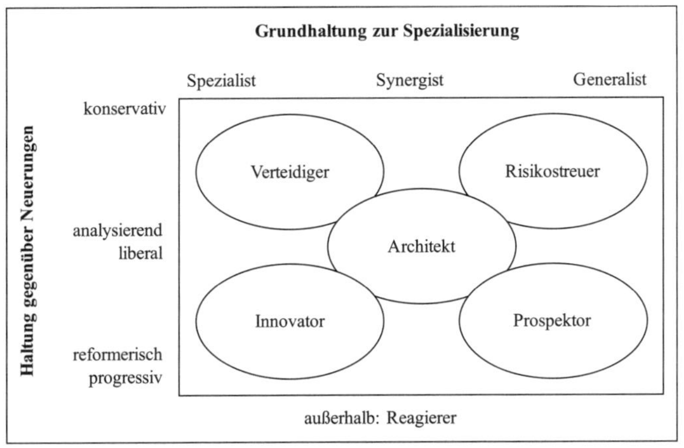

Abb. 41: Typen strategischer Grundhaltungen
Quelle: In Anlehnung an Miles & Snow 1978, Kirsch 1997, S. 266.

Nachfolgend werden sie beschrieben:

---

[152] Vgl. Miles & Snow 1978 und v. a. Kirsch 1997, S. 266-267. Hierbei lassen sich solche Grundhaltungen nicht direkt strategisch planen, sondern sie sind vorliegender Ausdruck der Unternehmungskultur zumindest auf der Top-Management-Ebene und anderer zentraler Stakeholder.

- *Reagierer* planen kaum vorausschauend. Ihre Strategie ist es, keine zu haben. Oberste Maxime ist Flexibilität, das heißt die Freiheit, bei bestimmten, sie betreffenden Ereignissen schnell und entschlossen zu handeln. Ihre Stärke liegt in der Fähigkeit, unerwartete Gelegenheiten schnell zu nutzen und plötzliche Gefahren abzuwehren. Diese Flexibilität hat den Preis der Bereithaltung von Manövriermasse *(„Organizational slack“).* Reagierer werden sich im Allgemeinen in einem völlig turbulenten Umfeld mit zufällig auftretenden Einzelrisiken und -chancen am besten bewähren.
- *Verteidiger* bewegen sich im angestammten Geschäftsfeld und beschränken sich bewusst auf das, was sie kennen und beherrschen. Dies lässt sie gegenüber Veränderungen sehr skeptisch sein. Neues wird nur angenommen, wenn es viele Tests überstanden hat. Schwächen liegen in der Monokultur ihrer Domäne: Wenn es dem dominanten Absatzmarkt schlecht geht, sind sie selbst stark betroffen. Das für sie angemessene Produkt-Markt-Feld hat einen hohen Stabilitätsgrad.
- *Risikostreuer* sind Generalisten mit Präferenz für bestimmte Domänen, die durch vorsichtige Suche nach neuen Geschäftsfeldern ergänzt wird. Grundsätzlich sind sie eher Verteidiger auf mehreren „stabilen Beinen“, bei neuen Geschäftsfeldern lassen sie Prospektoren den Vortritt. Ihre Stärke besteht in der Ausgeglichenheit ihres Portfolios, ihre Schwäche in der mangelnden Risikobereitschaft. Das angemessene strategische Umfeld für diese Grundhaltung hat eine gewisse Stabilität. Plötzliche Veränderungen lassen sich jedoch aufgrund der Risikostreuung besser verkraften als in der reinen Verteidigungshaltung.
- *Innovatoren* haben als oberstes Ziel, einer Idee in einem bestimmten Geschäftsfeld zum Durchbruch zu verhelfen. Ist dieses Ziel erreicht, wenden sie sich neuen Ideen zu. Dabei braucht die Idee nicht völlig neu zu sein oder von ihnen zu stammen. Ihre Gegenspieler werden meist Verteidiger in einem Geschäftsfeld sein, in das sie eindringen wollen. Probleme treten immer dann auf, wenn der Markt die Idee nicht akzeptiert oder ein Verteidiger seine Domäne gut schützt. Am günstigsten ist hier ein Umfeld, das ein schrittweises Vorgehen erlaubt, und man dadurch in jedem Schritt dazulernen kann.

- *Prospektoren* sind ständig auf der Suche nach neuen Ideen: In Geschäftsfeldern, die Kundenbedürfnisse noch nicht voll befriedigen, werden sie nach neuen Lösungen suchen. Finden sie neue Lösungen, suchen sie nach passenden (Kunden-)Problemen. Ihre Stärke ist der Ideenreichtum; ihre Schwäche liegt in der Art des Vorgehens, das oft „Glücksspielcharakter" hat. Relativ unerforschte und für neue Ideen aufnahmebereite Felder sind für diese Grundhaltung günstig.
- *Architekten* haben keine Präferenz für angestammte Geschäftsfelder, Technologien oder Führungssysteme. Sie prüfen neue Möglichkeiten möglichst vorurteilsfrei. Von Reagierern unterscheiden sie sich durch Planung, von Verteidigern durch fehlende emotionale Bindung an das Stammgeschäft, von Risikostreuern durch die Bereitschaft zum Experiment und von Prospektoren und Innovatoren durch die Absicherung mittels Stützung auf vorhandene Elemente. Ihre Stärke liegt in der Ausgeglichenheit des Konzepts, die Schwächen im Zeit- und Ressourcenaufwand zur Konzeptentwicklung, Prüfung und Frühaufklärung. Am erfolgreichsten werden sie in einer Welt des dynamischen Wandels sein, der jedoch nicht so turbulent sein darf, dass Planung unmöglich ist.

Diese Grundhaltungen sind oft nicht weiter reflektierte, vorher formierte Vorgehensweisen bei der Strategieformulierung. Sollte die im Einzelfall vorliegende Grundhaltung nicht kompatibel zur vorgesehenen strategischen Unternehmungsrichtung sein, können Veränderungen aber auch Objekt der Strategieformulierung sein.

5.2.1.4 Ressourcen- oder marktorientierte Strategieansätze

Je nachdem welche Grundausrichtung für die Erarbeitung von Strategiealternativen für treffend gehalten wird, ist eine andere Vorgehensweise prinzipiell empfehlenswert.

Marktorientierte Ansätzen der Strategieentwicklung starten vornehmlich mit Umweltanalysen & -prognosen. Nur durch weitgehend treffende Prognosen über Entwicklungen in zentralen Umweltbereichen, auf Märkten, in Branchen und bei Konkurrenten lässt sich erfassen, zu welchen Produkt-Markt-Kombinationen sich die Unternehmung – wie – aufstellen sollte (s. auch bereits Abb. 6).

Für *ressourcenbasierte Strategien* bieten sich verschiedene Ansatzpunkte – alternativ wie in Kombination – an. Strategisch relevante Ressourcen, die die zentralen Merkmale: Einzigartigkeit, schwere Substituierbarkeit, Dauerhaftigkeit, Nutzbarkeit und Überlegenheit (Kap. 3.2), aufweisen, können Ausgangspunkte für aktive marktrelevante Strategien sein. Dabei lassen sich als Ausgangspunkte verschiedene Ressourcen prinzipiell nutzen (s. Abb. 42):[153]

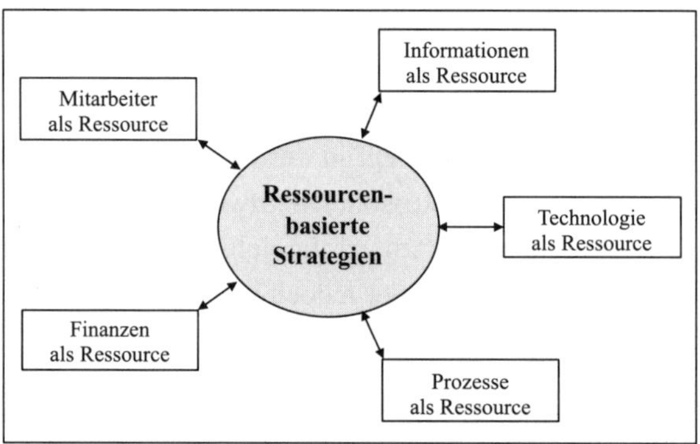

Abb. 42: Alternative ressourcenbasierte Strategien
Quelle: Johnson, Scholes & Whittington 2011, p. 585.

- *Humanressourcen* (Mitarbeiter|innen mit ihren Qualifikationen und Motivationen sowie die Personalsysteme und -handhabungen als organisationale Fähigkeit; s. auch Kap. 6.3) können prinzipiell die Ausrichtung wie auch den Erfolg einer Strategie entscheidend beeinflussen. Dies betrifft zum Ersten die Auswahl, Qualifizierung und Motivierung der am strategischen Entscheidungsprozess beteiligten Personen, die zentral die strategischen Analysen & Prognosen sowie die Strategieformulierung wie -umsetzung verantwortlich – wenngleich in unterschiedlichen Teilaufgaben und Prozessphasen – ausführen. Zum Zweiten ist strategieorientiert qualifiziertes Umset-

[153] Vgl. Johnson, Scholes & Whittington 2011, pp. 583-636, Grant & Jordan 2012, pp. 111-168.

zungspersonal auf unterschiedlichen Hierarchieebenen und in verschiedenen Funktionsbereichen eine wichtige Voraussetzung, die angestrebten Kosten-, Qualitäts-, Zeit- und/oder Prozessvorteile überhaupt – vergleichsweise besser als die Konkurrenz – erreichen zu können. Auf beide Ressourcen (oder auch nur eine) eine Strategie zu basieren, kann zunächst strategische Erfolgspotenziale aufbauen und sie später realisieren. Leistungsmotivation, Personalbindung, Betriebsklima, Teamverhalten u. Ä. sind wertvolle Ressourcen, die nicht überall gleich vorhanden sind und die geschaffen, erhalten und ausgebaut werden können – nicht als Selbstzweck, sondern als Basis einer Strategie.

- *Prozessressourcen*: Ähnlich verhält es sich mit organisationalen Fähigkeiten im Prozessbereich. Besonderes intangibles Know-how beispielsweise in der Prozessorganisation bei Herstellung, bei Innovationen, bei Produktneuentwicklungen u. Ä. bieten, sofern die oben genannten Merkmale weitgehend erfüllt sind, ähnlich gute Ansatzpunkte, Unternehmungs-, Geschäftsbereichs- und/oder Funktionsbereichsstrategien auf ihnen aufzubauen.
- *Informationsressourcen*: Hiermit sind die vorhandenen, nutzbaren vor allem intangiblen Informationstechnologien angesprochen. Sie können auch als Teil der Prozessorganisation verstanden werden. Der effiziente Einsatz von Data Mining zur frühzeitigen Erkennung von markt- und geschäftsbereichsrelevanten Trends, zuverlässiger und schnellerer Informationsaustausch mit den Marktpartnern auf der vertikalen wie der horizontalen Ebene (Lieferkette, Kundendienst, Beschwerdemanagement, Kundenforen, Kundenwünsche) u. Ä. sind hier mögliche Basen für die Entwicklung von Strategiealternativen.[154]
- *Finanzressourcen*: Tangible unternehmungsinterne Liquidität und Cashflow-Generierung hilft rasch – prinzipiell in allen Geschäftsfeldern – so-

---

[154] *Beispiele*: Kunden können in bestehenden Online-Communities aktiv in Ideengenerierungs- und Feedbackprozesse involviert werden oder passiv beobachtet werden. Es gibt eine Vielzahl an verschiedenen Onlineforen, in den sich Nutzer austauschen und entwicklungsfähige Ideen kreieren, bspw.: (1) Dell nutzte mit als erste Unternehmung Kundenmeinungen/-foren in der „Dell IdeaStorm Community“. (2) Im Rahmen der Tschibo ideas-Plattform entwickeln Kunden entwickeln Produkte mit. (3) Bei 70 Prozent aller Produkteinführungen von Swarowski ist die „Swarowski i-flash Community“ beteiligt.

wohl mögliche Akquisitionen durchzuführen, als auch als andere Investitionen zu finanzieren. Dadurch hat man bei der Strategieentwicklung mehr Möglichkeiten zur Verfügung sowie auch einen „längeren Atmen" bis zu einem angestrebten Break-Even. Darüber hinaus könnte die intangible organisationale Ressource des Finanzmanagements (funktionierendes unternehmungsweites Cash-Management über die Tochtergesellschaften hinweg, Fähigkeit, sich bei verschiedenen Banken und auch am internationalen Kapitelmarkt günstig, schnell und/oder gegebenenfalls mit weniger Sicherheiten Kapital zu beschaffen, Währungsmanagement u. Ä.) ein zentraler Bestandteil, gegebenenfalls sogar ein Ausgangspunkt eines Teils der Unternehmungsstrategie sein.

- *Technologieressourcen*: Vorhandene Technologien sowie die organisationale Fähigkeit, diese zu übernehmen, entwickeln wie zu nutzen, sind des Weiteren Ressourcen, auf denen zentral Unternehmungs- wie Geschäftsbereichsstrategien in Industriebranchen aufgebaut werden können.

Die Abbildung 43 visualisiert die beiden alternativ möglichen Grundlagen der Strategieformulierung in einer Gegenüberstellung: ressourcenbasierte versus marktorientierte Strategie, sowie die vorherigen Analyse- & Prognoseinstrumente für jede dieser Richtungen. Dabei ist weder die eine noch die andere „richtig". Auch hier sind situative Faktoren zu berücksichtigen: Volatilität der Märkte, Unternehmungsgeschichte bzw.-pfade, Stand der Ressourcenqualität (absolut wie relativ zu Wettbewerbern), Unternehmensgröße u. a.

In diesem Zusammenhang wird deutlich, dass der *Gegensatz* „markt- versus ressourcenorientierte Sichtweise" (s. Kap. 3.2) so nicht aufrechtzuerhalten ist. Es handelt sich um eine vielfach komplementäre Sichtweise, wenngleich mit unterschiedlichen Ansätzen und Abfolgen. Sowohl markt- als auch ressourcenorientierte Strategieentwicklungen versuchen, überdurchschnittliche Wettbewerbserfolge zu begründen. Ohne die Berücksichtigung ihres jeweiligen „Widerparts" kann dies nicht sinnvoll erreicht werden.[155]

---

[155] Vgl. Backhaus & Schneider 2009, S. 164.

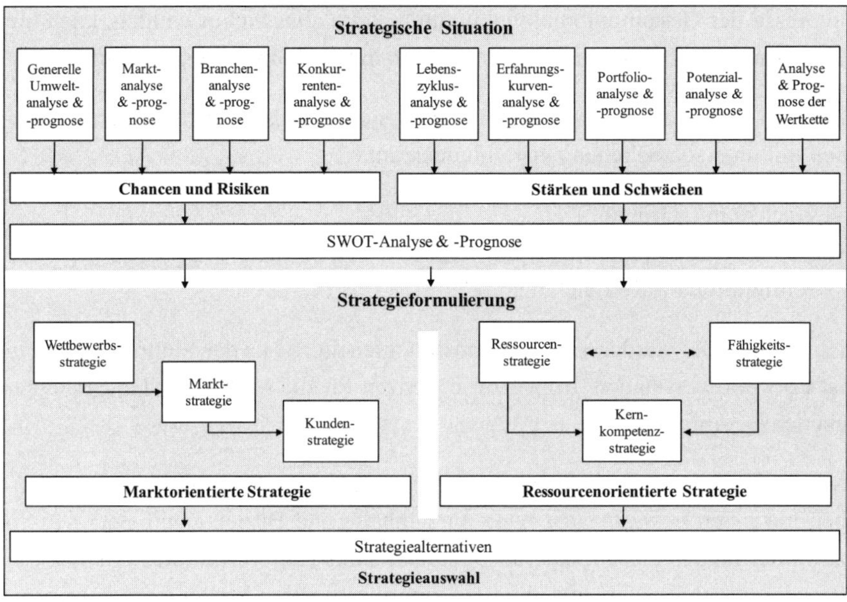

Abb. 43: Ressourcen- und marktorientierte Strategieentwicklung

5.2.1.5 Planung der Grundstrategien

Der Rahmenplanung folgt die Formulierung der unternehmungsweiten Gesamtstrategie (Portfolio-Management) zusammen mit der Planung der Grundstrategien aller strategischen Geschäftsfelder. Sie basiert zunächst auf der für die gesamte strategische Führung notwendigen Abgrenzung strategischer Geschäftsfelder sowie deren, mithilfe von Analyseinstrumenten vorgenommenen Einordnung in Ist-Portfolios. Daraus wird zunächst ein unternehmungsweites Zielportfolio (Unternehmungsportfolio)sowie die Gesamtunternehmungsstrategie festgelegt. Dies hat danach direkt die strategische Stoßrichtung für die weitere Entwicklung aller aktuellen strategischen Geschäftsfelder zur Folge. Die einzelnen Strategien der Geschäftsfelder (beziehungsweise der Stoßrichtungen) werden im Grunde festgelegt, koordiniert, integriert und gesteuert. Synergiepotenziale, Risikosituationen und Cashflow-Situationen müssen im

Interesse der Gesamtunternehmung aufeinander abgestimmt werden, auch um eine bestmögliche Nutzung der Unternehmungsressourcen sicherzustellen.

Bei den Unternehmungsportfolios bieten sich grundsätzlich drei *Strategietypen* mit unterschiedlichen Ausrichtungen an:

- Wachstum („Growth"),
- Stabilisierung („Stability") und
- Schrumpfung („Retrenchment").[156]

Hin und wieder werden sie als Normstrategien auf Basis der Einordnung in ein Ist-Portfolio verstanden – mit Konsequenzen für die nachfolgenden Strategieebenen (s. Abb. 44).

Solche *Normstrategien* auf Basis einer strategischen Analyse & Prognose haben nur einen *heuristischen Wert*. Ihre Inhalte und Beziehungen sind kritisch zu hinterfragen. Ein allgemeiner Automatismus (ein bestimmtes Analyse- & Prognoseergebnis führt unbedingt zu einer bestimmten Strategie) mag teilweise didaktisch hilfreich sein, praktisch ist es unsinnig. Strategien sind situationsspezifisch zu entwickeln und nicht einfach aus einem vorgegebenen Programm zu übernehmen. Ansonsten führen solche eher stereotypen Strategien auch zu entsprechend stereotypen Strukturen und Prozessen, mit denen man sich keineswegs von der Konkurrenz abheben kann. Zudem passen Stereotypen kaum zu spezifischen Umweltbedingungen und Unternehmungskulturen.

---

156 Vgl. zu der Differenzierung bspw. Wheelen & Hunger 2006, S. 165-179.

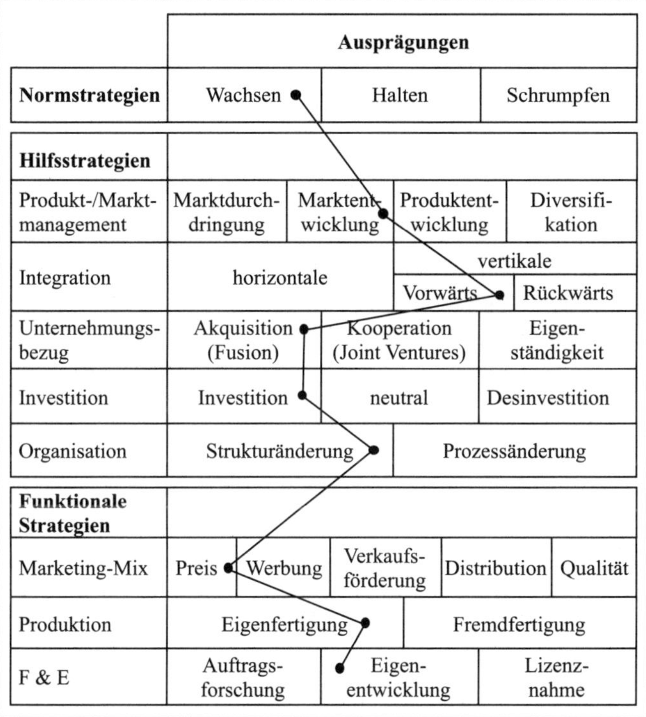

Abb. 44: Beispiel für Normstrategien
Quelle: Schertler 1998, S. 106.

Wachstumsstrategie

Mit einer Ausweitung des Leistungsprogramms (z. B. Aufnahme neuer Produkte) wird eine Entscheidung über zukünftiges Unternehmungswachstum getroffen und eine Wachstumsstrategie entwickelt. Solche, in der Regel auf Produkt- und/oder Prozessinnovationen basierende Investitionsstrategien können unterschiedlich ausgeprägt sein. Zur Darstellung der strategischen Alternativen bei (potenziell) wachsenden Branchen hat sich die Produkt-Markt-Matrix nach *Ansoff* (s. Tab. 14) bewährt. Sie fokussiert auf vier Primärstrategien, die in sekundären Strategien (bspw. auf lokale oder internationale Märkte bezogen) weiter spezifiziert werden können.[157]

- Mit der *Strategie der Marktdurchdringung* ist eine intensivere Bearbeitung des bestehenden Marktes, und zwar sowohl durch eine Steigerung der Absatzmenge je Abnehmer als auch mittels einer Erhöhung der Abnehmerzahl, vorgesehen. Ansatzpunkte können sein: Steigerung der Produktverwendung beim Kunden (z. B. Konsumsteigerung, geplante Produktveralterung, größere Verpackungseinheiten) und die Gewinnung neuer Kunden (z. B. durch Produktmodifikation).

Tab. 14: Produkt-Markt- resp. Wachstumsstrategien nach Ansoff[158]

		Produkt („*Product*")	
		Gegenwärtig („*Existing product scope*")	Neu („*New product scope*")
Markt („*market*")	gegenwärtig („*Existing market scope*")	(1) Marktdurchdringung („*Market penetration*")	(2) Produktentwicklung („*Product development*")
	neu („*New market scope*")	(3) Marktentwicklung („*Market development*")	(4) Diversifikation („*Diversification*")

Quelle: In Anlehnung an Ansoff 1965, p. 109.

- Mit der *Strategie der Marktentwicklung* sollen neue Märkte und/oder neue Branchen (bspw. Entwicklung neuer Anwendungsmöglichkeiten für alte Produkte) erschlossen werden. Ansatzpunkte können sein: Erschließung zusätzlicher geographischer Märkte, Erschließung zusätzlicher Märkte durch Erweiterung der Anwendungsmöglichkeiten, Erschließung neuer Teilmärkte (z. B. Produktvariation).

---

157 Vgl. Ansoff 1965, pp. 108-112.

158 *Beispiele* aus den Produkt-Markt-Kombinationen eines Pizzaherstellers: (1) Erhöhung des Marktanteils bei den Standard-Pizzen „Salami", „Funghi" u. Ä. beim bisher bedienten deutschen Markt, (2) Entwicklung und Angebot bspw. von Schokoladen- und/oder Gyros-Pizzen auf dem angestammten deutschen Markt, (3) Versuch mit den angestammten Pizzasorten in einen anderen regionalen Markt – bspw. in Frankreich – erfolgreich zu sein, (4) Entwicklung und Angebot von Puddingpulver auf für das Pizza-Unternehmen neuen Märkten.

Die ersten beiden Strategien zielen vor allem auf die Ausnutzung des Erfahrungskurveneffektes. Daneben kann durch Produktdifferenzierung und Konzentration auf Marktnischen versucht werden, so etwas wie eine Einzigartigkeit des Produktes zu erreichen, wodurch die Markteintrittsbarrieren für andere erhöht werden.

- Mit der *Strategie der Produktentwicklung* werden neue Produkte auf bereits vorhandene, dem Anbieter vertraute Märkte angeboten. Ansatzpunkte können sein: von vorhandenen Produkten ausgehen (Produktorientierung), von bekannten Rohstoffen (z. B. Holz) ausgehen (Rohstofforientierung), von bekannten Verfahren (z. B. Kleben) ausgehen (Technologieorientierung), von verwandten Problemstellungen (z. B. alles, was man verpacken kann) ausgehen (Problemorientierung), von bekannten Kunden und deren (neuen) Bedürfnissen ausgehen (Kundenorientierung).
- Als anspruchsvollste Wachstumsstrategie gilt die *Diversifikation*, da die Unternehmung sich hier am weitesten von ihr vertrauten Produkt-Markt-Kombinationen entfernt. Je nach dem Grad der gewählten Ferne zum bestehenden Produkt-Markt-Feld unterscheidet man (s. auch Abb. 45):

  - Mit der *horizontalen Diversifikation* betrifft die Entwicklung und Integration neuer Produkte für neue Märkte angesprochen. Die Produkte stehen hierbei noch im sachlichen Zusammenhang zu den bislang verwendeten Rohstoffen, Produktionsverfahren oder Vertriebswegen (z. B. Milch und Wein). Sie können sowohl komplementär als auch konkurrierend zu den vorhandenen Produkten sein.
  - Die *vertikale Diversifikation* betrifft einerseits die Entwicklung und/oder Herstellung von Vorprodukten für den eigentlichen Produktionsprozess sowie den damit verbundenen Dienstleistungen (*Rückwärtsintegration*) und/oder die Übernahme nachgelagerter Produktions- oder Handelsstufen (*Vorwärtsintegration*) (z. B. Kohle-Stahl-Draht-Nägel).
  - Die *laterale Diversifikation* hingegen bedeutet die Aufgabe jeglichen Bezugs zu vertrauten Produkten und Märkten. Hier spielt v. a. das Ar-

gument der Risikostreuung eine Rolle (z. B. Computerbildschirme und Werkzeugmaschinen).[159]

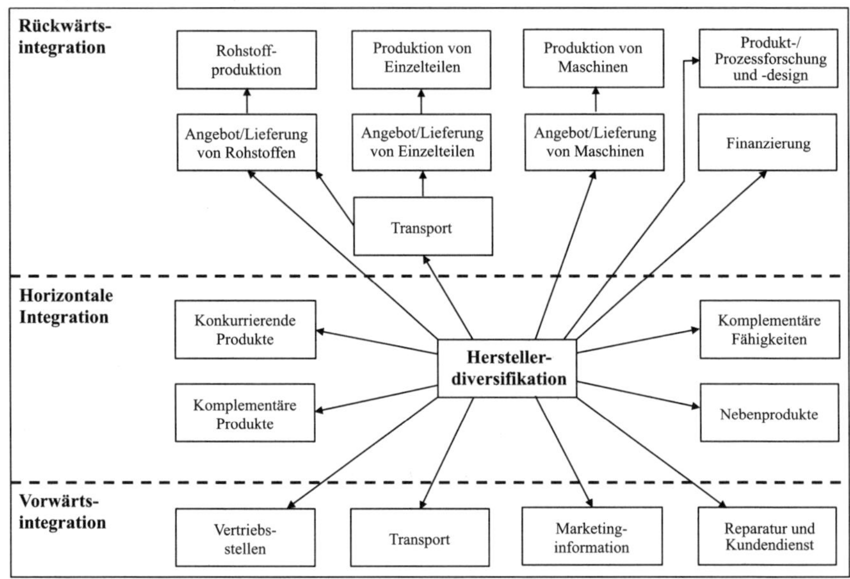

Abb. 45: Diversifikationsmöglichkeiten (Beispiel eines Maschinenbauers)
Quelle: Johnson, Scholes & 2011, S. 331.

Die hier bislang skizzierten alternativen Wachstumsstrategien beruhen impliziert auf der Annahme eines autonomen respektive eines organischen Wachstums. *Organisches Wachstum* bedeutet Wachstum aus eigener, innerer Kraft, aus den eigenen Ressourcen der Unternehmung, allenfalls von außen durch geliehene Finanzmittel unterstützt. Solche organischen Wachstumsstrategien zeichnen sich prinzipiell durch ein relativ langsames, schrittweise geplantes Vorgehen aus. Lernerfahrungen wie Korrekturen der Vorgehensweisen können schnell auf die folgenden Schritte umgesetzt werden.

Ein eher evolutionärer Wandel im Sinne der vorne skizzierten „geplanten Evaluation“ entlang einer groben strategischen Stoßrichtung mit immer wieder

---

[159] Vgl. zu Beispielen auch Steinmann, Schreyögg & Koch 2013, S. 217-222; anders dagegen Hungenberg 2014, S. 463-484.

neu reflektierten respektive justierten Einzelschritte steht dabei im Fokus. Erfolgreiche Handlungsmuster der Vergangenheit können dabei mit dem alten, wenngleich parallel und eher langsam wachsenden Personalbestand umgesetzt werden. Die Unternehmungskultur bleibt weitgehend erhalten und trägt – im besten Fall – zum Erfolg der organischen Wachstumsstrategie bei. Die Vorgehensweise gilt als „sicherer“ (i. S. von aus eigenen Ressourcen finanziert und insofern unabhängig von anderen Helfern, weniger risikoreich in der Umsetzung), verglichen mit alternativen Wachstumsstrategien. Der Risikograd ist aber unterschiedlich, je nachdem wie notwendig – aus Umweltperspektive – ein (stärkeres) Wachstum im Markt ist und – aus Unternehmungsperspektive – welche Variante des Kontinuums von „Wasserfallmodell“ (sequentielles Wachstum: Erst hier, dann da!) bis zum „Sprinklermodell“ (simultanes Wachstum: Auf allen relevanten Märkten gleichzeitig!) gewählt wird.[160]

Es ist aber auch durch andere Vorgehensweisen möglich, mehr Umsätze, größere Marktanteile, regionale Ausweitungen und Anderes zu erreichen. Diese Wachstumsstoßrichtungen eines *externen Wachstums* kann man als Kooperations-, Akquisitions- und/oder Fusionsstrategien bezeichnen:[161]

- *Kooperationen* mit anderen Unternehmungen (Bietergemeinschaften, Joint Venture, strategische Allianzen) sind hier zunächst zu benennen.[162]
- *Akquisitionen* betreffen Unternehmungszukäufe durch eine Unternehmung, also eine Erweiterung des eigenen Geschäftsvolumens durch den Ankauf anderer Produkte und Dienstleistungen, die bislang unter anderer Regie vermarktet wurden.[163]

---

160 Vgl. ähnlich bspw. Perlitz & Schrank 2013, S. 86, Holtbrügge & Welge 2010, S. 151.

161 Vgl. Bea & Haas 2017, S. 180-183, Welge, Al-Lahan & Eulerich 2017, S. 276-688.

162 *Beispiel:* Für einen einzelnen Auftrag schließen sich Partner mit unterschiedlichen Kompetenzen zusammen, um gemeinsam als Zulieferer aufzutreten. Der potenzielle Kunde will nur einen Ansprechpartner und insofern ist nur so ein Umsatzzugewinn möglich. Wenn diese Vorgehensweise dauerhaft werden soll, bietet sich ein Gemeinschaftsunternehmen mit eigenem Marktauftritt an.

163 *Beispiele:* Kauf (später allerdings wieder Verkauf) von Onken durch Dr. Oetker, von BOC durch Linde, von Schering durch Bayer, medizinisches Nahrungsgeschäft von Novartis durch Nestlé.

- *Fusionen* stellen den Zusammenschluss vorher unabhängiger Unternehmungen zu einer Unternehmung dar. Hier geht allerdings die Unabhängigkeit insofern verloren, als dass man die Entscheidungsmacht danach teilt, es sei denn, man gilt als der „stärkere" Partner.[164]

Stabilisierungsstrategie

Führt die Unternehmungsentwicklung – im Vergleich zu gesetzten Zielen – zu keinen gravierenden Ziellücken und ist keine generelle Änderung des Leistungsprogramms beabsichtigt, so versucht man die Geschäftsentwicklung zu stabilisieren. Stabilisierungsstrategien beinhalten dementsprechend keine wesentlichen Änderungen aktueller Ausrichtungen für die Geschäftsfeldstrategien. Die Position soll mit einer defensiven Grundeinstellung gehalten werden. Sie sind deshalb nicht per se als ineffizient einzustufen, sondern sie mögen als Teil der Unternehmungsgesamtstrategie – zumindest kurzfristig – durchaus angemessen sein. Verschiedene Varianten dieser Strategie sind:[165]

- Die *Übergangs-Strategie* („Pause/Proceed with caution strategy") wird gewählt, um zeitweise eine Pause für weitere strategische Überlegungen einzulegen. Operative Verbesserungen werden angestrebt, aber ohne besondere strategische Meilensteine vorzusehen. Die Zeitperiode der Strategie respektive die Ruhepause wird genutzt, um über Analyse- und Prognose-Tätigkeiten eine sinnvolle(re) Strategie formulieren zu können. Insofern handelt es sich um eine Art Übergangsstrategie.
- Die *„Nichts-ändert-sich"-Strategie* („No change strategy") ist eine bewusste Entscheidung dafür, die bisherige Strategie unverändert beizubehalten. Die Analyse hat in diesem Fall ergeben, dass Änderungen entweder nicht notwendig oder nicht möglich sind. Selbst ein Ausstieg wird nicht in Erwägung gezogen. Der Status quo wird erhalten, gegebenenfalls werden Konsolidierungsbemühungen angestrebt.

---

[164] *Beispiele*: die Fluggesellschaften KLM und Air France zu Air France-KLM, Alcatel und Lucent zu Alcatel-Lucent, HP und Compaq.

[165] Vgl. Wheelen & Hunger 2006, pp. 175-176.

– Die *Gewinn-Strategie* („Profit strategy“) soll eine zeitweise schwierige Markt- und Unternehmungssituation dadurch überwinden helfen, dass die operativen Erfolgsfaktoren zur Gewinnmaximierung im Vordergrund stehen. Langfristig könnten sich dadurch allerdings dadurch Nachteile ergeben, als dass Investitionen in die Zukunft unterbleiben.

Schrumpfungsstrategie

Ist ein Abfall der Nachfrage auf dem Produktmarkt zu beobachten und will man sich zurückziehen und soll mit einer Reduzierung des Leistungsangebotes reagiert/agiert werden oder Ähnliches, so ist eine Schrumpfungsstrategie zur Desinvestition zu planen. Solche Strategien haben vor allem Programmreduzierungen respektive -bereinigungen sowie Umstrukturierungen zum Inhalt. Sie stellen Reaktionen, gegebenenfalls antizipative Handlungen auf den Rückgang der Nachfrage (externe Schrumpfung), dar. Die interne Schrumpfung des Umsatzes, der Beschäftigtenzahl etc. ist in der Regel eine Folge solcher Strategien, teilweise aber auch von Rationalisierungsmaßnahmen. Die Anlässe für mögliche Desinvestitionen sind vielfältig (Marktsättigung, technologische Entwicklung, Wertewandel u. a.), ihre Geschwindigkeit unterschiedlich, ihr Verlauf ebenso. Die Wettbewerbsintensität nimmt dabei regelmäßig zu.[166]

Um diese Situation erfolgreich zu bewältigen, empfehlen sich gezielte strategische Maßnahmen. Tabelle 15 zeigt einen auf einem industrieökonomischen Rahmen basierten Ansatz, um ausgehend von Branchen- und Unternehmungsfaktoren eine spezifische (Schrumpfungs-)Strategie – über eine reine Desinvestition hinaus – zu wählen:[167]

---

[166] Vgl. Porter 2013, S. 320-345.

[167] Vgl. Harrigan 1982, S. 45-48, Harrigan & Porter 1984, S. 7-15, 2013, S. 336-345, auch Welge, Al-Laham & Eulerich 2017, S. 632-645.

Tab. 15: Strategische Auswahlmatrix für schrumpfende Märkte

Wettbewerbsstärke / **Branchenstruktur**	**Relative Wettbewerbsstärken** („Posses relativ competitive strengths“)	**Relative Wettbewerbsschwächen** („Have relative competitive weaknesses“)
Vorteilhafter Markt („Favorable industry traits for endgame“)	(1) **Investitionsstrategie** („Increase the investment or hold investment level“) *Motto*: Marktbeherrschung oder Nische	(2) **Repositionierungsstrategie des selektiven Rückzugs** („Shrink selectively or milk the investment“) *Motto*: Abschöpfung oder frühzeitige Liquidation
Unvorteilhafter Markt („Unfavorable industry traits for endgame“)	(2) **Repositionierungsstrategie des selektiven Rückzugs** (“Shrink selectively or milk the investment”) *Motto*: Nische oder Abschöpfung	(3) **Austrittstrategie** („Get out now“) *Motto*: Frühzeitige Liquidation

Quelle: In Anlehnung an Harrigan 1982a, p. 44.

- Die erste Strategiealternative (1) hat keine Desinvestition zur Folge, sie kann sich nur in einem schrumpfenden Produkt-Markt-Bereich als sinnvoll erweisen. Eine *Investitionsstrategie* (Erhöhen oder Halten des Investitionsniveaus) ist demnach angesagt, wenn eine Unternehmung in einem für sie günstigen, wenn auch schrumpfenden Markt Wettbewerbsvorteile aufweist.[168] Ziel der Erhöhung ist die Marktführerschaft mittels verstärktem Marketing, dem Aufkauf fremder Produktionspotenziale und deren Stilllegung sowie gegebenenfalls deren Nutzung für Nischen. Halten ist bei unsicherem Schrumpfungsverlauf und/oder sehr starken, aggressiven Konkurrenten sinnvoller.
- Die *Repositionierungsstrategie* (2) sieht einen selektiven Rückzug vor: Desinvestition aus unvorteilhaften Teilmärkten oder Investitionen in beziehungsweise Besetzen von Erfolg versprechenden Nachfragenischen („Schrumpfen in der Nische“), zumindest wenn Wettbewerbsvorteile der Unternehmung vorliegen. Die Gründe können in marktorientierten Entwick-

[168] Es handelt sich also nicht um eine „echte“ Schrumpfungsstrategie. Der Markt schrumpft, und die Unternehmung möchte die Situation durch ein relativ (nicht unbedingt absolut) stärkeres Engagement nutzen.

lungen, aber auch in internen Ineffizienzen liegen. Verschiedene Arten einer Schrumpfungsstrategie lassen sich differenzieren:[169]

(1) Die *Umkehr-Strategie* („Turnaround strategy“) betont die entscheidende Verbesserung der operativen Effizienz in zwei Schritten: Kontraktion („Contraction“) und nachfolgend Verdichtung („Consolidation“).
(2) Eine vertikale wie horizontale *Kooperations-Strategie* („Cooptive company strategy“) mag vorhandene Nachteile durch Inputs der Kooperationspartner ausgleichen.
(3) Eine *Desinvestitions-Strategie* („Sell-out-disvestment strategy“) kann sich entweder, wenn möglich, auf den umfassenden Verkauf eines Geschäftsfeldes oder auf die Trennung einzelner Produkt-Markt-Kombinationen konzentrieren.
(4) Die *Liquidations-Strategie („Bankruptcy/Liquidation strategy“)* bedeutet eine Totalaufgabe des Geschäftsfelds. Die beiden letztgenannten Alternativen können auch im Rahmen sog. Management-buy-outs oder Spin-offs realisiert werden.

– Die *Austrittsstrategie* (3) ist empfehlenswert, wenn sowohl der Markt unvorteilhaft ist als auch keine unternehmungsspezifischen Wettbewerbsvorteile vorliegen. Die Rückzugsgeschwindigkeit kann stufenweise (inkl. des „Melkens“ der SGF), aber auch sofort durch Stilllegung oder Verkauf reguliert werden.

---

169 Vgl. Wheelen & Hunger 2006, pp. 177-179.
Beispiele: (1) *Apple* war Mitte der 1990er Jahre nicht weit von der Insolvenz entfernt. Der Rückkehrer Steve Jobs setzte ein Turnaround um: Mit der Reduktion der Projektanzahl von 350 auf zehn und neuen Produkten wie iMac, iPod, iTunes, iPhone und i-Pad wurde nicht nur der Turnaround geschafft, sondern auch das wertvollste Unternehmen der Welt gebildet. (2) *BMW* und *Toyota* kooperieren – bei derzeit unsicheren Szenarios für den Automobilmarkt der Zukunft – bei Nutzung von Diesel- und Hybridantrieben. (3) Durch den Verkauf der für sich alleine nicht mehr erfolgsträchtigen Reedereisparte „Hamburg Süd“ erhielt die *Oetker-Gruppe* wertvolle Investitionsmittel, (4) Die RAG Deutsche Steinkohle musste mehrfach Zechen liquidieren, da es keinen Bedarf mehr für die dort geförderte Kohle gab. Für *Paaschburg & Wunderlich* stand kein Familienmitglied zur Nachfolge an, ein Manager übernahm daraufhin (mit Unterstützung einer Beteiligungsfirma) das Unternehmen.

Mit der Festlegung der strategischen Stoßrichtungen der einzelnen strategischen Geschäftsfelder finden die Überlegungen für die erste Strategieebene „Gesamtunternehmung“ ihr Ende.

5.2.2 Geschäftsbereichsebene

5.2.2.1 Differenzierungen in Geschäftsbereichsstrategien

Auf der nächsten Strategieebene werden die Geschäftsbereichsstrategien im Rahmen einer strategischen Programmplanung zur Konkretisierung der vorgegebenen strategischen Stoßrichtungen entwickelt. Die Differenzierung der Objekte des strategischen Managements (Primär- bis Quartärbereich) weist auf vielfältige Betätigungsfelder hin. Im Rahmen der nun zu diskutierenden Strategieebene steht allerdings „klassisch“ der Primärbereich mit seinen Produkt-Markt-Kombinationen im Zentrum.

Die Geschäftsbereichsstrategien definieren die prinzipiell anzuwendenden Verhaltensweisen in den einzelnen Produkt-Markt-Bereichen (bzw. strategischen Geschäftsfeldern). Leitender Gedanke der Bereichsstrategie ist dabei, in jedem Marktsegment, in dem die Unternehmung mit einem strategischen Geschäftsfeld tätig sein will, nachhaltige Wettbewerbsvorteile aufzubauen sowie zu den führenden Wettbewerbern dieses Bereichs zu zählen. Die Strategieformulierung erfolgt gegebenenfalls sukzessive über eine Differenzierung der Ziele und Stoßrichtungen für zu definierende Zielgruppen, sofern die strategische Analyse dies empfiehlt. Eine zielgruppenspezifische Gestaltung der betrieblichen Wertschöpfungsstruktur kann dann in die entsprechende Strategie einfließen. Dies ist im Folgenden skizziert[170] (s. Abb. 46).

- *Konkretisierung der strategischen Stoßrichtungen.* Zu Beginn bedarf es der Erarbeitung und Beschreibung der Ziele und strategischen Stoßrichtungen, deren Aufgliederung in Unterziele, Unterstrategien und die Festlegung der ersten sog. robusten Schritte (strategische Meilensteine), und zwar auf Ge-

[170] Vgl. ähnlich Kirsch 1997, S. 298-324.

schäftsbereichsebene. Bei solchen strategischen Meilensteinen handelt es sich um aus Strategien abgeleitete, meist innerhalb einer kurz- bis mittelfristigen Periode zu erreichenden Erfolgsfaktoren. Sie können operativer Art sein (monetäre Zielkriterien wie ein bestimmter Umsatz innerhalb einer bestimmten Periode), aber auch auf spezifische, strategische Erfolgskriterien abgestellt sein (bspw. Marktanteil, Marktposition). Letztgenannte Art lässt sich auch auf vollzogene Projektrealisierungen (bspw. Marktdurchdringung, Strategieumsetzung) beziehen. Sie stellen dann die Endzeitpunkte der vollzogenen robusten Schritte dar.

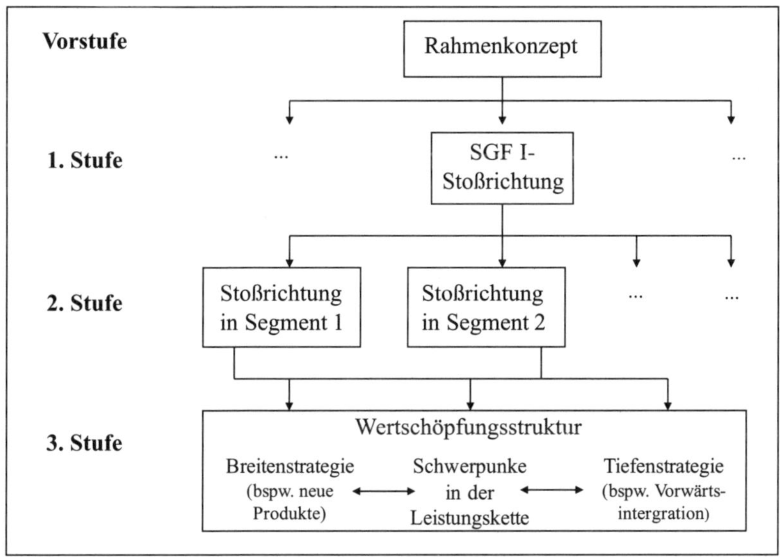

Abb. 46: Strategiefächer
Quelle: In Anlehnung an Kirsch 1997, S. 299

– *Differenzierung der Ziele und Stoßrichtungen für Zielgruppen.* Für die Spezifizierung der Ziele und Stoßrichtungen eines SGF ist es in der Regel sinnvoll, das Geschäftsfeld weiter zu differenzieren (z. B. in relativ unabhängige und relativ homogene Zielgruppen). Ein SGF kann verschiedene Produkt-

Markt-Kombinationen und insofern Zielgruppen umfassen. Diese sind aufzuteilen, um eine genauere Strategie zu erarbeiten.[171]

- *Zielgruppenspezifische Gestaltung der Wertschöpfungsstruktur.* Auf der genannten Grundlage lässt sich dann die Wertschöpfungsstruktur zur Konkretisierung der strategischen Stoßrichtung auf die jeweiligen Problemgebiete formulieren. Dies geschieht vor allem durch: eine Breitenstrategie (horizontale Differenzierung des Produkt-Markt-Bereichs respektive Produktpalette) beziehungsweise eine Tiefenstrategie (vertikale Differenzierung des Produkt-Markt-Bereichs resp. Wertschöpfungsstufen).[172]

5.2.2.2 Wettbewerbsstrategien

Zur Konkretisierung der strategischen Stoßrichtungen eignen sich die sogenannten generischen Wettbewerbsstrategien *(„Generic strategies“).* Diese – von M. Porter (2013) ideenreich entwickelten und von vielen Forscher|innen wie Unternehmungen übernommen idealtypischen – Strategiealternativen enthalten unterschiedlich fokussierte Maßnahmenbündel, die einem strategischen Geschäftsfeld eine konsistente, charakteristische und v. a. vorteilhafte Position im Wettbewerb verschaffen sollen.[173]

Drei *Grundfragen* werden mit ihrer Erarbeitung gestellt und beantwortet:

---

[171] *Beispielsweise* lässt sich der Hemdenmarkt in unterschiedliche solcher homogenen Zielgruppen differenzieren: Partyhemden, Smokinghemden, Businesshemden, Freizeithemden, Kinderhemden usw. Die jeweils identifizierten potenziellen Kunden haben unterschiedliche Bedürfnisse, Verhaltensweisen, Ansprüche und Einkommen, sodass gezielte Strategien hier notwendig sind.

[172] *Beispiel*: Im Modebereich – mit derzeit etwa alle sechs Wochen sich verändernden Bedarfen hinsichtlich von Mustern, Farben und Produkten – ist eine Ausweitung der Wertschöpfungsstrukturen vielfach sinnvoll. Nur wenn Lieferanten wie Händler eng zusammen arbeiten respektive in der eigenen Unternehmung als Organisationsbereiche (durch eine Vertikalisierung des Wertschöpfungsprozesses in einer Unternehmung statt über den Markt zwischen verschiedenen rechtlich selbstständigen Marktpartnern) agieren, ist eine schnelle Anpassung an veränderte Marktgegebenheiten gegeben.

[173] Vgl. Porter 2013, Welge, Al-Laham & Eulerich 2017, S. 524-541, Macharzina & Wolf 2015, S. 286-301, Steinmann, Schreyögg & Koch 2013, S. 204-217.

- Wo soll konkurriert werden (Ort des Wettbewerbs: Kern- oder Nischenmarkt)?
- Nach welchen Regeln soll konkurriert werden (Regeln des Wettbewerbs: Anpassung, Veränderung)?
- Mit welcher Stoßrichtung soll konkurriert werden (Schwerpunkt des Wettbewerbs: günstige Kosten oder Leistungsdifferenzierung)?

Gerade der letzte Aspekt führt zu einer nachhaltigen Entwicklung in den heutigen Strategiebezeichnungen. Er wird in Abbildung 47 besonders hervorgehoben: Zwei unterschiedliche *Arten von Wettbewerbsvorteilen* werden je nach Beantwortung der dritten Frage angestrebt:

- Entweder wird durch die Konzentration auf die Kostenseite der Leistungserstellung versucht, geringere Stückkosten als die Mitwettbewerber zu erreichen,[174]
- oder man versucht sein eigenes Leistungsangebot so von dem der Konkurrenz zu differenzieren (bspw. über einen Markennamen, über Qualität), dass man Absatzchancen hat und sogar einen „Premium"-Preis erzielen kann.[175]

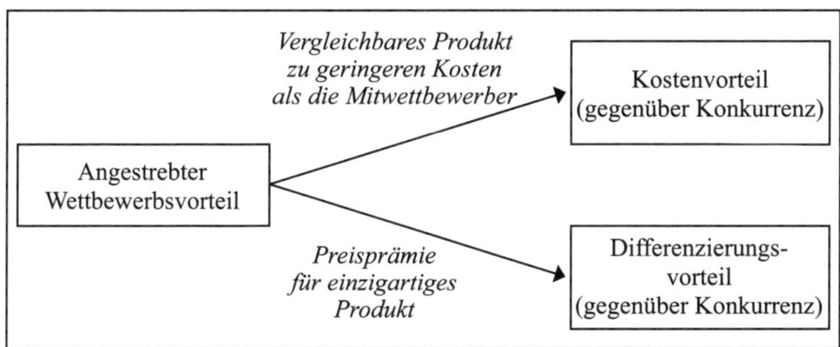

Abb. 47: Angestrebte Wettbewerbsvorteile

Als Folge der Beantwortung der oben aufgeführten Fragen ergeben sich letztlich drei respektive vier *Strategietypen*, die der Erreichung von Wettbewerbsvorteilen dienen (s. Tab 16).[176]

---

174 *Beispiele*: Ryan Air, Lidl und ING-DiBa.

175 *Beispiele:* Dr. Oetker, Miele, Apple, BMW und Porsche.

Tab. 16: Strategiemöglichkeiten nach Porter

<table>
<tr><td colspan="2" rowspan="2">Vorteil
Ziel-objekt</td><td colspan="2">Strategische *Wettbewerbsvorteile*</td></tr>
<tr><td>*Kostenvorsprung*
(„Lower cost“)</td><td>*Einzigartigkeit*
(„Differentiation“)</td></tr>
<tr><td rowspan="3">*Wett-be-werbs-breite*</td><td>*Branchenweit*
(„Broad target“)</td><td>**Strategie der Kostenführerschaft (1)**
(„Cost leadership“)</td><td>**Strategie der Differenzierung (2)**
(„broad differentiation“)</td></tr>
<tr><td rowspan="2">*Segment-spezifisch*
(„Narrow target“)</td><td colspan="2">**Nischenstrategie ...**</td></tr>
<tr><td>**der Kostenführerschaft (3)**
(„Cost focus“)</td><td>**der Differenzierung (4)**
(„focused differentiation“)</td></tr>
</table>

Quelle: In Anlehnung an Porter 2013, S. 79.

Die Wettbewerbsstrategien können im Übrigen auch auf der Unternehmungsebene, also für die gesamte Unternehmungsstrategie, eingesetzt werden. Dies setzt aber voraus, dass insgesamt vergleichbare Produkt-Markt-Kombinationen bearbeitet werden sollen. Sobald diese nicht mehr vergleichbar sind, ist eine Spezifizierung sinnvoll.[177] Allerdings ist zumindest eine Ausnahme zu beachten: Sobald man unter einer Dachmarke verschiedene Produkte auch für unterschiedliche Märkte anbietet, ist eine gemeinsame strategische Ausrichtung notwendig.[178]

---

[176] Vgl. Porter 2013, S. 73-87. Die Nischenstrategien werden oft – trotz ihrer möglichen Differenzierung – als eine Strategiealternative bezeichnet.

[177] *Beispiel*: Ein Sonderfall sind solche Unternehmungen, die sich als „Markenunternehmungen“ (bspw. Dr. Oetker, Miele) aufgestellt haben. Eine solche Marke kann nur dann Bestand haben, wenn alle Produkt-Markt-Kombinationen mit diesem Label hinsichtlich der Wettbewerbsstrategie ähnlich aufgestellt sind. Die eigentliche Entscheidung für die Stoßrichtung erfolgt dann auf Unternehmungsebene und nur die genaue Spezifizierung auf Geschäftsbereichsebene.

[178] *Beispiel:* Problematisch könnte es allerdings sein, qualitativ hochwertige, preislich entsprechend positionierte Waschmaschinen mit dem Label „Bosch“ anzubieten und zugleich mit qualitativ, preislich eher am unteren Segment positionierten Staubsaugern unter dem gleichen Label agieren. Hier könnte der Marktauftritt schwer an die potenziellen Kund|innen zu kommunizieren sein. Es bedarf einer genauen Abstimmung, gegebenenfalls unterschiedliche Markennamen oder Marken differenzieren, bspw. (fiktiv): $\text{Bosch}^{\text{Profi}}$, $\text{Bosch}^{\text{Allrounder}}$ und $\text{Bosch}^{\text{Einsteiger}}$.

Ad (1): Strategie der Kostenführerschaft

Mit der Strategie der Kostenführerschaft wird versucht, Kostenvorsprünge gegenüber den Wettbewerbern innerhalb einer Branche zu erlangen. Es wird davon ausgegangen, dass eine starke Kostenposition zu relativen Wettbewerbsvorteilen führt. Dem strategischen Geschäftsfeld wird so ein preispolitischer Spielraum verschafft. Dadurch wird unter anderem die Abhängigkeit von Kunden und Lieferanten verringert. Weitere Vorteile entstehen dadurch, dass die Faktoren, die im Produkt-Markt-Bereich zu einem Kostenvorsprung führen, gleichzeitig Eintrittsbarrieren in Form von Betriebsgrößenersparnissen in der Branche schaffen.

Zu Beginn steht eine *strategische Kostenanalyse*. Mit ihr werden die sogenannten *Kostentreiber* identifiziert, von denen die Höhe der Kosten abhängt. Unterschieden werden zehn Faktoren:[179] größenbedingte Kostendegression („Economies of scale"), Lerneffekte („Economies of learning"), Struktur der Kapazitätsauslastung, Verknüpfungen aller miteinander verbundenen Wertaktivitäten, Verflechtungen (Synergieeffekte, „Economies of scope"), vertikale Integration, Zeitwahl des Markteintritts, unternehmungspolitische Entscheidungen (bspw. Breite des Produktangebots, die Produktdifferenzierung, das angebotene Qualitätsniveau), Standort und außerbetriebliche Faktoren.

Ein Kostenvorteil ergibt sich prinzipiell durch zwei *Ansatzpunkte*:

- Zum einen sind die Kostentreiber derjenigen Wertschöpfungsaktivitäten, die einen bedeutenden Anteil an den Gesamtkosten haben, zu kontrollieren und zu beeinflussen (bspw. durch Betriebsgrößenerweiterung, Rückwärtsintegration, Änderung der Beschaffungspolitik).
- Zum anderen ist die Wertkette beispielsweise durch effizientere Entwicklungs- und Fertigungsverfahren so zu verändern, dass hieraus ein Kostenvorteil entsteht.[180]

---

[179] Vgl. Porter 2013, S. 74-76, auch zum folgenden Text.

[180] *Beispiel:* Der Discounter Aldi hat sich mit der Strategie der Kostenführerschaft im Lebensmittelhandel seit vielen Jahren konsequent positioniert. Viele Nachahmer (v. a.

Die Kostenführerschaft führt zu einer starken Spezialisierung des strategischen Geschäftsfelds auf kostengünstige Technologien im Produkt- und Verfahrensbereich. Durch die Konzentration auf Kostensenkungen kann es beispielsweise infolge einer zu starken Standardisierung zu mangelnder Flexibilität an sich veränderte Marktbedürfnisse kommen. Auch die Qualität kann durch eine Kostenfokussierung beeinträchtigt werden, dabei gilt: „*Cost leadership starts with a good product.*" Auch können technologische Veränderungen den erworbenen Kostenvorsprung schnell obsolet werden lassen. Den Kostenvorteilen stehen ab einer bestimmten Größe auch eventuell auftretende Kostennachteile gegenüber, beispielsweise in Form sogenannter *Komplexitätskosten*. Die Kostenführerschaft kann durch den dynamischen Wandel lediglich temporäre Wettbewerbsvorteile erzielen. Vielfach ist auch zu beobachten, dass der Versuch, den erworbenen Kostenvorteil zu verteidigen, zu innovationsfeindlichem Verhalten der Verantwortlichen führt.

Ad (2): Differenzierungsstrategie

Die Differenzierungsstrategie soll für das strategische Geschäftsfeld eine Sonderstellung am Markt erzielen, indem durch eine spezifische Differenzierung des Angebots, dem Kunden im Vergleich zu Konkurrenzprodukten ein zusätzlicher Wert geschaffen wird. Die Differenzierung kann sich auf Produkteigenschaften, Garantie- oder Serviceleistungen, Design und Ähnliches beziehen, um sich qualitativ von den Mitwettbewerbern abzuheben und/oder zu versuchen, ein Markenimage zu schaffen, das die Abnehmer dazu bewegt, das Unternehmungsprodukt anderen Produkten vorzuziehen.

Differenzierungsstrategien können an unterschiedlichen Kriterien zur Schaffung einer „Unique selling proposition" (USP) ansetzen:[181]

- Zeit: Die *Zeitführerschaft* konzentriert sich darauf, am Wettbewerbsprozess derjenige Anbieter zu sein, der Kundenaufträge schneller erledigen, Produkte schneller (und damit auch oft weniger kapitalintensiv) herstellen, Waren

Lidl) dieser Geschäftsidee versuchten im Zeitablauf, Aldi hier kräftig Konkurrenz zu machen – und zwar erfolgreich.

[181] Vgl. Backhaus & Schneider 2009, S. 84-190, Mintzberg u. a. 1995.

schneller liefern, Neuprodukte schneller entwickeln kann u. a. als die Mitwettbewerber.

- Qualität: Die *Qualitätsführerschaft* konzentriert sich auf die wirkliche und wahrgenommene Qualität von Produkten und/oder Dienstleistungen. Sie wird von (einer ausreichenden Zahl an) Kunden im Vergleich zu den Angeboten der Mitwettbewerber geschätzt.
- Innovation/Technologie: Die *Innovations- bzw. Technologieführerschaft* wird durch die von der relevanten Öffentlichkeit auch so wahrgenommene Fähigkeit, immer wieder sinnvolle Innovationen an Produkten und/oder Dienstleistungen – als erste im Wettbewerb – hervorzubringen. Dadurch werden relativ frühzeitig bessere technische oder anderweitige Lösungen den Kunden angeboten.
- Umwelt: Die *Umweltführerschaft* konzentriert sich auch für die Kunden entscheidender ökologischer Aspekte von Produkten und/oder Produktionen (bspw.: Dieselpartikelfilter, Hybridantriebe bei Personenkraftwagen).
- Kunden: Die *Kundenführerschaft* wird durch eine konsequente Ausrichtung auf individuelle Kundenbedürfnisse mit entsprechend hoher Serviceorientierung erreicht.

Der zusätzliche Kundenwert, der durch solche Differenzierungsstrategien geschaffen werden soll, gestattet es, eine *Preisprämie* (relativ spürbar höherer Deckungsbeitrag als bei geringpreisigen Produkten) durchzusetzen. Die Strategiealternative ist nur sinnvoll, wenn der höhere Preis über den zusätzlichen Kosten der Differenzierung liegt und dadurch die Gewinnspanne relativ zur Konkurrenz größer wird (oder zumindest gleichbleibt).

Als *Vorteile* der Differenzierungsstrategie gelten des Weiteren beispielsweise die hohe Anpassungsfähigkeit und Flexibilität an geänderte Marktbedürfnisse und Wettbewerbssituationen sowie die mit ihr einhergehende höhere Innovationsneigung. Eine erfolgreiche Differenzierungsstrategie führt zu überdurchschnittlichen Gewinnen aufgrund der mit ihr geschaffenen relativen Wettbewerbsvorteile. Allerdings sind mit ihr auch *Risiken* verbunden: Die Konzentration auf eine Differenzierung kann dazu führen, dass die Kosten stark vernachlässigt werden. Wird für den Kunden dann der Kosten- und Preisnachteil größer als der Nutzenvorteil, verändert sich die Nachfrage vermutlich hin zu Billiganbietern. Im Zeitverlauf vermindern Nachahmer zudem die Differenzierungsvorteile. Diese sind folglich nur temporäre Vorteile, die eine permanente Anpassung an dynamische Wettbewerbsbedingungen erfordern.[182]

Ad (3): Nischenstrategie

Die bisher dargestellten Strategietypen konzentrieren sich auf den „breiten" *Kernmarkt*, also auf eine relativ breite Produktlinie mit vielen Kundengruppen und deren unterschiedlichen Bedürfnissen. Damit wird versucht, möglichst weitverzweigt, sowohl was Regionen, Kundengruppen als auch Produkte betrifft, am Markt tätig zu sein. Die beiden strategischen Orientierungen können sich jedoch auch auf *Teilmärkte* beziehen. Dies wird unter dem Begriff der Nischenstrategie nun spezifiziert.

Eine Nischenstrategie konzentriert alle Aktivitäten eines Geschäftsfeldes auf die Erfüllung der Bedürfnisse einer spezifischen Kundengruppe respektive eines regionalen Marktes oder das Angebot einer engen Produktlinie.[183] Sie ist sinnvoll, wenn man annimmt, dass das strategische Geschäftsfeld in der Lage ist, eine relativ eng definierte Marktaufgabe besser zu lösen als ein vom Fokus breit angelegtes Geschäftsfeld.

In der gewählten, eindeutig bestimmten Nische kann dann entweder eine Differenzierungs- (4) oder eine Kostenführerschaftsstrategie (3) angestrebt werden. Voraussetzung für die Wahl ist allerdings, dass der Markt überhaupt weiter segmentiert werden kann, also Produkte mit hohem Differenzierungspotenzial angeboten werden können.[184]

Die skizzierten generischen Geschäftsstrategien sind im Sinne von *Porter* alternativ zu sehen. Sie stellen jeweils unterschiedliche Wege zu Erfolgen dar.

---

[182] *Beispiel:* Die Firma Dr. Oetker hat sich auf dem breiten Markt der Lebensmittel mit vielen Produkten respektive Sortimenten und der Differenzierungsstrategie (Qualität = erfolgreich) positioniert.

[183] Vgl. Porter 2013, S. 77-78.

[184] *Beispiel:* Die Firma Porsche hat sich auf dem Nischenmarkt der Sportwagen mit einer Strategie der Differenzierung (Exklusivität) konzentriert.

Dies wird auch in der Abbildung 48 versucht zu verdeutlichen. Je nach Wertschöpfungsphase sind mit ihr jeweils unterschiedliche Schwerpunktaktivitäten für die beiden Strategierichtungen hervorgehoben.

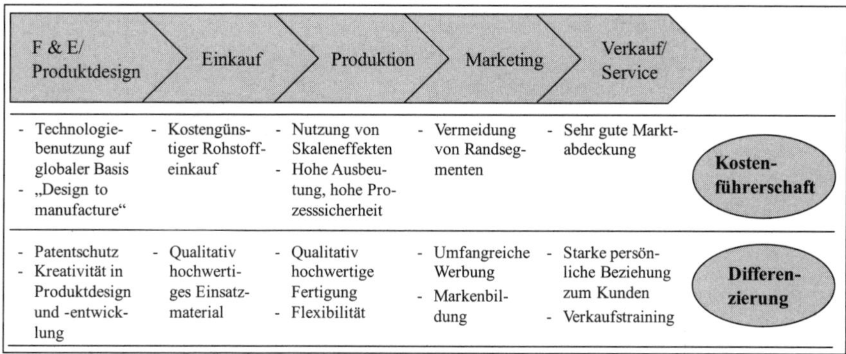

Abb. 48: Beispielhafte Merkmale der Geschäftssysteme bei unterschiedlichen Strategien
Quelle: In enger Anlehnung an Hungenberg 2014, S. 207.

Hybridstrategien

Manchmal wird diskutiert, ob man nicht versuchen kann, beide strategischen Ausrichtungen gleichzeitig zu verfolgen. Hierzu stellt *Porter* fest, dass dies grundsätzlich nicht möglich ist. In einer empirischen, allerdings umstrittenen empirischen Studie stellte er mit einer *Glockenkurve* (s. Abb. 49) dar, dass mit allen Strategietypen ein gleich hoher Return on Investment erzielbar ist. Wichtig ist demnach „nur“ die klare Strategieorientierung. Diese gelingt nur in einer der genannten drei (respektive vier) Richtungen. Ein strategisches Geschäftsfeld, für das es nicht gelingt, eine Strategie in eine der Richtungen zu entwickeln und konsequent umzusetzen, befindet sich demnach in einer ungünstigen Situation („*Stuck in the middle*“): Für die Strategie der Kostenführerschaft fehlen – so *Porter* ursprünglich – diesen Unternehmungen der Marktanteil, Kapitalinvestitionen, gegebenenfalls auch die notwendige Entschlossenheit. Die Alternative der Differenzierungsstrategie ist wegen einer mangelnden branchenweiten Differenzierung nicht möglich. Für eine Nischenstrategie fehlt die nötige Konzentration. Beachten sollte man in diesem Zusammenhang auch, dass beispielsweise die Differenzierungsstrategie mittels Qualität nicht gleichzeitig heißt, dass man die Kosten „ausufern“ lässt.

Innerhalb des Segments wird bei Entwicklungs-, Produktions- und Lieferprozessen prinzipiell genauso auf die verursachten Kosten geachtet, wie bei der Kostenführerschaft.[185] Lediglich die Qualitätsansprüche sind höher.[186]

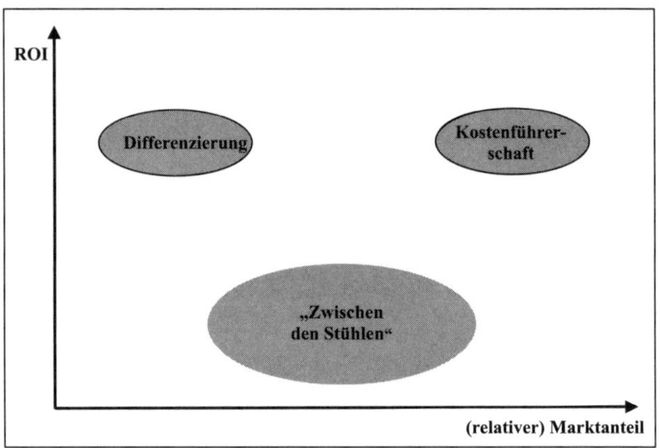

Abb. 49: „Stuck in the middle": Dilemma der Strategieverfolgung
Quelle: In enger Anlehnung an Porter 2013, S. 79.

Diese einst von Porter formulierte unbedingte bipolare Sichtweise ist empirisch wie theoretisch überholt. Betrachtet man die strategische Positionierung mancher als erfolgreich geltender Unternehmungen, so zeigt sich, dass in der Tat vielfach Kostenführerschaft und Differenzierung gleichzeitig vorzufinden sind.[187]

---

185 Zu den Risiken der Strategietypen vgl. Porter 2013, S. 84-87

186 *Beispiel:* Ein Porsche ist nun einmal teurer als ein Sportwagen von Toyota (oder eines anderen vergleichbaren Herstellers) – nicht nur am Markt, sondern auch in der Entwicklung und Produktion. Dies „muss" auch so sein im Hinblick auf die Produkt-Markt-Kombination. Man kann aber nicht davon sprechen, dass die Kosten bei Porsche unbeachtet bleiben. Sie sind genauso im Fokus der permanenten Kontrolle wie bei Toyota, aber mit einer anderen Zielsetzung.

187 Betrachtet man die strategische Positionierung mancher als erfolgreich geltender Unternehmungen, so zeigt sich, dass in der Tat vielfach Kostenführerschaft und Differenzierung vorzufinden ist. *Beispielhaft* zeigen dies Swatch (SMH), Citibank und Aldi. Ein differenziertes Produktangebot (mit durchaus unterschiedlichen Differenzierungsmerkmalen) wird mit einer Preis- bzw. Kostenführerschaft kombiniert.

Unter den Termini „*Hybridstrategien*“ (auch: hybride Wettbewerbsstrategien) werden unterschiedlich kombinierte Wettbewerbsstrategien (mit Hinweis auf erfolgreiche Unternehmungen) positiv diskutiert. Sie können sequenziell oder simultan ausgerichtet sein (s. Abb. 50).[188]

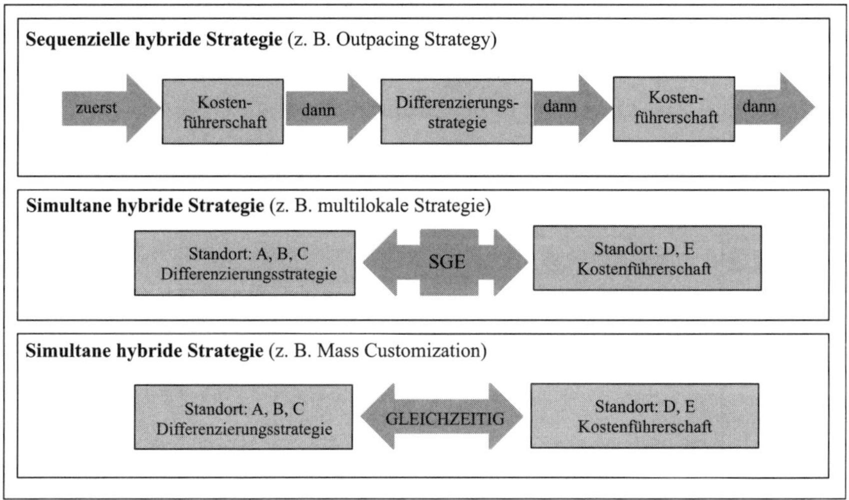

Abb. 50: Formen von Hybridstrategien
Quelle: In Anlehnung an Grave o. J.

- Bei *simultanen hybriden Strategien* werden gleichzeitig die beiden unterschiedlichen Ausrichtungen verfolgt. Dies kann dabei zu den folgenden beiden Varianten erfolgen: (1) Im Rahmen einer *multilokalen Hybridstrategie* wird an unterschiedlichen, oft internationalen Standorten die eine oder die andere Fokussierung verfolgt.[189] (2) In der reinen *simultanen Hybridstrategie* werden dagegen unternehmungsweit beide Fokusse integriert. Mit Mass Customization („kundenindividuelle Massenproduktion“) will man die verschiedenen Bedürfnisse vieler Nachfrager|innen erfassen und

[188] Vgl. bspw. Hungenberg 2014, S. 204-209, Jenner 2001, S. 7-22, Picot & Scheuble 2000, S. 239-257, Welge, Al-Laham & Eulerich 2017, S. 541-552.

[189] *Beispielsweise* versucht man die Vorteile beider Optionen zu nutzen: im Ursprungspfad stehen die Kostenvorteile im Vordergrund, in bestimmten Zielabsatzländern dagegen die Differenzierungsvorteile et vice versa.

individuell gestaltete Produkte für einen (relativ) großen Absatzmarkt anbieten. Durch die Produktindividualisierung wird eine hohe Differenzierung geschaffen. Durch die standardisierten, automatisierten Produktionsprozesse werden höhere Skaleneffekte und niedrige Kosten erzielt.[190]

– Bei *sequentiellen hybriden Strategien* findet ein zeitlicher Wechsel zwischen Kostenführerschaft und Differenzierung (oder umgekehrt) statt.[191] In einer Zeitperiode wird nur eine der beiden Optionen verfolgt (zeitliche Entkoppelung). Das Outpacing ist hier anzusiedeln (s. Abb. 51).[192]

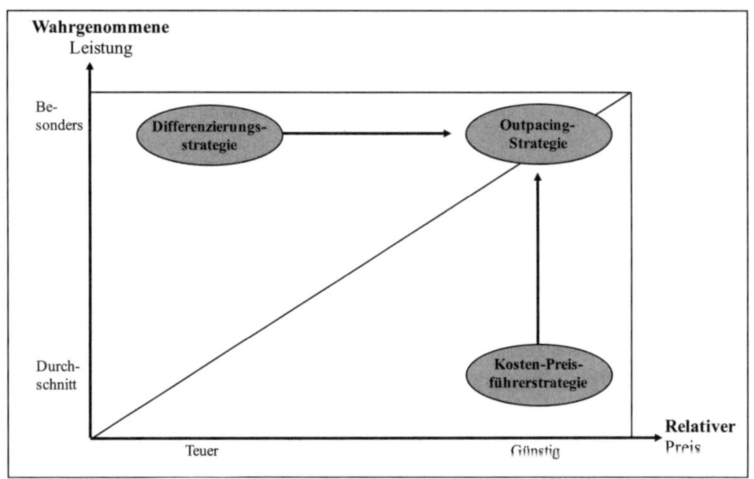

Abb. 51: Strategietypen inklusive Outpacing-Strategie
Quelle: Ursprüngliche Quelle unbekannt.

190 S. Davis 1987, pp. 16-21, Piller 2006, S. 153-235.
Beispiel: Mit der „Mass Customization" wird im Rahmen standardisierter, kostengünstiger Prozesse eine Differenzierung durch massgeschneiderte Jeans („Levi's personal pair") angestrebt. Ähnlich Schuhe nach Maß, individualisierte Computer u. a.

191 Vgl. Gilbert & Strebel 1987, S. 28-36.

192 *Beispielsweise* könnten zunächst über eine erfolgreiche Kostenführerstrategie positiv wirkende Mengeneffekte erzielt worden sein. Danach will man durch eine sukzessive Produktdifferenzierung Erfolge erzielen – unter Beibehaltung der Kostenstrukturen. Als Beispiel seien die *japanischen Automobilhersteller* der 1970/80er Jahre einerseits und dann seit den 1990er Jahren andererseits angeführt. In den Anfangsjahrzehnten wurde viel gelernt und das Gelernte danach sukzessive und erfolgreich umgesetzt.

Ungeklärt ist aber nach wie vor, unter welchen Situationsbedingungen welche (Kombination von) Wettbewerbsstrategie(n) sinnvoll ist. Zur Klärung dieser Problematik sind interne Erfolgsfaktoren ebenso als relevant einzustufen wie externe Marktbedingungen:

- Für Differenzierungsstrategien sind unternehmungsintensive Ressourcen und Fähigkeiten notwendig, die das jeweilig verfolgte Differenzierungskriterium auch marktgerecht erfüllen können: Für die Qualitätsführerschaft, beispielsweise im Industriebereich, sind passend motivierte und qualifizierte Mitarbeiter in allen betrieblichen Funktionsbereichen von Nöten. Sofern gleichzeitig – oder etwas später – auch die Preis- respektive Kostenführerschaft in dem Produkt-Markt-Segment angestrebt wird, ist es notwendig, dass wiederum in allen Unternehmungsbereichen die Gesamtkosten – trotz der für das differenzierte Produkt normalerweise vergleichsweise höheren Kosten für Personal wie Materialien – wettbewerbsfähig bleiben. Das Gleiche gilt analog für das Differenzierungskriterium „Zeit".
- Die externe Umwelt (und insbesondere der Markt) ist hier ebenso zu betrachten. Die besten Ressourcen und Fähigkeiten sind betriebswirtschaftlich unnütz, wenn der Markt sie nicht entsprechend würdigt, das heißt wenn die Produkte oder Dienstleistungen entweder in ihrer Qualität, ihrer Innovativität, ihrer Schnelligkeit u. Ä. und/oder in ihrem Preis (absolut oder relativ zum Wettbewerb) nicht ausreichend gekauft werden. Also: Eine entsprechende Nachfrage in dem angestrebten Produkt-Markt-Segment muss gegeben sein. Für das Problem, ob dabei eine bestimmte Wettbewerbs- oder eine Hybridstrategie sinnvoll ist, sollte der Frage nachgegangen werden, ob ein Merkmal oder zwei Merkmale dominierend kaufentscheidend ist/sind.
- Nicht zu unterschätzen bei einem „Outpacing" und/oder auch bei einem tatsächlichen Wechsel der Wettbewerbsstrategie ist die Problematik an sich. Strikte Preis-Kostenführerschaft oder strikte Differenzierungsstrategie richten die Belegschaft wie die Prozesse jeweils sehr konsequent an einem Oberziel aus. Grundsätzliche Veränderungen oder Ergänzungen hieran vorzunehmen ist nicht einfach umzusetzen. Unternehmungskulturen wie in sich konsistente Prozesssysteme lassen sich nicht funktionslos verändern, zu tief sind die jeweiligen Erfahrungen verankert. Eine Veränderung ist risikoreich

und kann nur mittel- bis langfristig – gut vorbereitet – vorgenommen werden.[193]

5.2.3 Funktionsbereichsebene

Geschäftsbereichsstrategien legen eine Richtung fest, mit der Wettbewerbsvorteile angestrebt werden sollen. Sie bieten aber selbst mit einer zielspezifischen Differenzierung keinen ausreichenden Rahmen für die nachgeordneten Handlungen der Funktionsbereiche. Ein konkreter Maßnahmenkatalog wird erst bei den Funktionalstrategien erarbeitet. Ausgehend von den Gesamt- und Geschäftsbereichsstrategien werden sukzessive die strategischen Konsequenzen für die Funktionsbereiche konkretisiert. Die Funktionsbereiche formulieren dabei eigenständige Strategien innerhalb ihrer strategischen Geschäftsfelder.[194]

Den funktionalen Strategien können drei Aufgaben zugesprochen werden:

- Sie stellen zunächst die planerischen Konsequenzen für die Funktionsbereiche detailliert dar (*Detaillierungsfunktion*). Im Rahmen dieser v. a. deduktiven Aufgabe dienen sie der Interpretation der Gesamt- und Geschäftsbereichsstrategien in den Funktionsbereichen (s. Abb. 36 und 45 weiter oben).
- Die funktionalen Strategien dienen der Entscheidungskoordination *(Koordinationsfunktion)* in zweifacher Hinsicht: Vertikal konzentriert sie sich auf die Abstimmung innerhalb der Funktionsbereiche, horizontal wird versucht, die Funktionsstrategie im Hinblick auf die übergeordnete Geschäftsstrategie zu harmonisieren[195] (s. Abb. 52).

---

[193] Vgl. Backhaus & Schneider 2009, S. 237-247, Hungenberg 2014, S. 204-209.

[194] Vgl. Wheelen & Hunger 2006, pp. 188-201.

[195] Vgl. auch Lorange 1993, S. 142-153.

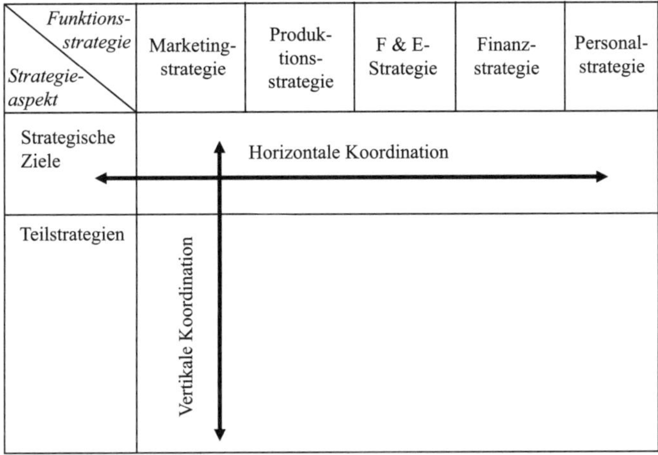

Abb. 52: Koordination und Abstimmung funktionaler Strategien

– Die Funktionalstrategien fungieren zudem als Schnittstelle zwischen Strategie und operativer Umsetzung (*Schnittstellenfunktion*). Die detaillierten Funktionsbereichsstrategien definieren den Rahmen, in dem funktionale Aktionsprogramme (bspw. Marketing-Mix, F&E-Programme) im Zuge der operativen Planung ausgearbeitet werden (s. Abb. 53). Es gilt letztlich, für alle Verantwortlichen „herunterzubrechen", was die spezifischen Strategien für sie bedeuten. Dies vollzieht sich mittels einer stufenweisen Konkretisierung operativer bereichs- oder abteilungsbezogener Maßnahmenprogramme, die im Rahmen der Funktionalstrategien vorgesehen werden können. Ausgehend von den Funktionsstrategien werden dann auch kurzfristige Pläne inhaltlich und zeitlich fixiert abgeleitet sowie in Budgetform quantifiziert. Die erstellten Jahrespläne bilden die Vorgaben für die Feinsteuerung respektive für quartals-, monats-, wochen- oder tagesgenaue Detailpläne mit Aussagen zu Terminen, Kapazitäten und Finanzmitteln. Diese nachgeordneten Teilplanungen bestimmen Ablaufplanung und -kontrolle, z. B.: Maschinenbelegung, Vertriebssteuerung, Personaleinsatz.[196]

[196] Solche werden Maßnahmen oft unter dem Stichwort „Strategieimplementierung " diskutiert. Auf diese Phase wird aus den in Kapitel 3.3 angegebenen Gründen verzichtet.

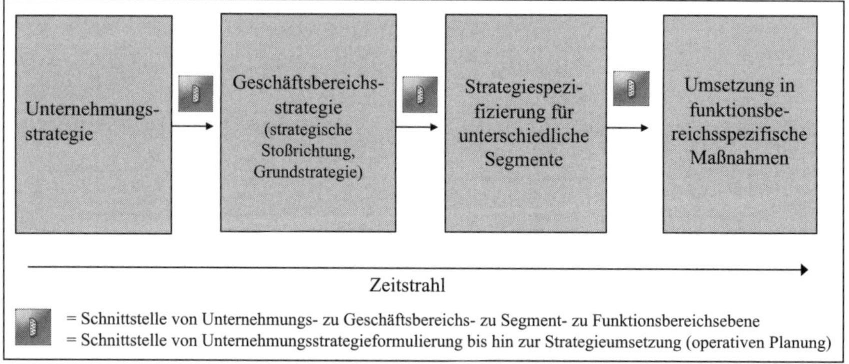

Abb. 53: Konkretisierung der Strategien

Ziel der Funktionalstrategie ist nicht, die Handlungsfreiheit der verantwortlichen Führungskräfte zu minimieren. Das *Handlungsspektrum* soll nur auf Geschäftsbereichsstrategien ausgerichtet werden. Dazu benötigen die Verantwortlichen Vorgaben, die als Richtschnur für die eigenen Entscheidungen bei der Funktionalstrategie dienen.[197] Die Funktionalstrategien haben dies dann im Detail zu entwickeln, zu integrieren, gegebenenfalls Korrekturmaßnahmen vorzuschlagen und Freiheitsgrade für das operative Management zu lassen. Die Strategieumsetzung auf der Funktionalebene stellt daher eine wesentliche Phase des strategischen Führungsprozesses dar. Gelingt es nicht, ausreichend Strategien effizient umzusetzen („Are we doing the things right?"), dann bleibt die strategische Planung eine „intellektuelle Spielerei".[198]

Abschließend bietet Tabelle 17 einen Überblick über die Strategietypen.

---

197 *Beispiel*: Eine Wachstumsstrategie könnte mit angestrebter Produktdifferenzierung von den dazugehörigen Funktionsbereichen ein verändertes Design, niedrigere Wartungskosten, umfassenden 24-Std.-Service, effiziente Kapazität u. a. verlangen.

198 Diverse Konzepte liegen vor, bspw.: Für *Wheelen & Hunger* (2006, pp. 12-13) betrifft die Strategieimplementierung den Prozess, mit dem Strategien mit Hilfe von Programmen, Budgets und Verfahrensrichtlinien umgesetzt werden. *Bea & Haas* (2017, S. 206-220) zerlegen sie in sachliche, organisatorische und personale Aufgaben. *Steinmann, Schreyögg & Koch (*2013, S. 244-248)) fassen die Erstellung von strategischen Programmen sowie die strategiegerechte Gestaltung von Organisations-, Führungs- und Personalvariablen als Strategieimplementierung auf. *Welge, Al-Laham* & Eulerich (2017, S. 813-816) differenzieren in sachorientierte Umsetzung (Konkretisierung der Strategie) und verhaltensorientierte Durchsetzung (Erreichung von Strategieakzeptanz).

Tab. 17: Strategietypologie

Differenzierungskriterium	*Bezeichnung*
Organisatorischer Geltungsbereich	▪ Unternehmungsgesamtstrategie („Corporate strategies“) ▪ Geschäftsbereichsstrategien („Business strategies“) ▪ Funktionsbereichsstrategie („Functional strategies“)
Entwicklungsrichtung/ Mitteleinsatz	▪ Wachstumsstrategien (Investieren) ▪ Stabilisierungsstrategien (Halten) ▪ Schrumpfungsstrategien (Desinvestieren)
Wettbewerbsstrategien/ Marktabdeckung	▪ Strategie der Kostenführerschaft ▪ Differenzierungsstrategie ▪ Nischenstrategie der Kostenführerschaft ▪ Nischenstrategie der Differenzierung ▪ Hybridstrategien (sequentiell: Outpacing; simultan: multilokal, Mass customization)
Betriebliche Sachfunktion	▪ Absatzstrategien ▪ Produktionsstrategien ▪ Forschungs- und Entwicklungsstrategien ▪ Finanzierungsstrategien ▪ Personalstrategien
Wachstum	▪ Akquisitionsstrategien ▪ Kooperationsstrategien ▪ Organische Wachstumsstrategien (Marktdurchdringung, Markterweiterung, Produkterweiterung, Diversifikation)

5.3 Bewertung und Auswahl der Strategien

Die Strategieformulierung sollte idealtypisch im Rahmen eines Prozesses vonstattengehen, der alternative Strategiekonzepte erarbeitet und miteinander vergleicht. Am Ende braucht man formale und inhaltliche Bewertungsmaßstäbe, um aus den strategischen Optionen eine Wahl treffen zu können.

Mehr formal lässt sich auf jeder Ebene die Qualität einer formulierten Strategie im Wesentlichen anhand von vier Kriterien beurteilen:[199]

- *Konsistenz*, das heißt Ziele, Annahmen und Maßnahmen der Strategie sind aufeinander abgestimmt,
- *Kompetenz,* das heißt die Strategie ist den Zuständen und Entwicklungen der externen Unternehmungsumwelt angemessen,

---

[199] Vgl. Rumelt 1980, p. 360.

- *Vorteilhaftigkeit*, das heißt die Strategie kann einen Wettbewerbsvorteil schaffen oder erhalten,
- *Angemessenheit,* das heißt sowohl Ressourcenverbrauch als auch eventuelle Folgeprobleme sollten in einem angemessenen Rahmen stehen.

Hiermit sind zumindest rationale Kriterien einer internen Kontrolle genannt. Diese Kriterien sind jedoch nicht hinreichend, um die Qualität oder den Erfolg einer Strategie vorab zu bewerten.

Um eine inhaltliche Bewertung systematisch vornehmen zu können, ist eine Orientierung an den Zielen des strategischen Managements sinnvoll.[200] Als das oberste Ziel des strategischen Managements wird – je nach zugrundeliegendem Verständnis – die Sicherung der langfristigen Überlebensfähigkeit der Unternehmung (Existenzsicherungsziel) oder die Steigerung des Unternehmungswertes genannt.[201] In der klassischen deutschsprachigen Strategieliteratur wird zur Operationalisierung oft auf das *Konzept der Erfolgspotenziale* von *Gälweiler* zurückgegriffen.[202] Die Strategien konzentrieren sich demnach auf den Aufbau, die Erhaltung und die Nutzung möglichst lukrativer strategischer Erfolgspotenziale. Diese stellen die Voraussetzung für den zukünftigen dauerhaften Erfolg einer Unternehmung dar. Sie werden durch das Marktpotenzial (externe Erfolgspotenziale, bspw. überdurchschnittliche Marktanteile) und das Kosten- bzw. Leistungspotenzial (interne Erfolgspotenziale, bspw. Kosten-, Qualitäts-, Distributionsvorteile) der Unternehmung determiniert.

Erfolgspotenziale stellen die Obergrenzen für den später realisierbaren operativen Erfolg dar. Sie sind hierfür eine notwendige, wenngleich noch keine hinreichende Voraussetzung. Das heißt auch, dass durch falsche operative Entscheidungen strategische Erfolgspotenziale ungenutzt bleiben können (bspw.: „richtige“ Akquisition einer Unternehmung und „angemessene“ Interpretati-

---

200 Vgl. auch Becker 1987, S. 276-290, S. 318-339.

201 Für die Berechnung des Unternehmungswertes liegen verschiedene Vorschläge, angefangen von der „Discounted Cashflow“-Methode bis hin zur Aktienkursbewertung vor. Vgl. bspw. Welge, Al-Laham & Eulerich 2017, S. 730-776.

202 Vgl. Gälweiler 1987, S. 25-46, Welge, Al-Laham & Eulerich 2017, S. 218-227.

onsstrategie, aber Unfähigkeit im Tagesgeschäft die Synergievorteile der Ressourcen zu nutzen). Die Ausschöpfung der Erfolgspotenziale bleibt Aufgabe des operativen Managements. Wie Abbildung 54 veranschaulicht, besteht eine Wechselbeziehung zwischen strategischer und operativer Führungsaufgabe.

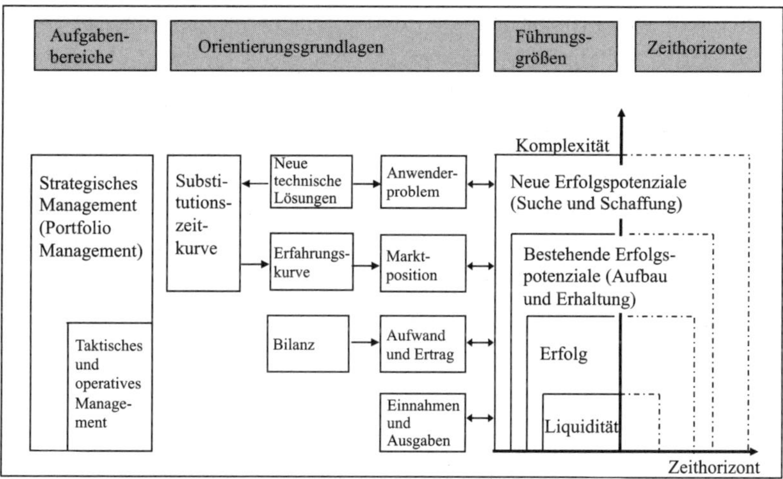

Abb. 54: Strategische und operative Steuerungsgrößen
Quelle: In Anlehnung an Gälweiler 1987, S. 28.

Die Liquidität mit ihren Größen „Ausgabe" und „Einnahme" stellt als kurzfristige Steuerungsgröße den Ausgangspunkt dar. Die Liquiditätsvorsteuerung erfolgt über die Fokussierung der Erfolgsgrößen „Aufwand" und „Ertrag". Beide Ebenen sind Orientierungsgrößen des operativen Managements. Sie als Bezugsgrößen der strategischen Planung zu setzen, würde zu kurz greifen. Auf einer höheren Ebene, sie markiert den Übergang von operativen zum strategischen Management, werden – beispielhaft – die Marktposition und der Erfahrungskurveneffekt als Orientierungsgrößen bestehender Erfolgspotenziale verstanden. In dynamischen Zeiten führt die Vorsteuerung über *bestehende* Erfolgspotenziale zur Gefahr, nicht adäquat auf sich plötzlich verändernde Bedingungen (andere Kundenprobleme, Substitute u. a.) vorbereitet zu sein. Von daher sind permanent *neue* Erfolgspotenziale zu suchen. Dieser quasi hierarchische Aufbau leistet zudem eine systematische Verknüpfung von vagen strategischen Potenzialvorhersagen mit härteren ökonomischen Erfolgsfaktoren.[203]

In dieser Interpretation kann das nachfolgend skizzierte *Erfolgsfaktorenkonzept* auch Hilfestellungen für die Auswahl der Strategiealternative geben.[204] Es darf jedoch in seiner (mehr heuristischen) Aussagekraft nicht überschätzt werden. So sind die Definition eines Erfolgspotenzials zu wenig präzise, seine Messbarkeit und die Kenntnis über die Wirkungszusammenhänge zwischen strategischen Erfolgspotenzialen und operativem Erfolg oft nicht gegeben. Das Erfolgsfaktorenkonzept versucht daher, Erfolgspotenziale zu operationalisieren und steuerbar zu machen. Unter strategischen Erfolgsfaktoren werden dabei all diejenige Unternehmungsfaktoren verstanden respektive angenommen, die unmittelbar den unternehmungsbezogenen Erfolg – positiv wie auch negativ – beeinflussen (können). Sie liegen den strategischen Erfolgspotenzialen zu Grunde und konkretisieren sie. Über ihre gezielte Gestaltung im Rahmen von Strategien kann der Aufbau von Erfolgspotenzialen angegangen werden. Die Kenntnis von Ursachenstrukturen und Wirkungsrelationen ist eine Voraussetzung für eine treffende Strategieentwicklung. Abbildung 55 visualisiert neben einer Systematisierung von Erfolgsfaktoren diesen Zusammenhang.

---

203 *Beispiel*: Mit der Entscheidung für ein Studium und durch das Studieren arbeitet man an der Schaffung eines Erfolgspotenzials für die spätere berufliche Tätigkeit. Das Lernen soll dazu führen, inhaltliche wie formale Qualifikationen zu erwerben, die nach dem Studienabschluss erst genutzt werden können. Dabei ist Folgendes zu beachten: (1) Nicht jeder wählt das für ihn treffende Studium, ist in der Lage qualitativ ausreichend den Anforderungen zu genügen und/oder ausreichende Intensität in das Studium zu stecken. (2) Ob man das richtige Studium gewählt hat, zeigt sich erst nach dem Abschluss. Möglicherweise hat man dann nicht die am Arbeitsmarkt gefragten Qualifikationen erlernt. (3) Auch mit einem gefragten und guten Studienabschluss ist man nicht unmittelbar erfolgreich. Im Anschluss muss man noch in der Lage sein, operativ die Vorteile zu nutzen (durch die Wahl der Stelle, durch Engagement etc.).

204 Vgl. Breid 1994, Welge, Al-Laham & Eulerich 2017, S. 218-227.

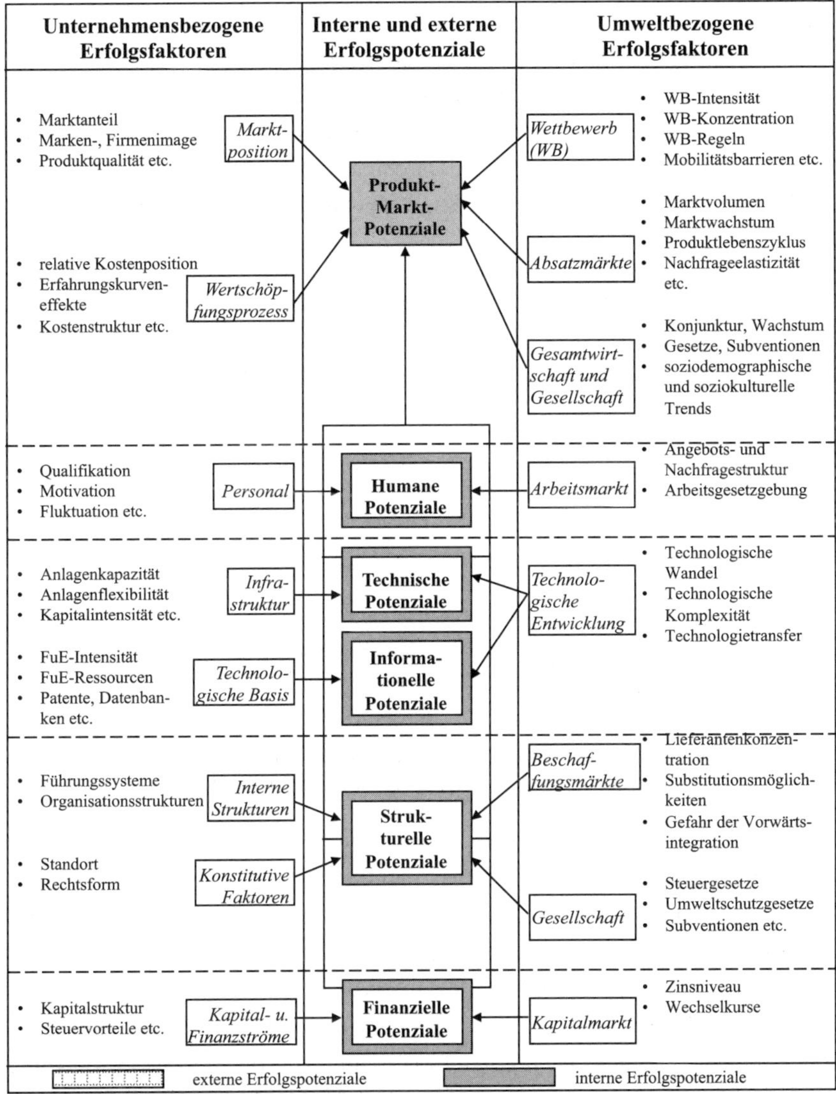

Abb. 55: Überblick über interne und externe Erfolgsfaktoren und Erfolgspotenziale
Quelle: Angelehnt an Breid 1994, S. 37 (aus Welge, Al-Laham & Eulerich 2017, S. 223).

Damit lässt sich Folgendes festhalten: Das oberste strategische Unternehmungsziel stellt die Sicherung der Überlebensfähigkeit der Unternehmung dar.

Dieses grundlegende Ziel konkretisiert sich auf einer zweiten Hierarchieebene in der Erreichung eines langfristigen Unternehmungserfolges. Auf der dritten Hierarchieebene des strategischen Zielsystems lassen sich die Erfolgspotenziale als Vorsteuergrößen für den operativen Erfolg positionieren. Sie lassen sich auf der vierten strategischen Zielhierarchieebene durch interne und externe Erfolgsfaktoren als direkte Steuerungsgrößen ausdrücken (s. hierzu Abb. 56).

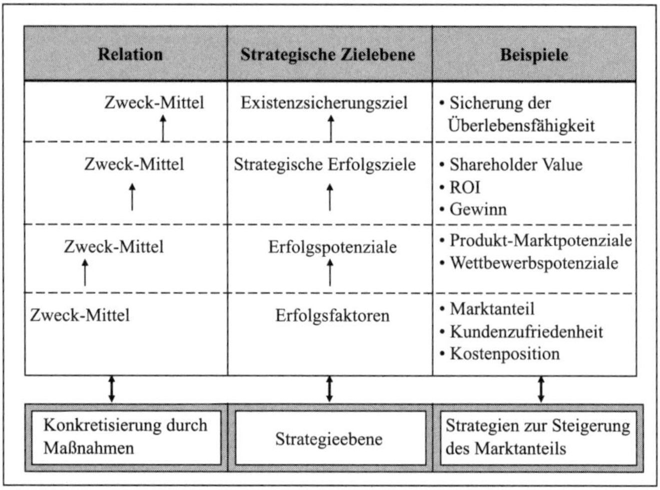

Relation	Strategische Zielebene	Beispiele
Zweck-Mittel ↑	Existenzsicherungsziel ↑	• Sicherung der Überlebensfähigkeit
Zweck-Mittel ↑	Strategische Erfolgsziele ↑	• Shareholder Value • ROI • Gewinn
Zweck-Mittel ↑	Erfolgspotenziale ↑	• Produkt-Marktpotenziale • Wettbewerbspotenziale
Zweck-Mittel	Erfolgsfaktoren	• Marktanteil • Kundenzufriedenheit • Kostenposition
↕	↕	↕
Konkretisierung durch Maßnahmen	Strategieebene	Strategien zur Steigerung des Marktanteils

Abb. 56: Konzeption der strategischen Zielplanung
Quelle: Welge, Al-Laham & Eulerich 2017 226.

Mit Abbildung 57 wird ein Versuch zur Verbindung aktueller Erfolge (auf Basis in der Vergangenheit geschaffener Erfolgspotenziale) mit zukünftigen Erfolgspotenzialen zu schaffen. Damit soll auch gezeigt werden, dass veränderte Marktbedingungen gegebenenfalls zu neuen Strategien zwingen (zumindest bei der marktorientierten Sichtweite), um weiter erfolgreich sein zu können. Ein aktueller Erfolg darf das Top-Management nicht zufriedenstellen, jedenfalls nicht solange nicht auch gutes Erfolgspotenzial für die Zukunft gegeben ist.[205]

[205] *Beispiele*: (1) Bei der Betrachtung der Abb. 56 bleibt zu beachten, dass in der aktuellen Situation bestimmte Determinanten gegeben sind, zukünftige dagegen mit einer unbe-

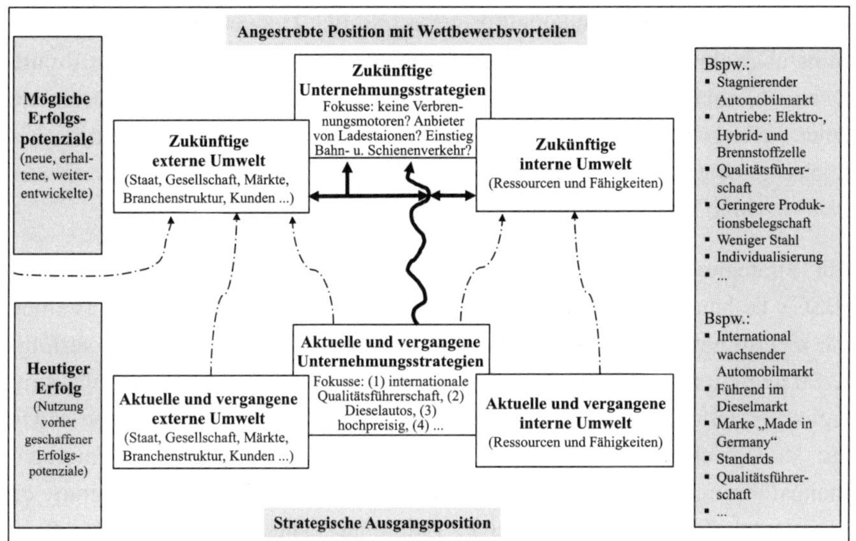

Abb. 57: Vom Erfolg zu Erfolgspotenzialen bei der Strategieformulierung
Quelle: In weiter Anlehnung an Dillerup & Stoi 2016, S. 175.

5.4 „Exkurs" Balanced Scorecard

Weiter oben (s. Kap. 3.3.1) wurde bereits festgehalten, dass hier die oft vorgenommene Trennung in Strategieformulierung und Strategieimplementierung

---

stimmten Ungewissheit eingeschätzt werden. Am Beispiel des Automobilmarkts sind solche vermuteten Einschätzungen wiedergegeben. Diese demonstrieren, dass man mit den aktuellen Erfolgsgrößen deutscher Automobilhersteller (Diesel- und Benzinmotoren, Qualität der Belegschaft u. a.) auf zukünftigen Märkten vermutlich nicht gleich erfolgreich sein kann, also derzeit keine ausreichenden Erfolgspotenziale vorliegen. Diese müssen durch Strategien erst einmal erarbeitet werden, damit mittel- bis langfristig Erfolge erzielbar sind. (2) Der Siemens-Konzern wurde in 2017 gerade von Politikern und Gewerkschaftlern für den beabsichtigten Stellenabbau in der Kraftwerks- und Antriebssparte des Konzerns verunglimpft, eine Sparte, die aufgrund des Strukturwandels (alternative Energien statt Gasturbinenkraftwerke) kein strategisches Erfolgspotenzial mehr aufwies (und aufweist). Mit den vorhandenen Mitarbeiter|innen sei zudem kein Wechsel auf erneuerbare Energien möglich – zumindest nicht in der Quantität. Inwiefern dieses unternehmerische Verhalten „asozial" (Martin Schulz), lehrbuchmäßig und/oder ein Versäumnis in der Vergangenheit zeigt, ist von außen allerdings schwer nachvollziehbar.

wegen der in einem modernen Verständnis der Unternehmungsführung zu stark überschneidenden Prozessphasen nicht für sinnvoll angenommen wird. Dennoch, auch Strategien müssen umgesetzt werden und daher bedürfen sie einer weitergehenden Konkretisierung, wie sie ja bereits bei den Funktionsbereichsstrategien angesetzt ist. Diese Konkretisierung im Rahmen der *Strategieumsetzung* kann mithilfe von Instrumenten vereinfacht werden.

Zur Strategieumsetzung einsetzbar ist die so genannte Balanced Scorecard (BSC). Es handelt sich bei ihr um ein System strategieorientierter Kennzahlen zur mehrdimensionalen Steuerung. Die BSC soll dazu beitragen, eine verfolgte Strategie inhaltlich zu präzisieren, die Strategieinhalte zu übermitteln, strategieorientierte Zielvorgaben für die Organisationseinheiten abzuleiten sowie die strategische Kontrolle zu verbessern.[206] Die „traditionelle" Unternehmungsführung orientiert sich an finanziellen Kennzahlen (bspw. Return on Investment, Eigenkapitalrentabilität, Liquidität). Diese Kennzahlen im Rahmen einer *Finanzperspektive* sind aber eindimensional und vergangenheitsorientiert, sie verleiten zu einer kurzfristigen Betrachtung von (strategischen) Projekten allein schon deshalb, weil sich erst langfristig rentierende Investitionen kurzfristig negativ auf die Kennzahlen niederschlagen. Die BSC versucht, diese eindimensionale Betrachtungsweise um drei weitere Perspektiven zu ergänzen:[207]

- Die *Kundenperspektive* fokussiert die Unternehmungsziele im Hinblick auf Kundenwünsche und Markterfordernisse (bspw. Erhöhung der Kundenzufriedenheit, der Lieferpünktlichkeit, des Marktanteils). Für die Kunden- und Marktsegmente sind Ziele zu entwickeln, die es über die Umsetzung von spezifischen Maßnahmen zu erreichen gilt. Die Kennzahlen der BSC sollen den Stand der Zielerreichung widerspiegeln.
- Die *Perspektive der internen Geschäftsprozesse* richtet sich auf die wesentliche innerbetriebliche Wertschöpfung (bspw. Erhöhung der Lagerum-

[206] Vgl. Kaplan & Norton 1997, Horvath & Kaufmann 2006, S. 137-150, Bea & Haas 2017, S. 208-211. Prinzipiell ließe sie sich auch bei der strategischen Unternehmungsanalyse einsetzen.

[207] Vgl. Steinmann, Schreyögg & Koch 2013, S. 246-247.

schlagshäufigkeit, Verringerung der Ausschussquote). Die Darstellung der Wertschöpfungskette sowie die Operationalisierung über Kennzahlen hilft hier zum Verständnis.

- Die *Lern- und Entwicklungsperspektive* schließlich konzentriert sich auf die Qualifizierung und die Motivation der Mitarbeiter, die entscheidend den gesamten Entscheidungs- und Umsetzungsprozess in der Unternehmung gerade für Innovationen (bspw. durch die Senkung der Produktentwicklungszeit, Anzahl der Patente) determinieren.

Für jede dieser Perspektiven lassen sich Ziele, Kennzahlen, Vorgaben und Maßnahmen formulieren. Insgesamt sollen sie bereichsbezogen die Unternehmungsstrategie operationalisiert wiedergeben (s. beispielhaft Tab. 18). Während der Strategieumsetzung sind sie von daher Mittler der strategischen Zielsetzungen, da sie den Mitarbeitern verschiedener Hierarchieebenen mitteilen, was zum Strategieerfolg beitragen könnte und welche Leistungen jeweils erwartet werden. Gerade in einem partizipativen Planungsprozess ist die Erarbeitung der BSC ein Kommunikationsinstrument, das einen Rahmen zur Vermittlung des strategisch Gewollten schafft.

Zudem vermittelt die Darstellung der Ursache-Wirkungs-Beziehungen ein besseres Verständnis von Aufgabensituationen und Zusammenhängen: Lern- und Entwicklungsperspektive → Perspektive der internen Geschäftsprozesse → Kundenperspektive → Finanzperspektive. Der finanzielle Erfolg der Unternehmung betrifft die oberste Zielsetzung. Sie kann nur über die Schaffung von Kundennutzen erreicht werden. Dieser kann letztlich nur geschaffen werden, wenn die zugrundeliegenden Unternehmungsprozesse effektiv und effizient ablaufen. Dies ist letztlich nur durch Innovationen und eine Verbesserung der Mitarbeiterqualifikation und -motivation möglich.

Allerdings ist die BSC nicht als „Allheilmittel“ der Strategieumsetzung zu verstehen. Es fehlt ihr an präzisen Aussagen zu den einzelnen Bereichen sowie zu eindeutigen Beziehungen. Als Heuristik zur Erstellung eines unternehmungsspezifischen Ziel- und Kennzahlensystems zur Umsetzung der Strategien in operative Größen ist sie jedoch geeignet.[208]

Tab. 18: Grundstruktur der Balanced Scorecard (mit Beispielen)

	Allg. Ziele	*Messgröße*	*Zielvorgabe (Beispiel)*	*Maßnahmen*
Finanzen	Ertragssteigerung	ROI	14 % ROI	Frühzeitigere Projektselektion
Kunden	Kundentreue erhöhen	Wiederkaufrate	65 %	Technischen Service ausbauen
Prozesse	Verkürzung der Durchlaufzeiten	Durchlauftage eines Auftrags	5 Tage	Abbau von 2 Schnittstellen
Lernen	Mitarbeiter-zufriedenheit	Repräsentative Umfrage	10 % Steigerung der Zufrieden-heitswerte	Empowerment

Quelle: Steinmann, Schreyögg & Koch 2013, S. 247.

208 Vgl. zu prinzipiellen wie spezifischen Problemen bspw. Speckbacher & Bischof 2000, S. 800-807, Rughase 1999.

6. Steuerungs- und Unterstützungssysteme

Das Planungssystem bleibt wirkungslos, wenn nicht auch die anderen Führungssubsysteme mit ihm verzahnt werden. Dies kann eine Unterstützung der durch die Strategie zu realisierenden Ziele sein (derivative Funktion), das kann aber auch eine inhaltliche Beeinflussung der Strategieentwicklung selbst sein (originäre Funktion). Auf die damit verbundenen unterschiedlichen Zusammenhänge wird – gerade in Bezug zu den Managementfunktionen „Personal", „Kontrolle" und „Organisation" – im Folgenden eingegangen.

Nachdem Sie dieses Kapitel durchgearbeitet haben, sind Sie in der Lage,

- die *originäre und die derivative Bedeutung* der strategischen Unterstützung- und Steuerungssysteme (Kontrolle, Organisation, Personal) – durchaus auch beispielhaft – zu erklären.
- eine *duale Organisation* kritisch zu hinterfragen und zu begründen, wann sie sinnvoll sein könnte.
- das *Management-by-Objectives* in Bezug auf den strategischen Managementprozess zu erläutern.
- die besondere Bedeutung der *Leitungsorganisation* zu begründen.
- die *zentralen Felder des Personalsystems* (Auswahl, Entwicklung, Anreizsysteme) sowie ihre Beiträge zu einem strategischen Management abstrakt und beispielhaft zu erläutern.
- die *strategische Kontrolle* in ihren verschiedenen Ausrichtungen auch beispielhaft zu skizzieren.

6.1 Führungssubsysteme und ihre Bedeutung

Die strategische Analyse & Prognose (Informationssystem) und die Strategieformulierung (Planungssystem) erfolgen nicht im luftleeren Raum. Sie werden beeinflusst durch die Regelungen im Rahmen der anderen Subsysteme, „Organisation“, „Personal“ und „Kontrolle “. Die entsprechenden Funktionen respektive Subsysteme sind von daher integrierte, gleichgestellte Elemente des strategischen Managements.[209] Organisatorische und personelle Aktivitäten setzen dabei den notwendigen Rahmen für das strategische Management: Sie gestalten gerade organisatorische und personelle Aktionsparameter des strategischen Managements. Sie steuern so indirekt den strategischen Führungsprozess von der ersten bis zur letzten Phase und unterstützen die Strategieumsetzung. Ohne ihre zieladäquate Gestaltung besteht die Gefahr, dass Strategien nicht umgesetzt werden können oder schon vorher eine sinnvolle Strategieentwicklung gefährdet wird. Ähnliches gilt für die strategische Kontrolle: Sie begleitet beratend und korrigierend den Formulierungsprozess und erzwingt dadurch regelmäßige Aktualisierungen der einbezogenen Informationen und der resultierenden Maßnahmen.

In der Literatur wird immer wieder – vornehmlich unter dem Stichwort „Strategieimplementierung“ – auf die Notwendigkeit der Gestaltung der genannten Subsysteme hingewiesen. Die damit verbundene zentrale Problematik liegt in der Fokussierung *ausschließlich* auf der Strategieumsetzung und -durchsetzung. Sie führt zu dem Bestreben, lediglich eine Passung zwischen der gewählten Produkt-Markt-Strategie und vor allem dem Organisationssystem zu schaffen. Dieses Verständnis zeigt sich indirekt auch in Abbildung 58.

Einzelne Management-Subsysteme sollen nach diesem Verständnis die Strategieimplementierung unterstützen (s. Pfeilrichtungen). Es besteht auch heute noch der Eindruck, dass in der Literatur die Organisations-, die Personal- und die Kontrollfunktion weiterhin nur aus der verengten Implementierungsperspektive betrachtet werden. Diese Betrachtung der Zusammenhänge ist einseitig und defizitär. Zwar ist offensichtlich, dass eine bestimmte Organisationsstruktur ein bestimmtes strategisches Verhalten fördern und ein anderes verhindern kann. (Beispielsweise hat eine Profit-Center-Organisation andere Verhaltensimpulse als eine stark hierarchische Struktur.) Die Beziehungen

[209] Vgl. dazu bereits Kapitel 3.

zwischen Strategieformulierung und -umsetzung sind aber wechselseitig und vernetzt: Durch die Gestaltung der anderen Management-Subsysteme wird bereits die Strategieformulierung gesteuert, sei es durch die personelle Besetzung der Managementpositionen, die Gestaltung des Führungsprozesses oder die laufende Überwachung des Planungsprozesses (s. u.).

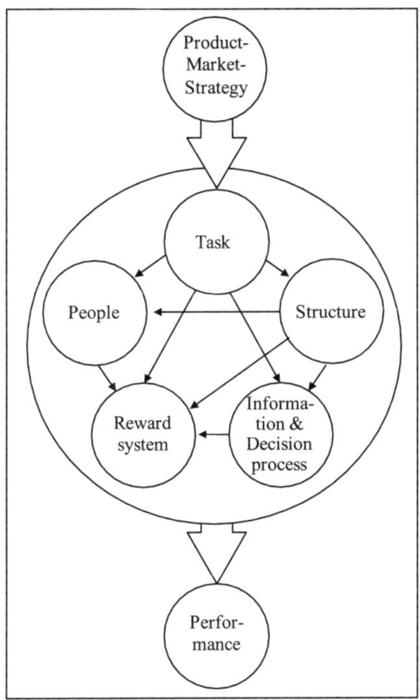

Abb. 58: Führungssubsysteme als Mittel der Strategieimplementierung
Quelle: Galbraith & Nathanson 1978, p. 2.

Die skizzierte einseitige Betrachtung kann die interdependenten Beziehungen der Elemente des strategischen Managements qualitativ nicht ausreichend erklären, begründen und gestalten. Folglich ist eine andere Sichtweise notwendig. Aufgrund dieses zweiten wichtigen Aspektes bedarf es der gesonderten Darstellung dieser eigenständigen Managementfunktionen im Kontext des strategischen Managements (s. dazu Abb. 59). Die Abbildung zeigt wesentlich deutlicher das Zusammenspiel der verschiedenen Subsysteme und der unterschiedlichen Strategieebenen auf.

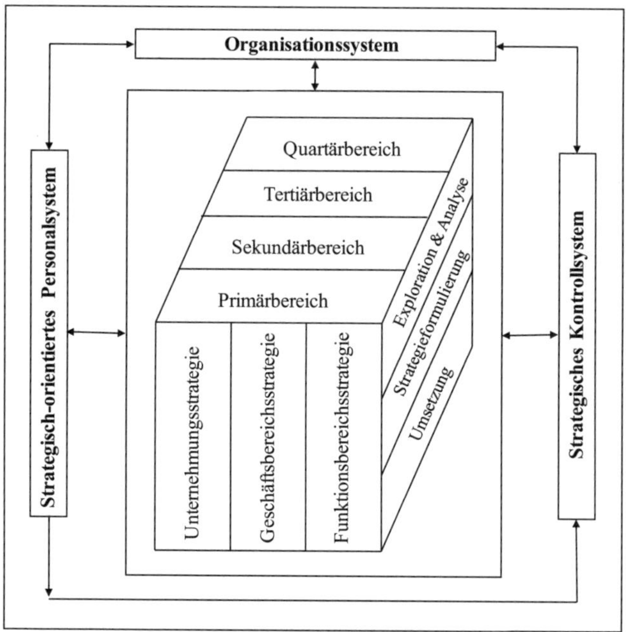

Abb. 59: Steuerungs- und Unterstützungssysteme im Kontext
Quelle: In Anlehnung an Kirsch 1981, S. 332, 338, Kirsch, Seidl & van Aaken 2009, S. 186.

Den Subsystemen kommen insgesamt drei Funktionen zu:[210]

- Mit der *Einführungsfunktion* sollen diejenigen Maßnahmen vorbereitet werden, die die personellen und organisatorischen Voraussetzungen für die Einführung eines strategischen Managements schaffen (z. B. durch Führungskräfteentwicklung, die Einrichtung einer „Task force").
- Mit der *Initiativfunktion* sollen bestimmte strategische Orientierungen von Unternehmungsbereichen und Mitarbeitern angeregt bzw. aktiv unterstützt werden (z. B. durch Personaleinsatz an Schlüsselpositionen, Einführung dezentraler Verantwortung).
- Mit der *Sicherungsfunktion* soll in Ableitung geltender Strategien die Implementierung unterstützt (z. B.: zielgerichtete Qualifizierung des Perso-

[210] Vgl. ähnlich bereits Becker 1988a, S. 45-52.

nals, die strategieadäquate Gestaltung der operativen Organisation) sowie die Personal- und Organisationsstrategien gestaltet und koordiniert (z. B.: Abstimmung mit strategischen Maßnahmen anderer Bereiche) werden. Hinzu kommt, dass auch die aktuelle Informationslage bei der Strategieformulierung gesteuert werden soll (z. B.: strategische Überwachung).

Mit der Einführungs- und der Sicherungsfunktion werden der derivative sowie mit der Initiativfunktion der originäre Charakter im strategischen Führungsprozess angesprochen. Beide Aspekte ergänzen sich.

- Die im Rahmen des *derivativen Aspekts* zu bearbeitenden Aspekte stellen eine Folgeplanung dar, deren Determinanten vor allem außerhalb des Personal-, Organisations- und Kontrollbereichs liegen. Strategien (basierend z. B. auf Teilplanungen der Produktion) werden in konkrete Personalplanungs-, Kontrollgrößen oder Organisationsformen transformiert.
- Der *originäre Charakter* wird durch die funktionale Einbeziehung der Personal- und Organisationsstrategie in die Unternehmungspolitik betont. Eigenständige Zielsetzungen (z. B. bestimmte Personalstruktur, Anreiz „divisionale Strukturen“) sowie Möglichkeiten und Risiken der Personal- und Organisationsfunktion beeinflussen dann die Strategieformulierung.[211]

Eine generelle Dominanz der Subsysteme als Ausgangspunkt der strategischen Planung ist unangebracht. Im Sinne des *„Ausgleichgesetzes der Planung“* (*Gutenberg*) erscheint aber eine zeitweilige Dominanz möglich. So ist es denkbar, dass beispielsweise die Verwendung ungenutzter, spezieller personeller Qualifikationen in verschiedenen Bereichen einen grundlegenden Wettbewerbsvorteil erbringen kann (z. B. Kenntnisse und Motivationen zur Entwicklung, Pro-

---

[211] *Beispiele*: (1) Die Deutsche Bank hatte mit der Einstellung des für seine Integrität bekannten Vorstandsvorsitzenden John Cryan – so die Intention – einen personellen und originären Impuls zur Aufstellung der Bank für die Zukunft gesetzt. Der Aufsichtsrat war dann nach drei Jahren dann der Meinung, dass dies nicht ausreichend gelungen war. (2) Bei der Neueinstellung eines Trainers beispielsweise im Profifußball geht man im Allgemeinen davon aus, dass er sein Spiel- und Trainingskonzept mitbringt und nicht das alte fortsetzt. Die Neueinstellung setzt insofern einen originären Impuls. (3) Der Wegfall einer Prämie zugunsten des Festeinkommens setzt einen Impuls dafür, sich für alle Stellenaufgaben einzusetzen und nicht nur für den prämieninduzierten.

duktion und Vermarktung alternativer Energiequellen in einer Unternehmung der Energiewirtschaft), und ein bestimmter qualitativer und quantitativer, aktuell nicht vorhandener Personalbestand Voraussetzung zur Formulierung und Umsetzung von Strategien sein könnte, die die Wettbewerbsposition erheblich stärken würde (z. B. Marketingexperten in Banken). Auch effiziente ablauforganisatorische Vorgänge im Bereich der Produktentwicklung o. Ä. könnten einen solchen Ausgangspunkt darstellen. Aufgabe ist weniger das Erreichen einer dominierenden Stellung (quasi als Selbstzweck), als vielmehr der Aufbau und die Nutzung system- und mitarbeiterbezogener Erfolgspotenziale.

Die im Folgenden diskutierten Aspekte werden in Abbildung 60 veranschaulicht. Innerhalb der thematisierten drei Führungssubsysteme sind jeweils drei Aspekte näher erläutert. Ihr Einfluss auf den Planungsprozess im engeren Sinne und seine einzelnen Phasen wird durch die Pfeile näher veranschaulicht.

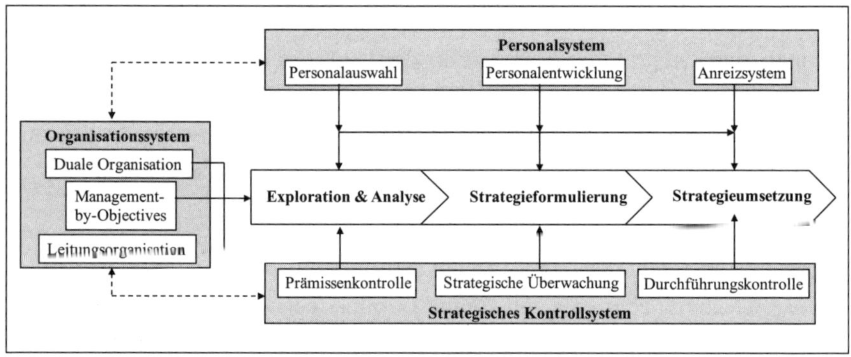

Abb. 60: Unterstützungs- und Steuerungssysteme im Detail

6.2 Organisationssystem

6.2.1 Zusammenhänge

Eine enge Beziehung zu dem bislang behandelten Planungssystem im strategischen Management besitzt das Organisationssystem, da die Strategieformulierung dadurch gekennzeichnet ist, dass einzelne Aktivitäten in den Teilbereichen der Unternehmung mit Hilfe von organisatorischen Regelungen zu einer

Gesamtheit gefasst werden. Die Gestaltung des Organisationssystems als Komponente eines strategischen Managements bezieht sich auf ein System von organisatorischen Regeln für die Struktur und den Prozess, die ein gewisses Muster aufweisen. Diese Muster sind das Ergebnis eines bewussten Gestaltungsaktes, das sich zum einen an verschiedenen Einflussgrößen (bspw. Umweltbedingungen, Produktionsprogramm, Märkte) und zum anderen an bestimmten Normen (bspw. Postulat der Partizipation) ausrichtet.[212] Jede Gestaltungshandlung vollzieht sich dabei unter spezifischen Bedingungen, die jeweils besondere Anforderungen stellen. Für eine Unternehmung mag ein bestimmtes System von organisatorischen Regelungen vorteilhaft sein, während sich das gleiche System in einer anderen Unternehmung oder auch in einer anderen Umwelt als unzureichend erweist.[213]

Im Sinne des *instrumentalen Organisationsbegriffs* versteht man unter Organisation die Gesamtheit aller generellen expliziten Regelungen zur Gestaltung von Aufbaustrukturen und Ablaufprozessen der Unternehmung. Ziel der organisatorischen Gestaltung sollte es sein, dass Aufgaben dort gelöst und bearbeitet werden, wo die Kompetenz der Organisationsmitglieder sinnvoll eingesetzt wird und die zu handhabende Komplexität den Qualifikationen entspricht.[214] In diesem Sinne sind zwei Objekte des Organisationssystems von Bedeutung:

- Unter der *Aufbauorganisation* (synonym: Strukturorganisation) wird die Festlegung des Gebildes „Unternehmung" nach den Merkmalen der Verrichtung und des Objekts verstanden. Dies betrifft die Gliederung in arbeitsteilige Einheiten (Spezialisierung) und hierarchische Elemente (Konfiguration) sowie ihrer Koordination. Die Aufbauorganisation besteht aus verschiedenartigen Organisationseinheiten: den strukturellen Subsystemen. Die Organisationseinheiten zur Erfüllung von Daueraufgaben stellen die *Primärorganisation* dar. Alle Einheiten, die der Bewältigung von (komplexen

---

[212] Vgl. bspw. Grochla 1982, S. 8-13.

[213] S. bspw. Grochla 1982, S. 111-130, Becker 2015, S. 177-212.

[214] Der institutionelle Organisationsbegriff steht dagegen für ein zielgerichtetes, offenes, sozio-technisches System als Oberbegriff für „Institutionen" wie Unternehmungen, Krankenhäuser, Verwaltungen etc.

und neuartigen) Spezialaufgaben temporär dienen, bilden dagegen die *Sekundärorganisation.*
- Die *Ablauforganisation* (synonym: Prozessorganisation) ist durch die Festlegung der spezifischen Arbeitsteilung in Zeit und Raum im Arbeitsprozess gekennzeichnet. Sie strukturiert das prozessuale Geschehen und determiniert das in der Aufbauorganisation festgelegte Handeln weiter.

Bei der Aufbau- und Ablauforganisation handelt es sich um zwei Betrachtungsweisen des gleichen Gesamtproblems nach verschiedenen Gesichtspunkten. Sie bedingen einander.

Die organisatorischen Regeln sind auch Instrumente zur Förderung bestimmter Verhaltensweisen in allen Phasen des strategischen Managements. Ihre Wirkungen als Impulsgeber gilt es zu antizipieren, um dann durch eine zielgerichtete Gestaltung die Entscheidungsträger dazu zu veranlassen, die ihnen zugeordneten Aufgaben auch im Sinne des Auftraggebers zu erfüllen. Das Organisationssystem definiert und begrenzt in diesem Sinne jeweils den individuellen Verhaltensspielraum (auch der Führungskräfte).

Im Anschluss an die historische Analyse von *Chandler*[215] wurde die Aufbauorganisation einer Unternehmung in der Regel als das ausschlaggebende Instrument zur so genannten Strategieimplementierung verstanden. Der von ihm festgestellte Zusammenhang, dass Strategieänderungen Änderungen der Organisationsstruktur auslösen, führte zur These „*Structure follows strategy*".[216] Diese einfache zentrale These der empirischen Strategieforschung wurde von der pragmatisch-präskriptiv orientierten Strategieforschung in folgende Formel umgesetzt: Die Ergebnisse der Umweltanalyse determinieren die Strategie und diese wiederum die Organisationsstruktur. Die Folge sind eingegrenzte strategische Optionen.

Auch wenn inhaltlich die genannten Zusammenhänge generell nicht geklärt sind, so bleibt doch die Notwendigkeit der prinzipiellen Stimmigkeit von Stra-

---

215 Vgl. Chandler 1962.

216 Vgl. hierzu auch Wolf 2000, S. 1-6, S. 585-591.

tegie- und Organisationssystem. In einer spezifischen Unternehmungssituation ist dann zu untersuchen, wie die Zusammenhänge wirken und genutzt werden können. Im Organisationssystem werden hier drei *Gestaltungsparameter* mit wesentlichem Einfluss auf den Erfolg thematisiert (s. Abb. 61):

- Zum Ersten betrifft dies die auf strategischen Geschäftsfeldern basierenden strategischen Geschäftseinheiten mit der durch sie resultierenden dualen Organisation (als Form der Sekundärorganisation).
- Zum Zweiten wird der strategische Managementprozess durch organisationale Regeln gestaltet.
- Zum Dritten geht es um die Organisation der Institution „Unternehmungsleitung" unter dem Stichwort der Leitungsorganisation.

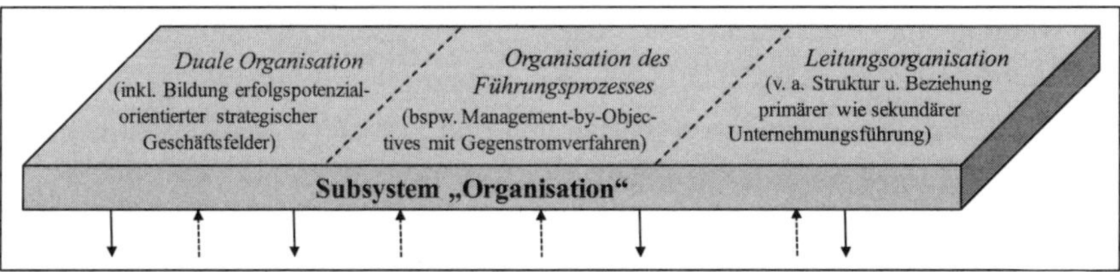

Abb. 61: Strategisch-orientiertes Organisationssystem

Alle Parameter sind einerseits Voraussetzung, im Allgemeinen auch Folge (als Objekt des Tertiärbereiches) vor allem einer Strategieformulierung, aber auch von Impulsen der anderen Managementsubsysteme).

Daneben kann das Organisationssystem auch noch einen anderen strategischen Effekt haben. Durch die vielfältigen aufbau- und ablauforganisatorischen Regelungen können spezifische, wettbewerbsrelevante Potenziale vorliegen, die Ausgangspunkte für Wettbewerbsstrategien sind.[217] Diese Tätigkeiten und Potenziale sind im Rahmen der Unternehmungsanalyse zu identifizieren, aber

217 *Beispielsweise* können effizient gestaltete innerbetriebliche Informationsprozesse und/oder zu kurze, funktionierende Produktentwicklungszyklen zu einer Innovationsstrategie in dynamischen, technologiedominierten Branchen führen. Auch flache Hierarchien mit ihren schnellen Entscheidungswegen und ihrer Kundennähe in mittelständischen Unternehmungen zählen vielfach als organisatorischer Erfolgsfaktor, den es strategisch zu nutzen gilt.

auch durch Organisationsstrategien zu schaffen. Eine ressourcenorientierte Sichtweise hilft hier (s. Kap. 3.2).

6.2.2 Duale Organisation

Im Zusammenhang mit dem strategischen Management wird die Bildung von strategischen Geschäftsfelder und -einheiten im Rahmen einer dualen Organisation als strukturelle Organisationsmaßnahme in der Literatur thematisiert.

Das strategische Management macht es bereits frühzeitig im Führungsprozess (vor der Analysephase) notwendig, strategische Geschäfts*felder* (SGF) zu bilden. Mit einer situationsgerechten Gestaltung der Organisation, insbesondere der Bildung und Abgrenzung der SGF, soll insgesamt die Stoßrichtung des strategischen Denkens und Handelns, das prinzipiell auf langfristige und aktive Gestaltung der vorhandenen materiellen und immateriellen Ressourcen abstellt, zentriert und gefördert werden.

SGF stellen gedachte, jeweils isolierte (Produkt-Markt-)Bereiche der Unternehmung dar. Sie bilden homogene Gruppen von betrieblichen Produkten beziehungsweise Dienstleistungen, die durch

- eine eigene, von anderen SGF unabhängige Marktaufgabe,
- eigene Wettbewerber am Markt, Wettbewerbsfähigkeit und/oder spezielle Erfolgspotenziale ausgezeichnet (relative Wettbewerbsvorteile) sind.

Insofern kann auch für diese spezifischen Produkt-Markt-Kombinationen auf Basis einer gezielten Analyse ein relativ unabhängiges strategisches Programm entwickelt werden, zumindest wenn eine relative Autonomie der zuständigen Entscheidungsträger (kaum Überschneidungen der betroffenen operativen Einheiten) vorliegt.[218]

---

[218] Vgl. bspw. Szyperski & Winand 1979, S. 197-199, Steinmann, Schreyögg & Koch 2013, S. 180, Welge, Al-Laham & Eulerich 2017, S. 472-481, Kreikebaum, Gilbert & Behnam 2011, S. 74-85, Hax & Majluf 1996, pp. 216-224, Link 1985, S. 51-92.

Das Bestimmen (Definieren, Zusammenfassen oder Zergliedern) von Unternehmungsbereichen zu SGF ist ein iterativer Prozess, der neben analytischem auch Erfahrungswissen erfordert. Besonders die Größenfestlegung der SGF erscheint problematisch: Für große Einheiten existieren meist keine eindeutigen und präzisen Strategien, kleine Einheiten besitzen zu geringe strategische Unabhängigkeit (Autonomie). Einige Faktoren, die zur SGF-Abgrenzung herangezogen werden, sind die Preis-, Wettbewerbs- und Substitutionsinterdependenzen zwischen den Produkt(grupp)en eines bestehenden Untersuchungsbereichs sowie zwischen diesen und den Produkt(grupp)en anderer Bereiche. Sind die Interdependenzen gering, so ist die Wahrscheinlichkeit groß, dass der betreffende Bereich den Kriterien einer SGF gerecht werden kann. Bestehen keine Interdependenzen, so ist es naheliegend, entweder diese Organisationseinheit in verschiedene SGF aufzuspalten oder eine Zusammenfassung (der strategischen Aufgaben) von Bereichen zu einer SGF vorzunehmen.

SGF zeichnen sich auch dadurch aus, dass sie zukunftsorientierten, strategischen Spezialisierungskriterien unterliegen.[219] Dies, und nicht die aktuelle aufbauorganisatorische Gliederung mit aktuellen Produkt-Markt-Kombinationen, ist entscheidend. Dadurch sind prinzipiell Inkonsistenzen zwischen operativer und (gedanklicher) strategischer Organisation zu erwarten mit entsprechenden Problemen bei den Entscheidungsbefugnissen. Diesem Problem kann man mit der Bildung „echter" strategischer Geschäfts*einheiten* (SGE) begegnen.[220] Aus gedanklichen Konstrukten werden organisatorische Einheiten.

---

219 *Beispiel*: Für einen Tiefkühlpizzahersteller ist der aktuell bediente Pizzamarkt in Italien eine Produkt-Markt-Kombination, die spezielle Werbemaßnahmen, Aufbackusancen, Ingredienzen u. a. berücksichtigt. Ähnliches gilt für die ebenso bedienten Märkte in anderen europäischen Staaten. Jeweils besteht eine eigene Produkt-Markt-Kombination – sofern wesentliche Marktbedingungen unterschiedlich sind. Nun plant der Hersteller, auch die Pizzamärkte in den USA und in Kanada zu bedienen sowie die Märkte in Dänemark und Schweden mit exakt den gleichen Pizzen und Verpackungen zusammenzuführen. Dies hat zur Folge, dass die beiden noch aktuellen Produkt-Markt-Kombinationen für die letztgenannten Länder zukünftig nur noch als ein SGF betrachtet werden sowie dass zwei zusätzliche SGF für den nordamerikanischen Markt hinzukommen.

220 S. auch zum Pionierunternehmen General Electric der „Strategic business units" (SBU) o. V. 1972, S. 56-58.

Die SGE basieren auf den SGF. Im Gegensatz zu diesen gedanklichen Konstrukten stellen sie sekundäre Organisationseinheiten mit spezifisch strategischem Bezug dar.[221] Sie decken sich nicht unbedingt mit den Geschäftsfeldern der Primärorganisation, sondern sie überlagern diese.[222] Tabelle 19 veranschaulicht die Inhalte und Unterschiede.

Tab. 19: Unterschiede strategischer Geschäftsfelder und -einheiten

Strategische Geschäftsfelder (SGF)	Strategische Geschäftseinheiten (SGE)
▪ Gedankliche Konstruktionen strategischer Produkt-Markt-Kombinationen ▪ Eigene, von anderen SGF unabhängige Marktaufgabe, eigene Wettbewerber, eigene Wettbewerbsfähigkeit und/oder spezielle Erfolgspotenziale ▪ Festlegung erfolgt markt- oder/und ressourcenorientiert mittels einer strategischen Segmentierung ▪ Orientierungsobjekte für strategische Analyse und Planung	▪ Realorganisatorische Abgrenzung strategischer Produkt-Markt-Kombinationen, unabhängig von der primären Organisationsstruktur ▪ Relativ autonomer Teilbereich der Unternehmung, der auf einem SGF beruht ▪ Entwurfskompetenz für strategische Planung sowie Entscheidungs- und Kontrollkompetenz ▪ Einordnung in duale Organisation

Die Verwendung von strategischen Geschäftseinheiten führt zur Entstehung einer „zweiten" Organisationsstruktur. Neben den operativen Organisationseinheiten (als Primärorganisation) werden die SGE (als Sekundärorganisation) in das Organisationssystem implementiert. Sie stellen eine Parallelhierarchie zum einen für die operative und zum anderen für die strategische Aufgabenerfüllung dar. Die „strategische" Organisation besteht aus SGE. Eine Ersetzung der primären Struktur würde bedeuten, dass die Unternehmung nicht mehr nach Funktionen oder Objekten, sondern nach SGE gegliedert wäre. Diese Lösung scheint auf den ersten Blick vorteilhaft. Die Beteiligung der SGE-Leiter an der strategischen Führung kann Sachverstand einbringen und die Durchsetzung erleichtern. Es muss jedoch beachtet werden, dass die strategische Gliederung nicht unbedingt für operative Aufgaben optimal sein muss. Geht man davon aus, dass SGE nicht völlig unabhängig voneinander sind, sondern zum Beispiel gemeinsame Produktionsanlagen haben, kann aus operativer Sicht

221 S. zur Sekundärorganisation prinzipiell Becker 2015, S. 98.

222 S. Szyperski & Winand 1979, S. 199-200.

durchaus eine andere Gliederung zweckmäßig sein. Die Gestaltung rein an strategischen Aspekten dürfte gerade in dynamischen Umwelten unzweckmäßig sein, da regelmäßig Änderungen der SGE-Struktur notwendig wären.

Wird die genannte sekundäre Organisation geschaffen, bestehen zwei parallele Systeme. Sie überlagern sich mit unterschiedlichen Aufgaben und Verantwortungsbereichen.[223] Sie bilden die so genannte *Duale Organisation* (s. Abb. 62). Die Beziehungen beider Strukturen können unterschiedlich sein:

- Sie können mit operativen Organisationseinheiten identisch,
- mit mehreren zu einer SGF zusammengefasst sein.
- Auch können mehrere SGE die strategischen Aufgaben einer Einheit abdecken.

Entsprechend sind die Entscheidungsbefugnisse der SGE zu bestimmen.[224]

Die genannten zukunftsorientierten Abgrenzungskriterien sind auf das Erfolgspotenzial fokussiert und nicht – wie die operativen Organisationsstrukturen und -prozessen – auf Effizienz hin gestaltet. Bei Übereinstimmung von strategischer und operativer Gliederung liegt personell oft *Personalunion* zwischen zwei entsprechenden Stellen vor. Bei fehlender Übereinstimmung erfolgt die Leitung der jeweiligen SGE in der Regel durch ein Gremium, das sich aus den Leitern der entsprechenden operativen Einheiten zusammensetzt.[225] Ähnlich, jedoch mit einem anderen Fokus, betont die duale Aufgabenverteilung den Grundsatz der Doppelfunktionalität aller betroffenen Stellen, was zusätzliche Stellen überflüssig macht. Die strategischen Aufgaben sind aus dem Aufgabenkomplex der bestehenden Organisationseinheiten herausgelöst. Wenngleich faszinierend, bleibt die konkrete Ausgestaltung in der Praxis manchmal etwas diffus.

---

223 Den strategischen Geschäftseinheiten kann eine weitgehende Entscheidungs- und Durchführungsverantwortung für die Formulierung und Umsetzung der strategischen Programme überlassen werden, sofern sie diese mit der Unternehmungsstrategie abgestimmt haben. Ähnliches gilt für die Funktionsbereiche mit ihren übergeordneten SGE.

224 Vgl. Syzperski & Winand 1979, S. 199-204.

225 Vgl. bspw. Rühli 1996, S. 227-232.

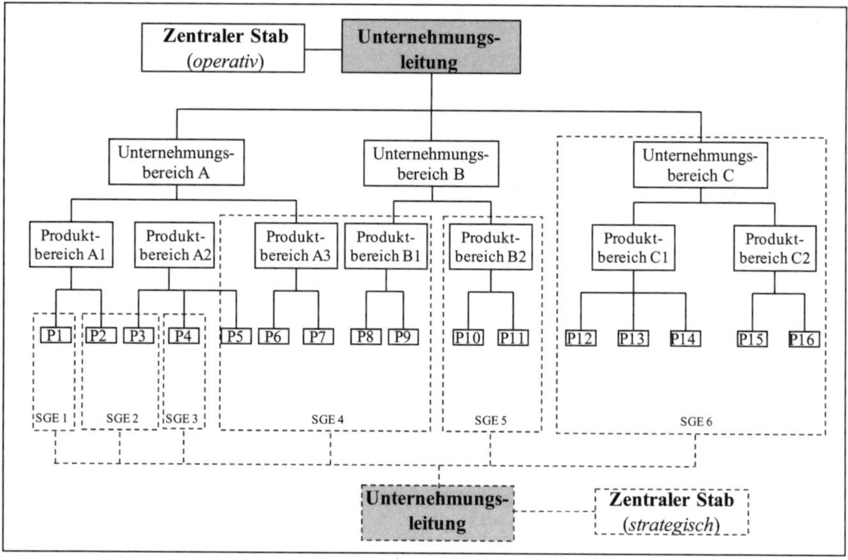

Abb. 62: Duale Organisation
Quelle: In Anlehnung an Szyperski & Winand 1979, S. 203.

6.2.3 Organisation des Führungsprozesses

Die Organisation des Führungsprozesses umfasst alle formalen und informalen Regelungen zum strukturierten Ablauf des strategischen Managements. Besonders nahe liegen Feststellungen zum Prozess der strategischen Planung. Diese ist gleichzeitig in dem hier vertretenen Verständnis partizipative Führung. Sie sollte vor allem durch die Führungskräfte der Linie (nicht allein eines Stabes und Beraters) durchgeführt werden, die die Strategien bis hin zu den einzelnen „robusten Schritten" anschließend auch umsetzen sollen.

Der partizipative Führungsprozess kann über das Gegenstromverfahren[226] auch in das strategische Management einbezogen werden. Siehe zu einem idealtypischen Beispiel eines Prozessmodells Abbildung 63.

[226] Vgl. bspw. Schweitzer & Schweitzer 2015, S. 327-341.

Prozessphase / *Hierarchieebenen*	*Strategieformulierung* (Strategische Analyse und Planung)		*Strategieimplementierung*		*Gestaltung und Ausführung des Anreiz- bzw. Personalsystems*
	Grundstrategien	Programmplanung	strategisch operatives Controlling	Kontrolle	
Unternehmungsebene (mit Portfolio- und Grundstrategien)	1, 3	4, 8	9, 13	14, 18	19, 23
SGE-Ebene (mit strategischen Programmen)	2	5, 7	10, 12	15, 17	20, 22
Funktionsbereichsebene (mit Funktionalstrategien)		6	11	16	21

Abb. 63: Strategischer Managementprozess
Quelle: In Anlehnung an Lorange 1980, S. 54, Vancil & Lorange 1977, S. 22-36.

Agenda: (1) Vorstellungen über längerfristige Unternehmungsziele und über SGF-Grundstrategien, (2) Formulierung der Ziele und strategischen Stoßrichtungen der SGF, (3) Konsolidierung und Festlegung der SGE-Strategien und des Portfolios, (4) Initiierung der strategischen Programme, (5) Spezifizierung der strategischen Stoßrichtung in homogene Zielgruppen und Funktionsbereiche, (6) Ausarbeitung der Funktionalstrategien und der „robusten Schritte", (7) Konsolidierung und Festlegung der strategischen Programme für die SGF, (8) Bewertung der strategischen Programme auf ihren Beitrag für das angestrebte Gesamtportfolio, (9) Konkretisierung der strategischen Programme und Teilschritte im Hinblick auf die Budgetierung, (10) Formulierung strategischer Budgets für strategische Programme und Untergliederungen, (11) Entwicklung strategischer und operativer Budgets für Funktionalstrategien und „robuste Schritte", (12) Konsolidierung und Koordination der Budgets, (13) Prüfung der Budgets sowie Freigabe der Mittel, (14) Kontrolle der Umsetzung der Grundstrategien, (15) Kontrolle der Umsetzung der strategischen Programme und Erstellung der strategischen Budgets, (16) Kontrolle des Fortschritts in Bezug auf die Budgets und die robusten Schritte, (17) evtl. Anpassungen an Umweltveränderungen bzw. Zielverfehlungen auf der SGF-Ebene, (18) evtl. Anpassungen an Umweltveränderungen bzw. Zielverfehlungen auf Unternehmungsebene, (19) Formulierung der Anreizpläne für Führungskräfte der Unternehmungsebene und der SGF-Ebene, (20) Formulierung der Anreizpläne für Führungskräfte der SGF- und Funktionsbereichsebene, (21) Berichte über die Zielerreichung mit Ablauf- und Umweltanalysen, (22) Bericht über das Leistungsverhalten und die Leistungsergebnisse mit Ablauf- und Umweltanalysen sowie Initiierung der Belohnungsvergabe, (23) Bericht für die Betreiber und Unternehmungseigner über die aktuelle Zielerreichung und Ablauf- und Umweltanalyse sowie Initiierung der Belohnungsvergabe.

Die Planungsaufgaben werden durch organisatorische Regeln den Führungskräften zugeordnet. Entsprechend des nachfolgend noch zu erläuternden *Management-by-Objectives* ist die Prozessorganisation des strategischen Managements gestaltet. Die jeweils aufeinander folgenden Phasen (bspw. 1 + 2, 5 + 6, 12 + 13) werden dann jeweils partizipativ mit den beiden beteiligten Organisationsebenen durchgeführt. Eine reine Ableitung erfolgt erst, nachdem die nachgeordneten Führungsebenen den Spielraum ihrer Gestaltung angegeben haben und an der Festlegung der Zielkonzeption beteiligt werden.

Als ein für den gesamten strategischen Führungsprozess sinnvolles Vorgehen ist das Management-by-Objectives (MbO) zu verstehen.[227] Das Instrument des MbO basiert auf der empirisch fundierten These, dass viele Führungskräfte ihre Positionsziele nicht ausreichend kennen. Von daher wird es als Instrument zur Kommunikation, Stimulierung und Verhaltenssteuerung verstanden, das gerade solche Probleme systematisch verhindern will. Der Zielsetzungsprozess vollzieht sich in einem Kaskadenverfahren mit deduktiver Zielableitung respektive -absprache. Eine Zielvernetzung wird angestrebt. Als Voraussetzungen gelten eine institutionalisierte Unternehmungsplanung, Delegations- bzw. Handlungsspielraum der beteiligten Führungskräfte sowie eine Vertrauenskultur. MbO steht letztlich für einen Prozess, bei dem Ziele gemeinsam formuliert oder vorgegeben, einzelnen Mitarbeitern bzw. Bereichen zugeordnet und ex post anhand des jeweiligen Zielerreichungsgrades überprüft werden. Die nachgeordneten Führungskräfte sind dabei relativ autonom bei der Strategieentwicklung. Sie sollen sowohl die Analyse und Strategieformulierung inhaltlich verbessern, als auch die Umsetzung und Durchsetzung der formulierten Strategien sicherstellen helfen. Letzteres basiert auf der Annahme, dass Mitwirkung zu mehr Verständnis und Akzeptanz führt (s. Abb. 64).

Mit einem solchen partizipativen Entscheidungsprozess sollen entsprechend verschiedene Funktionen erfüllt werden. Es werden vor allem in zweierlei Hinsicht Vorteile erwartet:

---

227 Für den Begriff „MbO“ existieren verschiedene Übersetzungen, die zumeist eine Empfehlung bezüglich der Mitarbeiterpartizipation bei der Zielformulierung beinhalten: Eine autoritäre Variante ist „Management mit Zielvorgabe“, während „Führung durch Zielvereinbarung“ ein kooperatives Vorgehen nahelegt. Mit der im Folgenden synonym benutzten, neutralen Übersetzung „Führung durch Ziele“ ist dagegen keine Einengung auf eine bestimmte Zielfindungsvariante verbunden. Vgl. Fallgatter 1996, S. 91-104.

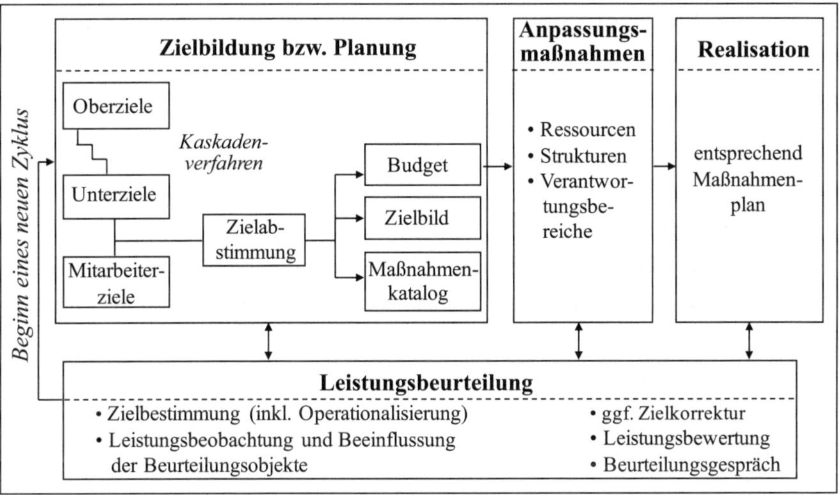

Abb. 64: Prozess des Management-by-Objectives
Quelle: In Anlehnung an Fallgatter 1996, S. 189.

– Zum einen soll eine *Motivationswirkung* die Effizienz der Mitarbeiter erhöhen, die Unternehmungsführung entlasten, Konflikte offenlegen, eine Identifikation mit den Unternehmungszielen fördern und eine partnerschaftliche, inhaltliche Zusammenarbeit durch Einbeziehung verschiedener Hierarchieebenen steigern. Gerade bei strategischen Entscheidungsproblemen ist der interaktive, gemeinsame Kommunikationsprozess der auf verschiedenen Ebenen kompetenten Führungskräfte gefordert. Daneben beeinflussen die vorhandenen Freiheiten bei der Zielerreichung das Verantwortungsbewusstsein, die Eigeninitiative und die Kreativität. Idealerweise fördert die Mitwirkung auch die Kompetenz und Bereitschaft, einen selbst mitentwickelten Plan umzusetzen.
– Zum anderen wird neben dieser Motivationswirkung zusätzlich eine *Rationalitätswirkung* angestrebt. Systematisch und kongruent abgeleitete Ziele sollen dabei zu einer unmittelbaren Koordination einzelner Handlungen bzw. ganzer Entscheidungsbereiche führen sowie Suboptimierungen verhindern. Die Qualität realistischer Strategien wird durch das vielfältige Informationspotenzial und die spezifischen Kenntnisse verbessert. Dadurch, dass der Mitarbeiter das angestrebte Ergebnis kennt, ist es für ihn eher möglich, erforderliche Schritte durchzuführen. Gerade für die bedeutenden stra-

tegischen Entscheidungen ist ein solcher konsistenter Zusammenhang von großer Bedeutung. Das Übersetzungsproblem zwischen strategischem und operativem Management wird durch die Beteiligung erleichtert.[228]

Für die Funktionsfähigkeit einer Führung durch Ziele sind folgende *Voraussetzungen* zu erfüllen: Eine institutionalisierte Unternehmungsplanung gestattet Zielformulierung für verschiedene Hierarchieebenen. Daneben ist ein Delegations- bzw. Handlungsspielraum erforderlich, innerhalb dessen Mitarbeiter ihre Aufgaben insbesondere der ebenenspezifischen Strategieentwicklung eigenverantwortlich erfüllen können. Ferner geht „Führung durch Ziele" von der verhaltenswissenschaftlichen Erkenntnis aus,[229] dass menschliches Handeln maßgeblich durch Ziele beeinflusst und gesteuert werden kann.[230]

Eine spezielle Zielart sind so genannte *strategische Meilensteine.* Sie verdeutlichen die Bedeutung wesentlicher Zwischenschritte für das Erreichen übergeordneter Unternehmungsziele, wobei der Begriffswahl vor allem auch eine appellative Wirkung zugesprochen werden kann. Meilensteine können in dreierlei Hinsicht klassifiziert werden. Die erste, am wenigsten differenziert ausgerichtete Kategorie bezieht sich auf monetäre Ziele, die aus den strategischen Unternehmungsplänen abgeleitet sind und im Einklang mit der gewünschten Strategie stehen. Eine zweite Kategorie stellen Meilensteine dar, die vorab formulierte strategische Erfolgsfaktoren, wie zum Beispiel Marktanteile, Marktposition, Kostensituation umfassen. Meilensteine der dritten Kategorie

228 Der Grundsatz der Einheit der Planungsaufgabe, d. h. die gleichzeitige Verantwortlichkeit für die strategischen und operativen Aufgaben, sollte verfolgt werden. Ohne eine Beteiligung der für die Durchführung Verantwortlichen würden sich zwangsläufig motivationale Probleme ergeben sowie die Gefahr, dass die Betroffenen nicht akzeptierte Strategieteile zu verändern oder zu umgehen versuchen.

229 S. Locke & Latham 1991, S. 212-230.

230 Danach ist es in erster Linie das Verlangen nach Anerkennung individueller Unterschiede, nach Wachstum und Entwicklung des Könnens, der Stolz auf eigene Leistungen sowie die Nutzung persönlicher Fähigkeiten, die auf Individuen antreibend wirken. Dementsprechend setzen MbO-Promotoren implizit voraus, dass die Mitarbeiter motivierter sind, wenn die zu erreichenden Ziele bekannt sind, Zwischenergebnisse über den Stand der Zielerreichung eine große Bedeutung haben und nur eine umfassende Beteiligung und Kenntnis der Mitarbeiter die Möglichkeit zur Selbstkontrolle eröffnet.

beziehen sich beispielsweise auf einzelne Projekte, Projektfortschritte oder Werkserweiterungen. Eine Quantifizierung derartiger Meilensteine ist jedoch aufgrund der großen Komplexität oft nur schwer möglich und kann damit der intendierten Absicht entgegenstehen, ein überprüfbares Zwischenziel einzusetzen.

6.2.4 Leitungsorganisation

In jeder Unternehmung hat die strukturale und prozessuale Organisation der Unternehmungsleitung eine besondere Stellung. Neben personellen Entscheidungen für die obersten Entscheidungsebenen kommt diesen betrieblichen Entscheidungen die wohl größte Bedeutung im Managementprozess zu. Ihr Ziel ist es, durch geeignete Regeln Fehler der Führungskräfte möglichst zu vermeiden und die sich aus menschlichem Fehlverhalten ergebenden Nachteile für die Unternehmung abzuwenden. Sie stellt eine Art „Misstrauensorganisation“ (*Bleicher*) dar, um menschliche Unzulänglichkeiten zu verhindern.

Führungs- und Leitungsorganisation sind kaum definierte Gegenstände. Es lassen sich *unterschiedliche Objekte* feststellen, die hier mit unterschiedlichen Begriffen klassifiziert werden sollen (s. Abb. 65):[231]

- Die *Leitungsorganisation (i. w. S.)* bezieht sich auf die organisatorische Einordnung und Gestaltung aller Instanzen respektive die Organisation aller Führungsbeziehungen vom Lower- bis zum Top-Management.
- Bei der *Leitungsorganisation* (Organisation der Unternehmungsführung) geht es um die Gestaltungsparameter in den Spitzenorganen (Vorstand, Aufsichtsrat) und zusätzlich auch um die Anbindung der nächsten Hierarchieebene, also der ersten Führungsebene unter der Leitungsspitze.
- Die *Spitzenorganisation* betrifft nur die Organisation des obersten Organs der Unternehmungsführung (= Leitungsspitze), gegebenenfalls auch deren Kontrollorgan (Aufsichtsrat).

---

[231] Vgl. zu Folgendem Becker 2004, 2006, Seidel & Redel 1987, S. 1-14.

– *Corporate Governance* schließlich thematisiert die Grundordnung des Handelns der Spitzenorgane und ihrer Mitglieder miteinander, vor allem unter Kontrollaspekten aus der Sicht der Anteilseigner. Sie betrifft teilweise die Spitzenorganisation und versucht, Grundsätze ordnungsgemäßer Unternehmungsführung und -kontrolle zu definieren (s. auch Kap. 5.2.1.).[232]

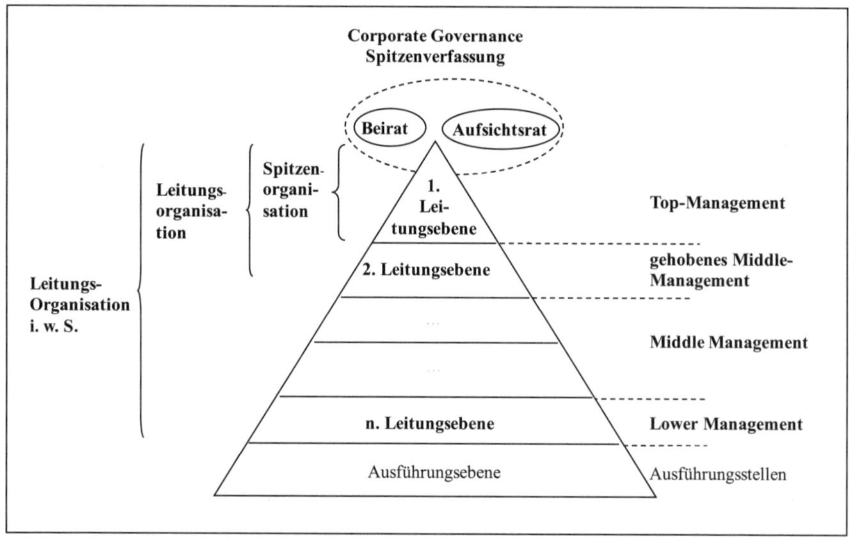

Abb. 65: Begriffshierarchie „Organisation der Unternehmungsleitung“
Quelle: In enger Anlehnung an Becker 2007, S. 47.

Aus strategischer Sicht ist für uns als Entscheidungsobjekt die Leitungsorganisation von besonderem Interesse. Hier beschäftigt man sich mit der Gestaltung

[232] *Beispiel:* Der Konzernvorstand von E.ON steht im Zentrum der Spitzenorganisation. Da der zugehörige Aufsichtsrat durch gesetzliche und satzungsmäßige Rechte auch bei der strategischen Unternehmungsführung mitwirken kann, ist auch der Aufsichtsrat Objekt. Zu thematisieren sind insgesamt die interne Vorstands- und Aufsichtsratsorganisation sowie die Anbindung dieser beiden Organe. Neben der Spitzenorganisation ist noch die Anbindung der nachgeordneten Teilbereiche bzw. Tochterunternehmen Objekt der (weiteren) Leitungsorganisation. Die E.ON Ruhrgas AG als Konzerntochter von E.ON ist solch ein Teilbereich. Die Anbindung an die E.ON-Konzernmutter, sei es über Personalunion im Vorstand oder Aufsichtsrat, sei es über Beherrschungs- und Gewinnabführungsverträge oder andere Maßnahmen, steht hier im Mittelpunkt – nicht jedoch die interne Vorstandsorganisation der E.ON Ruhrgas AG.

der Aufgaben-, Kompetenz- und Verantwortungsbereiche der zentralen Willensbildungszentren sowie den Beziehungen innerhalb und zwischen diesen Institutionen. Dies ist neben der personellen Besetzung der Positionen von weichenstellender Wirkung.

In institutioneller Auffassung wird als Unternehmungs*leitung* die Instanz an der Unternehmungsspitze (Leitungsorgan, Spitzeninstanz) verstanden, die die Aufgaben der Unternehmungs*führung* wahrnimmt. Zu differenzieren ist in die organisatorische und in die rechtliche Dimension des Begriffs: Im Rahmen der *rechtlichen Dimension* spricht man vom Vorstand, von der Geschäftsführung oder vom Leitungsorgan. Aus gesellschaftsrechtlicher Sicht stellt die oberste *Leitungsinstanz* den gesetzlichen Vertreter dar. Im Rahmen der *organisatorischen Dimension* spricht man von der *Spitzeninstanz* (resp. dem Spitzengremium). Hiermit ist die Organisationseinheit an der Spitze der betrieblichen Hierarchie gemeint. Ihre Aufgabe ist es, das Geschehen in der Unternehmung im Rahmen strategischer Entscheidungen und mit dem Managementsystem die Infrastruktur der Unternehmung zu prägen.

Die organisatorische Interpretation ist für uns hier maßgebend. Die Spitzeninstanzen sind Träger *und* Subjekt dieser Organisationsarbeit. Bei der Aktiengesellschaft liegt die Zuständigkeit sinnvollerweise vor allem beim Aufsichtsrat. Die zu treffenden grundlegenden Regelungen bezüglich Geschäftsverteilung, Entscheidungsregeln und anderes mehr sollten, um Eigennutz der Vorstandsmitglieder zu vermeiden, nicht von den Betroffenen allein entschieden werden. Vermutlich lassen sie sich auch auf diese Weise flexibler und zielorientierter ändern, als wenn Betroffene selbst hieran verantwortlich mitwirken würden. Vorstandsmitglieder sind aber wichtige Berater in dieser Angelegenheit. Bei einer GmbH liegt die Aufgabe entweder in den Händen der Gesellschafter oder des gegebenenfalls vorhandenen Beirats.

Es sind verschiedene *Determinanten*, die die Ausgestaltung beeinflussen:

- Als „harte“ Faktoren gelten: Unternehmungsverfassung (Corporate Governance; Rechtsform mit Vorschriften zu Organen und Rechten/Pflichten; Geschäftsordnung), organisatorische Variable wie beispielsweise Anzahl (Singular-/Pluralinstanz; gerade/ungerade; „optimale“ Größe), Beschlussfassung (wie Direktorial- oder Kollegialprinzip, Teilbereichsanbindung) sowie sonstige Determinanten (v. a. Leistungsprogramm/ Sachziele).

- Zusätzlich wirken auch „weiche" Faktoren: Unternehmungs- respektive Organkultur (Werte, Normen, Verhaltensweisen in den Spitzenorganen; Geschichte), Personen (Persönlichkeit, sozialer Homogenitäts- und Professionalisierungsgrad und Ähnliches der Spitzenorganmitglieder, Nachfolgekontinuität), Führungsanspruch der Mitglieder, informelle Zusammenarbeit (Aufsichts-/Beirat zu Vorstand/-smitgliedern; Geschlossenheit/ Gruppenklima; „Troika", Familie; Gesellschafterausschuss o. Ä.).

Drei *Gestaltungsebenen* sind in der Leitungsorganisation hervorzuheben:[233]

- *Beziehungen zu Kontroll- respektive Beratungsgremien.* Je nach nationalem Gesellschaftsrecht gelten monistische („Boardsystem") oder dualistische (Aufsichtsrat/Vorstand) Konzepte der Unternehmungsverfassung. Prinzipiell sind sie nicht Gegenstand des strategischen Managements. Prozessual können die einzelnen Institutionen jedoch in den strategischen Führungsprozess einbezogen werden.[234]
- *Beziehungen zu nachgeordneten Instanzen* (so genannte Teilbereichsanbindung). In den heute üblichen Konzernen sind verschiedene organisatorische Regeln zur Sicherstellung der Aufgabenerfüllung auch unterhalb der Spitzeninstanz möglich. Sie betreffen die Aufgabenspezialisierung, die Formen der Teilbereichsanbindung (Personalunion, Sprecher-, Hierarchiemodell), die Konzernorganisation (Form: faktischer oder Vertragskonzern, Eingliederung; Typen: Stammhauskonzern, Finanz-, Managementholding) u. Ä.
- *Organisation des Spitzenorgans selbst.* Hier sind folgende Aspekte zu klären: Aufgaben der Spitzeninstanz(en), Kompetenzverteilung, Anzahl der Mitglieder, Ressortierung und Führungsanspruch der Spitzeninstanz.

---

233 Vgl. hierzu Rühli 1996, S. 209-233, Krüger 1994, S. 260-279.

234 Bei nicht monistischen Unternehmungsverfassungen werden i. d. R. alle obersten Unternehmungsorgane, also auch Aufsichts- respektive Verwaltungsräte, mit in den Begriff der Führung integriert. Hier möchten wir insofern in Spitzeninstanzen i. w. S. (Aufsichtsrat und Vorstand) und in Spitzeninstanz i. e. S. (Vorstand) differenzieren.

Die möglichen institutionellen Regelungen auf den drei Ebenen haben dabei jeweils andere Handlungsstimuli für die betroffenen Führungskräfte und insofern auch für den Führungsprozess. Gesamt- versus Einzelressortierung in der Spitzeninstanz implizieren jeweils unterschiedliche Sichtweisen auf der Unternehmungsebene und vermutlich auch andere Ziel-Portfolios. Das Gleiche betrifft das Vorliegen von teilweise oder keiner Personalunion bei der Teilbereichsanbindung. Ebenso betroffen ist ein direktorialer versus partizipativer Entscheidungsprozess, der auch die Strategieumsetzung betrifft.

Organisation ist sicherlich nicht *die* entscheidende strategische Managementfunktion respektive die entscheidende strukturelle Komponente des Managementsystems. Sie kann jedoch der „verlängerte Arm" (*Gutenberg*) der Spitzenorgane sein, um zum einen das strategische und operative Management der Unternehmung antizipativ zu beeinflussen (Initiierungsfunktion) sowie zum anderen diese zielgerecht umzusetzen (Umsetzungsfunktion). Sie ist dabei keine hinreichende, aber eine notwendige Bedingung hinsichtlich einer effizienten Ausgestaltung. Dennoch kann auch die Leitungsorganisation in Teilkomponenten substituiert, das heißt positiv wie negativ „ausgeglichen" werden. Dies ist durch die Kompetenz, die Motivation und das Verhältnis der Führungskräfte zueinander möglich. Insgesamt ist noch festzuhalten, dass ein grundlegender Mangel der inhaltlichen Strategiearbeit durch strukturelle oder prozessuale Organisationsmaßnahmen kaum ausgeglichen werden kann.

6.3 Personalsystem

6.3.1 Zusammenhänge

Die Personallehre beschäftigt sich mit den Aktivitäten eines Personalmanagements, die durch direkte Vorgesetzte sowie durch andere Personalverantwortliche (insbesondere durch die Personalabteilung und die Geschäftsleitung) wahrzunehmen sind. Sie hat dabei den personellen Aspekt der Systemgestaltung einer Unternehmung und der Verhaltenssteuerung zum Inhalt.[235] Einige

[235] Vgl. bspw. Berthel & Becker 2017, S. 13-32, Wunderer 2011, S. 5-18, Becker 2002.

dieser personellen Gestaltungsparameter werden seit Beginn der 1980er Jahre verstärkt unter strategischen Aspekten betrachtet.[236]

Ein wesentlicher Wert der strategisch-orientierten Personalmaßnahmen liegt darin, strategische Entscheidungsprozesse indirekt zu beeinflussen. Dies betrifft insbesondere die konsistente Gestaltung des personalen Führungssubsystems. Der in dem hier thematisierten Zusammenhang vielfach zitierte Rahmen eines „strategic human resource managements“ von *Devanna, Tichy & Fombrun*[237] pointiert vier Elemente der Personalfunktion: Personalauswahl, Leistungsbeurteilung, Anreizsysteme und Personalentwicklung (s. Abb. 66). Sie sind auf die „strategisch definierte Leistung“ zu beziehen.

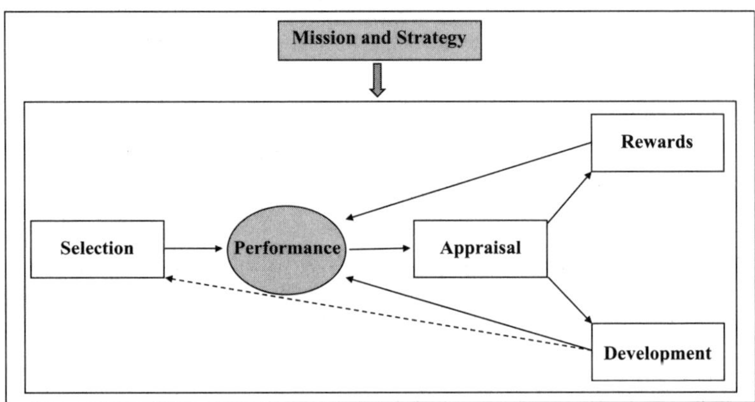

Abb. 66: Modell eines Strategischen Human Resource Cycle
Quelle: In enger Anlehnung an Devanna, Fombrun & Tichy 1984, p. 41.

Die Abbildung zeigt, dass die wichtigen Personalaufgaben nur in den Dienst der Strategieimplementierung gestellt werden: Ihre Funktion als Objekt im Rahmen der strategischen Analyse & Prognose (Stärken und ggf. behebbare Schwächen), als Entscheidungskriterium und als Determinanten für die Strategieformulierung (bspw. Anreize für risikoreiche Strategien, Person X als Ga-

---

236 Vgl. Staffelbach 1986, Laukamm & Walsh 1985, Elšik 1992, Ridder u. a. 2001.

237 Vgl. Devanna, Fombrun & Tichy 1984, p. 35.

rant für eine konservative Strategie) werden hier – wie auch anderswo – nicht thematisiert. Insofern ist dieses Konzept nur eingeschränkt verwendbar.

Hier wird zur Abgrenzung von einer solchen Sichtweise der Terminus der strategisch-orientierten Gestaltung des Personalsystems genutzt. Insgesamt lassen sich drei Begriffsvarianten in diesem Zusammenhang unterscheiden:[238]

- Unter einem *strategischen Personalmanagement* wird in der Regel eine auf die Zukunft bezogene derivative Beobachtung, Analyse und Planung des quantitativen und qualitativen Personalbestands (v. a. im Rahmen einer strategischen bzw. langfristigen Personalplanung) verstanden. Dies ist für das strategische Management weniger von Belang.
- Ein *strategieorientiertes Personalmanagement* bezieht nur derivative Maßnahmen zur Implementierung bereits formulierter Strategien ein: Die Personal- folgt der Unternehmungsstrategie im Sinne einer Funktionsbereichsstrategie. Siehe hierzu das Beispiel aus Tabelle 20.[239] Um der gesamten Problemvielfalt der Beziehungen gerecht zu werden, sind sowohl jetzige und zukünftige Qualifikationserfordernisse als auch Qualifikationen, die zur Strategieformulierung, unter Umständen in einem anderen als dem vorherigen Kontext, befähigen, mit einzubeziehen.
- Die Bezeichnung *strategisch-orientiertes Personalmanagement* ist weiter gefasst. Sie ist angebracht, wenn die Personal- in die Unternehmungspolitik systematisch eingebettet ist. Es gilt zum Ersten zu klären, inwieweit die Personalfunktion Initiativ- und Unterstützungsbeiträge zur Strategieformulierung und -implementierung leisten kann, zum Zweiten zu analysieren, welche Chancen und Probleme das Humanpotenzial und die Personalarbeit strategisch bieten beziehungsweise erwarten kann, sowie zum Dritten festzustellen, welche personellen Erfolgsfaktoren kritischer als andere sind, und wie sie sich entwickeln könnten (*Personal als Potenzial- und/oder Engpassfaktor*). Die Möglichkeiten im Rahmen einer strategischen Führung ergeben sich dadurch, dass Handlungsspielräume bei der Formulierung und

---

[238] Vgl. Becker 1988, S. 198, 1988a, S. 46-49, Berthel & Becker 2017, S. 771-780, Staehle (Conrad & Sydow) 1999, S. 796-800.

[239] Vgl. auch Ackermann 1985, S. 347-373.

Implementierung von Strategien von den Mitarbeitern und deren Qualifikationspotenzialen sowie von der Qualität der Personalarbeit selbst abhängen. „Strategisch-orientiert" bedeutet zugleich: So wie strategische Überlegungen im Hinblick auf operative Umsetzungen zu erfolgen haben, sind operative Maßnahmen des Personalmanagements auch unter strategischen Aspekten zu planen und durchzuführen.

Tab. 20: Personalorientierung bei unterschiedlichen Strategien

	Verteidiger	*Angreifer*	*Analytiker*	*Reaktor*
Strategisches Verhalten	Positionierung in einer Marktnische bei bestmöglicher Kundenbefriedigung	Entwicklung neuer Produkte und rasche Markteinführung	Aufbau stabiler Produkt-Markt-Beziehungen und wohlüberlegter Zweiter im Markt	Passive Produkt/Markt-Politik und geringe Risikobereitschaft
Personalorientierung	– kurzfristige Personalplanung – externe Personalbeschaffung – geringe Personalentwicklung	– Betonung von Personalmarketing – formale Personalauswahl, -bewertung, -entwicklung – monetäre Anreize	– langfristige Personalplanung – hohe Personalentwicklung – interne Beförderung	– sporadische Personalplanung – informale Personalauswahl, -beurteilung, -entwicklung – monetäre Anreize

Quelle: In Anlehnung Bühner 1987, S. 251.

Ein entsprechender Eindruck über die Stellung von Personalaspekten im Rahmen des strategischen Managements vermittelt Tabelle 21.[240]

Es sind vor allem zwei Ebenen, die hier – als direkte und als indirekte Prozessbeteiligung – angesprochen sind:

– Das Personalsystem (verstanden als die Personalarbeit sowie die Mitarbeiterqualifikation) ist eine kritische strategische Ressource. Darunter ist das Erkennen, Erschließen, Sichern und Verbessern personenbezogener Erfolgspotenziale zu verstehen. Diese sind vor allem die Mitarbeiterqualifikationen, die im Rahmen einer proaktiven und reaktiven Personalarbeit beeinflusst werden, indem gezielt strategisch qualifiziertes Personal erkannt, be-

[240] Vgl. hierzu Elšik 1992, S. 50-65, Ridder u. a. 2001, S. 56-75.

schafft, entwickelt und gepflegt, Widerständen vorgebeugt wird bzw. diese abgebaut werden sowie bestimmte (Personal-) Strategien verfolgt werden. Eine Stärken-Schwächenanalyse & -prognose des Personals und der Personalinstrumente kann – im Sinne des ressourcenorientierten Konzepts – Ausgangspunkt der Strategieentwicklung sein.[241] Andere, explizite Gestaltungen bauen hierauf auf.

Tab. 21: Personalmanagement und strategische Unternehmungsentscheidungen

<table>
<tr><td></td><td colspan="3">Art der Einbeziehung des Personalmanagements</td></tr>
<tr><td>Konzeptionalisierung strategischer Unternehmungsentscheidungen</td><td colspan="2">Direkte Prozessbeteiligung</td><td>Indirekte Prozessbeteiligung</td></tr>
<tr><td rowspan="2">Formale strategische Planung</td><td colspan="2">Einbindung der Humanressourcen in den Planungsprozess</td><td rowspan="2">Gezielte Beeinflussung strategischer Entscheidungsträger</td></tr>
<tr><td>Strategieformulierung</td><td>Strategieumsetzung</td></tr>
<tr><td>Informale strategische Entscheidungsfindung</td><td colspan="2">– Einbeziehung von Personalmanagern in informale strategische Entscheidungsprozesse
– Personalmanagement als Auslöser strategischer Handlungen</td><td>Indirekte Steuerungswirkungen personalpolitischer Gestaltungsmaßnahmen</td></tr>
</table>

Quelle: In enger Anlehnung an Elšik 1992, S. 51.

- Die Beeinflussung zielt insbesondere auf die Vorbereitung – des Managements – für die Einführung einer strategischen Führung mit all ihren nachfolgenden Konsequenzen (Einführungs- und Sensibilisierungsfunktion) sowie auf die Qualifikationsvermittlung für die Strategieumsetzung beziehungsweise -formulierung (Initiativfunktion) und für die Strategiesteuerung (Sicherungsfunktion) ab.

In vielen Fällen sind Strategien mit einem tief greifenden Wandlungsprozess innerhalb der Unternehmung verbunden. Routinisierte Verhaltensweisen, „alte“ Werthaltungen und festgefahrene Denkstrukturen stören diesen strategischen Prozess bereits in seiner Entstehung. Zusätzlich werden in der Regel Widerstände und Konflikte initiiert, die die Implementierung zumindest verzögern. Die Bewältigung dieser Widerstände sowie der Vermittlung strategie-

241 Vgl. Becker 1988a, S. 47-49, Schreyögg 1987, S. 153-155, Ridder u. a. 2001, S. 25-39.

bezogener Akzeptanz ist *eine* Hauptaufgabe des Personalsystems. Die Durchsetzungsaufgabe umfasst unterschiedliche Aufgabenbereiche: (1) Vermittlung der Strategie, (2) Einweisung und Schulung sowie (3) Schaffung eines strategiebezogenen Konsenses.[242]

Drei Teilbereiche der Personalarbeit werden im Allgemeinen unter strategischen Aspekten sinnvollerweise näher thematisiert (s. Abb. 67):

- Personalauswahl und -einsatz,
- Personalentwicklung und
- Anreizsysteme.[243]

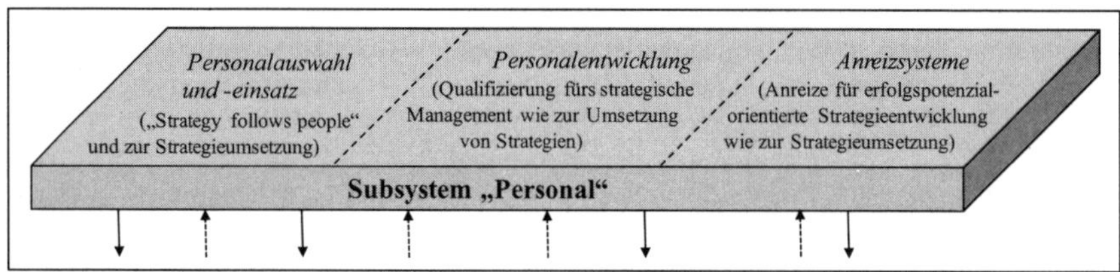

Abb. 67: Strategisches Personalsystem

Die genannten Teilsysteme des Personalmanagements determinieren in besonderem Maße die Anwendungsqualität eines strategischen Managements.

6.3.2 Personalauswahl und -einsatz

Die Auswahl und der Einsatz vor allem von zentralen Fach- und Führungskräften für strategisch relevante Positionen ist der erste zentrale personalwirtschaftliche Aufgabenkomplex. Die These *„Strategy follows people: the right person leads to the right strategy"*[244] stellt die einseitige Beeinflussung des

---

[242] Vgl. Welge, Al-Laham & Eulerich 2017, S. 827-833. Besser wäre es allerdings, den Konsens bereits im Rahmen der Strategieformulierung durch partizipative Elemente der Mitwirkung zu erreichen.

[243] Vgl. Elšik 1992, S. 128-131.

[244] *Beispiel*: Wir kennen dies aus dem Fußball: Eine Mannschaft spielt nicht mehr gerade erfolgreich, trotz guter Spieler. Oder das Spielsystem ist international nicht ausgereift,

Personalmanagements durch die Unternehmungsstrategie in Frage.[245] Jede strategische Orientierung, jede Strategie erfordert einen Verantwortlichen. Dies betrifft die Eignung zum Ersten für die gewollte strategische Ausrichtung und deren strategischen Impuls, zum Zweiten für die inhaltliche Strategiegestaltung und zum Dritten zur effizienten Strategiedurchsetzung.

Vornehmlich im letzteren Sinne wird diese Frage in der Literatur verkürzt diskutiert: Demnach ist im Rahmen der Strategieimplementierung der sich aus der Strategie ergebende quantitative und qualitative Netto-Personalbedarf zu bestimmen. Daneben ist der Abbau von Widerständen der Mitarbeiter gegenüber der Strategie ein ebenso entscheidender Bestandteil der Durchsetzungsaufgabe wie die Identifizierung und die Auswahl von für eine spezifische Strategierealisation geeigneter Führungskräfte. Ohne qualifiziertes Management scheitert die Strategieimplementierung bereits frühzeitig.

Für die Individualebene liegt eine Anzahl von Forschungsarbeiten vor, die präskriptiv Qualifikationsanforderungen für Manager und einen Personaleinsatz nach Qualifikations-/Anforderungsprofilen vorschlagen. Meist sind diese – teilweise widersprüchlichen – Vorschläge an bestimmte Lebenszyklusphasen und Portfoliostrategien gebunden, gelten mehr für die Geschäfts- als für die Unternehmungsebene oder sind als „Schlüsselqualifikationen“ für eine Vielzahl ähnlicher Aufgabenstellungen definiert.[246]

Zur Unterstützung der Strategieumsetzung richtet sich die Personalauswahl an der Unternehmungsstrategie aus. Es wird dabei angenommen, dass SGE mit unterschiedlichen Strategien (bspw. „Wachsen“ vs. „Sanieren“) andere Anforderungen zur effizienten Umsetzung erfordern; strategiekonforme Qualifikationen sind von daher notwendig. Eine risikofreudige, innovative Führungskraft

---

da es nicht systematisch umgesetzt wird. Mit einem neuen Trainer an der Spitze des Teams kann dies geändert werden („strategy follows people“): Der Neue hat eine passende Spielphilosophie, Erfahrungen mit passenden Trainingsvorstellungen, Überzeugungsfähigkeit für Spieler und Vorstand. All dies führt oft dazu, dass allein das gezielte Auswechseln einer zentralen Person zu Erfolgen führt.

245 Vgl. J. Welch (in Friedman & Levino 1984, p. 198).

246 Vgl. bspw. Becker 1990, S. 68-79, und die dortigen Quellenangaben.

könnte beispielsweise die Profitabilität einer SGE abträglich beeinflussen, wenn sie eine „Cash cow“ aggressiv durch riskante Maßnahmen ausbauen wollte. Eine Erntestrategie bedarf eher einer konservativen, kostenbewussten Administrationskraft, die Wachstumsstrategie eher eines „Pioneers“. Es werden entsprechende Manager-Portfolien vorgeschlagen[247] (s. bspw. Abb. 68). Solche Empfehlungen sind theoretisch wie empirisch nicht gestützt. Ihr grundlegender Gedanke ist jedoch hilfreich zur Schaffung eines Problembewusstseins sowohl für die Strategieformulierung und auch die Strategieumsetzung.

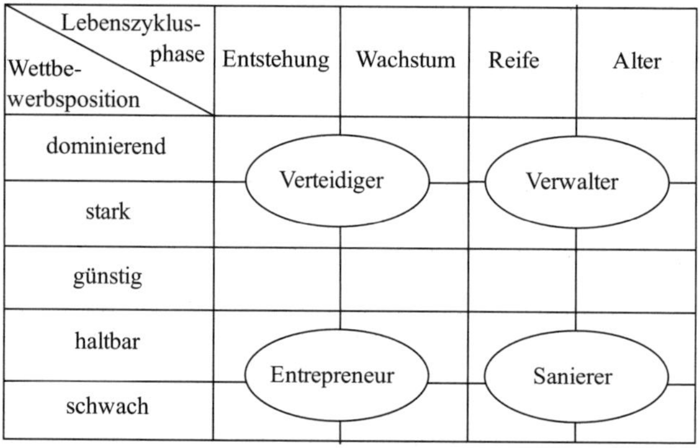

Lebenszyklusphase / Wettbewerbsposition	Entstehung	Wachstum	Reife	Alter
dominierend	Verteidiger		Verwalter	
stark				
günstig				
haltbar	Entrepreneur		Sanierer	
schwach				

Abb. 68: Strategische Positionierung von Managertyp
Quelle: Laukmann 1985, S. 274

Den gleichen Grundgedanken kann man aufgreifen, wenn es um die Neuausrichtung eines Geschäftsbereiches geht. Je nach erwarteter strategischer Stoßrichtung wird ein Führungskrafttyp eingesetzt, der vermutlich Gewähr für eine entsprechende, vielleicht erstmalige Strategieformulierung bietet.

6.3.3 Personalentwicklung

Unter Personalentwicklung können die Maßnahmen verstanden werden, mit denen Qualifikationen von Mitarbeitern erfasst und bewertet sowie durch die

247 Vgl. bspw. Becker 1987, S. 181-196, Elšik 1992, S. 88-127.

Organisation von Lernprozessen mit Hilfe kognitiver, motivationaler und situationsgestaltender Verhaltensbeeinflussungen aktiv und systematisch verändert werden.[248] Eine spezifizierte strategisch-orientierte Personalentwicklung kann verschiedene Teilaufgaben erfüllen. Als die Wesentlichen erscheinen:[249]

- Erbringung eines Beitrags zur Formulierung der unternehmungsbezogenen konzeptionellen Gesamtsicht,
- Vermittlung einer strategischen Führungsphilosophie,
- Ermittlung kritischer Lern- und Entwicklungsfelder der Mitarbeiter,
- Entdeckung von Mitarbeiterqualifikationen und Entwicklungspotenzialen zur Praktizierung der strategischen Führung,
- Schaffung von Bedingungen, in denen sich Mitarbeiter entwickeln können und wollen,
- Verstärkung (Verminderung) der Signale, innerhalb einer Unternehmung strategisch (operativ) zu handeln.[250]

Die jeweils konkreten Zielsetzungen und Aufgaben einer strategisch-orientierten Personalentwicklung stehen in einer unmittelbaren Beziehung zum Entwicklungsstand des strategischen Managements einschließlich des Integrationsgrads in das Managementsystem. Anhand zweier Kriterien und einer Matrixstruktur kann der strategische Stellenwert der Personalentwicklung vereinfacht veranschaulicht werden (s. Tab. 22). Allerdings fehlt in dieser Matrix die Steuerungswirkung insbesondere auf die Strategieformulierung.

---

[248] Vgl. Berthel & Becker 2017, S. 485-599.

[249] Vgl. bspw. Becker 1987, S. 353-362, 1988, S. 199-202, Becker 2011, auch Kammel 2000, S. 52-67, Rother 1996, S. 114-133, Easterby-Smith & Davies 1983, p. 39-48.

[250] Ein Zusammenhang besteht zum organisationalen Lernen und zum strategischen Wandel. Vgl. zu Knyphausen-Aufseß 1995, S. 99-107, Neuberger 1994, S. 12-23.

Tab. 22: Strategischer Stellenwert der Personalentwicklung

		Orientierung an internen und externen Faktoren	
		Intern	Extern
Bezug zur strategischen Führung	Neutral (reaktiv)	Fallweise und unsystematische Beseitigung individueller Defizite	Branchenübliche PE-Programme ohne betriebsspezifische Besonderheiten
	Unterstützend (aktiv)	Unterstützung für die Unternehmungsstrategie durch Einbeziehung der PE in die Planung	Wettbewerbsvorteile durch das Mitarbeiter- bzw. Managementpotenzial und entsprechend intensive PE

Quelle: In Anlehnung an Riekhof 1989, S. 59.

Die strategisch-orientierte Personalentwicklung ist in den situativen Kontext der Unternehmung eingebunden. Zu thematisieren sind v. a. drei situative Faktoren (Strategie, Struktur und Kultur) sowie – vereinfacht – zwei Wirkungsrichtungen (Einfluss der Faktoren auf die Personalentwicklung sowie Einfluss der Personalentwicklung auf die Faktoren).[251] Tabelle 23 veranschaulicht die Beziehungen.

Tab. 23: Strategisch-orientierte Personalentwicklung im situativen Kontext

		Wirkungsrichtung	
		Wirkung *auf* die PE von ...	Wirkung *von* der PE auf ...
Unternehmungsfaktoren	... Strategie	Die Bereitstellung der zur Umsetzung der Strategie benötigten Qualifikation führt zu einem bestimmten PE-Bedarf.	Die durch die PE entstandenen Qualifikationen schaffen Möglichkeiten und Grenzen für Generierung und Umsetzung von Strategien.
	... Struktur	Die Merkmale der Organisationsstruktur bieten oder begrenzen Entwicklungsmöglichkeiten und schaffen unterschiedlichen Bedarf an PE.	Sozialisationswirkungen als Substitut für strukturelle Integration, Entstehung von informellen Beziehungsstrukturen.
	... Kultur	Das kulturelle Wert- und Normengefüge kann die PE unterstützen oder konterkarieren.	Die PE kann einen Beitrag zur Formung (Erhaltung, Veränderung) der Kultur leisten (Sozialisation, Wertetransition).

Quelle: In enger Anlehnung an Elšik 1992, S. 171.

Eine solche Personalentwicklung beschränkt sich nicht auf eine *Führungskräfteentwicklung*. Die Vernachlässigung der Qualifikationen anderer Personalgruppen ließe die Chancen ungenutzt, strategisch-orientiert handelnde Mitar-

251 Vgl. Elšik 1992, S. 170-174.

beiter auch auf unteren Hierarchieebenen einzusetzen und zu fördern, personenbezogenes Erfolgspotenzial (Qualifikationen von Mitarbeiter|innen/-gruppen) aufzubauen, die Realisierung sachbezogener Erfolgspotenziale (z. B. Vertriebsorganisation, Produkte) sicherzustellen sowie Qualifikationen für Nachwuchskräfte bereits im Rahmen einer Karriereplanung gezielt zu vermitteln. Den Führungskräften kommt wegen ihrer Handlungsspielräume aber eine größere Aufmerksamkeit zu.[252]

Im Rahmen des strategischen Managements ist die Erfassung der genutzten, ungenutzten und möglichen Qualifikationen der Mitarbeiter von besonderer Bedeutung. Nicht nur, weil die Qualifikation (als Ressource) ein Erfolgsfaktor im strategischen Führungsprozess ist, sondern auch, weil sie Hinweise darüber gibt, was strategisch durch die Unternehmung unternommen werden kann. Die Qualifikationen können Restriktion und Ausgangspunkt für spezifische Strategieformulierungen und/oder -umsetzungen sein, ganz im Sinne eines „Strategy follows qualification". Der originäre Aspekt wird durch die funktionale Einbeziehung der Personalentwicklung in die Unternehmungspolitik und deren Formulierung betont. Eigenständige Zielsetzungen (z. B. systematische individuelle und betriebliche Karriereplanung), qualifikationsbezogene Einflussfaktoren (z. B. Arbeitsmarktentwicklung) sowie Möglichkeiten des Personalsystems (z. B. vorhandene Qualifikationen der Mitarbeiter und der Personalfachleute) beeinflussen dann signifikant die Strategieformulierung mit.[253]

Sowohl zur Potenzialanalyse & -prognose als auch für die weitergehende Personalplanung von Führungs(nachwuchs)kräften wird oft ein Personalportfolio

252 Die sachlich begründete Abwertung der ausführenden Mitarbeiter gilt nicht bei der Ermittlung originärer personeller Elemente während der Strategieformulierung: (Zu vermittelnde) Qualifikationen können strategische Ressource, Ausgangspunkt oder Engpassbereich von strategischen Orientierungen und Strategien sein. Vgl. hierzu auch Kammel 2000, S. 254-268.

253 Vgl. auch Staudt, Kröll & von Hören 1993, S. 63-67, Staehle 1991, S. 8-11, Wohlgemuth 1990, S. 86-89.

verwendet (s. Abb. 69).[254] Die Übertragung auf den Personalbereich wurde ursprünglich damit begründet, dass entsprechend der Human-Kapitel-Theorie auch Humanressourcen als Vermögenswerte der Unternehmung anzusehen sind. Normalerweise wird in zwei Achsen (derzeitige Leistung; Entwicklungs- und Karrierepotenzial) und zwei Ausprägungen (hoch; niedrig) differenziert. Es ergeben sich vier Kategorien von Führungskräften. Entsprechend der Positionierung lassen sich dann auch Normstrategien zum Umgang mit den entsprechenden Mitarbeitergruppen umsetzen. „Workhorses" benötigen allenfalls horizontale Entwicklungsmaßnahmen, ihnen fehlt Karrierepotenzial. „Stars" sind laufend „vertikal" zu fördern. „Deadwoods" und „Problem Employees" weisen geringe Leistungen auf. Diese erste Gruppe sollte freigesetzt, letztere ggf. individuell als Nachwuchskraft gefördert werden.

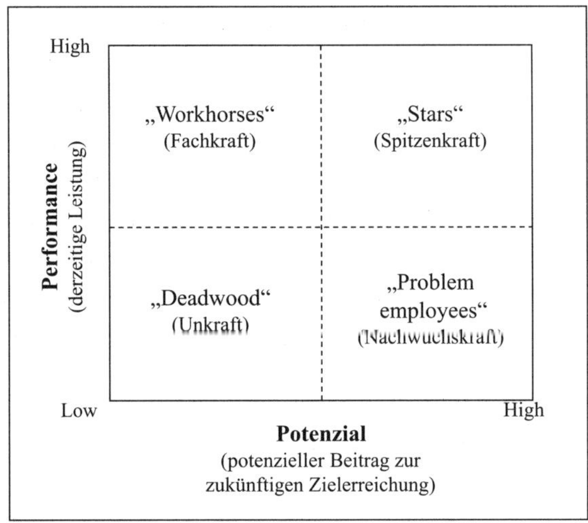

Abb. 69: Human Resources-Portfolio-Matrix
Quelle: In Anlehnung an Ference, Stoner & Warren 1977, p. 603.

Eine solche oder eine ähnliche Vorgehensweise beruht aber im Allgemeinen auf willkürlichen, eindimensionalen Bewertungen. Sie ist insofern vom Er-

---

[254] Vgl. Ference, Stoner & Warren 1977, p. 602-612, Odiorne 1984, p. 65-70, auch Fopp 1982, S. 333-335, Witt 1987, S. 271-274, Papmehl & Borscz 1989, S. 290-298, zu verschiedenen „ursprünglichen" Vorschlägen auf individueller wie kollektiver Ebene.

gebnis her sehr vorsichtig zu interpretieren. Sollte es dagegen gelingen, eine differenzierte, zukunfts- und kriterienorientierte mehrdimensionale und interpersonelle Einschätzung vorzunehmen, nimmt die Aussagekraft für strategische Zwecke vermutlich zu. Aus der theoretischen Perspektive bleiben aber selbst dann noch erhebliche Mängel zu konstatieren.

Auch bei den Qualifizierungssystemen besteht ein strategischer Diskussionsbedarf. Verschiedene funktionale Komponenten des Führungssystems, zum Beispiel Planungs- und Kontroll-, aber auch spezifische Anreiz-, Beurteilungs- und Karrieresysteme sind kritische Lernfelder und -prozesse. Sie prägen jeweils Entscheidungsmechanismen, Kommunikationsformen, Risikoverhalten, Lernbereitschaft und anderes mehr der Mitarbeiter. Ihre eventuell mit den einzelnen Strategien inkonsistenten Gestaltungswirkungen können dem strategischen Management zuwiderlaufen; beispielsweise verursacht durch rein „operative" Beförderungen vor allem von Managern mit hohen Umsatz- und Renditeziffern in ihrem Verantwortungsbereich. Ähnliches trifft auf die Äußerungen und Verhaltensweisen von Entscheidungsträgern speziell in ihren Bemühungen zur Durchsetzung des strategischen Managements und bei der Handhabung der genannten Führungssubsysteme zu. Ergeben sich hier Inkonsistenzen zwischen „offiziellen" Willenserklärungen und „tatsächlichem" Tun, entstehen dissonante Signale für die Mitarbeiter.

Die frühzeitige Information der Strategieinhalte für Führungskräfte und Mitarbeiter ermöglicht eine aktive Auseinandersetzung mit den vermittelten wesentlichen Aspekten. Sie hilft zu verhindern, dass nachfolgende Entscheidungen auf Grundlage unvollkommener Informationen getroffen sowie Akzeptanzprobleme verursacht werden. Zudem werden gegebenenfalls vorhandene Durchsetzungsbarrieren und ihre Ursachen aufgedeckt, die zu Veränderungen führen können. Der bereits weiter oben skizzierte MbO-Prozess ist hier anzuführen. Gerade im Wandlungsprozess sind von Betroffenen andere Entscheidungsmuster und Verhaltensweisen gefordert. Bei nicht entsprechend vorhandener Kompetenz besteht individueller und gruppenbezogener Entwicklungsbedarf, der mit der Personalentwicklung behoben werden kann (s. Kap. 6.2).

Probleme ergeben sich in diesem Zusammenhang bei der Ermittlung der kritischen Lerninhalte, weil mit der Personalentwicklung durch die Initiierung von Lernprozessen das gelehrt und vermittelt werden sollte, was Erfahrung nicht rechtzeitig und nicht zufällig vermittelt. Die Qualifizierung hat daher als aktive Präventiventwicklung flexibel gestaltete Entwicklungsinhalte, abgestimmt auf aktuelle und zukünftige strategische Führungsprozesse und zu formulierende Strategien, anzubieten.

6.3.4 Anreizsysteme

Um Mitarbeiter gewinnen, halten und ihr Verhalten steuern zu können, bedarf es der Entwicklung eines effizienten Anreizsystems im Sinne der Anreiz-Beitrags-Theorie.[255] Unter *betrieblichen Anreizsystemen* wird dabei die Summe aller bewusst gestalteten Arbeitsbedingungen, die bestimmte Verhaltensweisen (durch positive Anreize, Belohnungen etc.) verstärken, die Wahrscheinlichkeit des Auftretens anderer dagegen mindern (negative Anreize, Sanktionen) sowie deren Administration verstanden. Sie können in materielle und immaterielle Anreizsysteme untergliedert werden (s. u.). Insbesondere die Motivations- und Steuerungswirkungen auf Führungskräfte sind hier zu thematisieren.

Das Verhalten des Managements und dessen Motivation zu einer strategischen Führung ist eine vielfach vernachlässigte Komponente eines strategischen Managements.[256] Die Gestaltung der Anreizsysteme „krankt" an den gleichen, hier schon angesprochenen Problemen der rein derivativen Ableitung zur Förderung der Strategieumsetzung einer SGE. Sicherlich stellt dies wichtige Aspekte dar, eine Begrenzung allein hierauf wird jedoch weder dem Potenzial der Anreizsysteme noch den praktischen Notwendigkeiten gerecht. Führungskräfte sind nicht allein für die Strategieumsetzung oder die operative Führung zuständig; sie wirken auch an der Überprüfung, Modifikation und gegebenen-

---

255 Vgl. March & Simon 1976, S. 81-84, Becker 2002.

256 Vgl. aber v. a. Becker 1987, Bleicher 1992, Guthof 1995, Wälchli 1995.

falls Neuentwicklung von Strategien (gerade in stark partizipativ geführten Unternehmungen) entscheidend mit.

Die angesprochene Problematik ist von Brisanz, weil die *Trennung von Leitung und Kontrolle* die Gefahr birgt, dass angestellte Führungskräfte bei der Leitung der ihnen anvertrauten Unternehmung speziell langfristig andere Ziele verfolgen als die Gesellschafter. Sie haben eine kurzfristigere Perspektive (innerhalb ihrer Karriere). Eine Möglichkeit, Führungskräfte zu einer gesellschafterorientierten, strategischen Führung zu motivieren, ist eine leistungs- und/oder erfolgsbezogene Belohnung.[257] Abbildung 70 visualisiert dabei die Mittlerfunktion der Anreizsysteme.

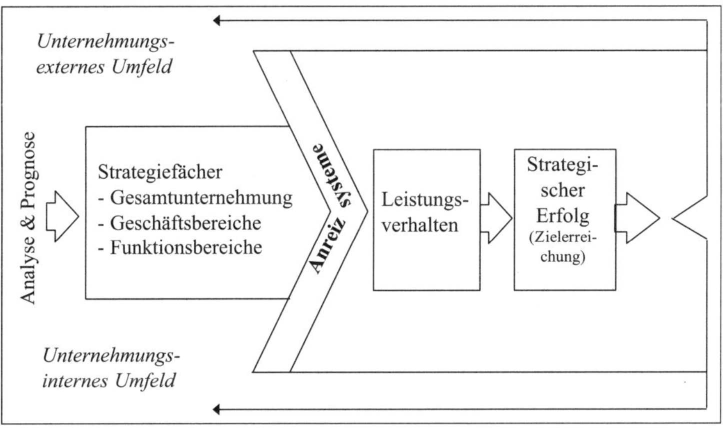

Abb. 70: Mittlerfunktion des Anreizsystems
Quelle: In Anlehnung an Bleicher 1992, S. 13, Becker 1985, S. 49.

257 In der Literatur wird die Fragestellung aus unterschiedlichen Sichtweisen thematisiert: Zum einen sind es die mehr abstrakt vorgehenden Vertreter des Principal Agency-Ansatzes und zum anderen die verhaltenswissenschaftlich-orientierten Autoren. Letzterer Ansatz wird hier präferiert. Zwar begründet die Principal Agency-Idee sehr gut die Notwendigkeit von Anreiz- und gerade Beteiligungssystemen zur Verhaltenssteuerung der angestellten Führungskräfte. Sie bietet jedoch zu wenig pragmatische Ansatzpunkte für die Gestaltung.

Materielles Anreizsystem

Die Vielfalt der Mitarbeitermotive in der Realität zwingt zu einer Reduktion bzw. Vereinfachung. Die materiellen Aspekte stehen in der Regel im Mittelpunkt der diesbezüglichen Ausführungen in der Literatur und auch in der Wirtschaftspraxis. Strategisch-orientierte Entgeltsysteme lassen sich dabei in zwei prinzipielle Varianten differenzieren: (1) erfolgsbezogene und (2) leistungsbezogene Entgeltsysteme.

Ad (1): Die erfolgsbezogenen Entgeltsysteme

Erfolgsbezogene Entgeltsysteme versuchen einen Anreiz und einen Steuerungsimpuls für die Führungskräfte dadurch zu erreichen, dass sie diese am Erfolg der Entwicklung der Unternehmung bzw. eines Geschäftsbereichs beteiligen. Dies kann ein Erfolg am Aktienmarkt sein, das heißt eine faktische oder virtuelle Beteiligung an der Kursentwicklung der Unternehmungsaktien oder ein Erfolg bei anderen Kriterien (bspw. „Discounted cashflow“). Die erstgenannte Modellvariante ist nur für börsengehandelte Aktiengesellschaften möglich, die zweite eignet sich auch für mittelständische Unternehmungen, Divisionen in Großbetrieben und für nicht börsengehandelte Aktiengesellschaften.[258] Populär sind in Deutschland zeitweise die Aktienoptionspläne und ihre virtuellen Pendants geworden.[259]

---

[258] Vgl. Becker 1990, S. 36-44, Kramarsch 2000, S. 2-13, Winter 1996, S. 108-138, Becker & Kramarsch 2004, 2006.

[259] *Beispiel*: „Zeitweise“ bedeutet, dass solange die Vorstände mit solchen Aktienoptionsplänen noch viel Geld quasi sicher verdienen konnten, waren sie sehr populär als Teil des variablen Anreizsystems. Nach der Wirtschafts- und Finanzkrise 2007/08 zeigt sich, dass einerseits solche Vergütungselemente Teil des Problems (als Mit-Verursacher) waren und andererseits die variablen Entgelte tatsächlich volatil [!] wurden. Erstgenanntes brachte die Aufsichtsräte als Gestalter der Anreizsysteme für die Vorstände, letztgenanntes die Vorstände selber dazu, nach anderen Entgeltelementen Ausschau zu halten (v. a. höhere Fixeinkommen). *Überraschend* ist dabei, dass alle zentralen Fehlfunktionen der Aktienoptionspläne (wie auch ihrer diese Fehler verhindernden Varianten) schon vor ihrer Einführung ausreichend bei den – zur Einführung eingesetzten – Vergütungsberatungen und in Unternehmungen bekannt waren. „Gier“, Ignoranz, eventuell auch Fehleinschätzungen überwogen vorher.

Mit *Aktienoptionsplänen* wird den partizipierenden Führungskräften im Rahmen einer aktienbasierten Vergütung das Recht (Option) gewährt, eine bestimmte Anzahl von Unternehmungsaktien zu einem festgelegten Bezugspreis – oft der Kurswert der Aktien zum Zeitpunkt, an dem die Aktienoptionen als Vergütungsbestandteile „gratis" oder verbilligt ausgegeben werden – während eines bestimmten zukünftigen Zeitraumes zu erwerben. Die Berechtigung hierzu wird manchmal an das Erreichen vorab bestimmter Ziele gekoppelt. Diese Form der *„Long-term incentives"* gestattet durch eine Gestaltung der wesentlichen Planparameter (z. B. Bezugspreis, Indexierung – ja oder nein, Zeiträume und -punkte der Ausübung, Höhe) unterschiedliche Varianten. Ihr Einfluss auf die – intendierte – Wertsteigerung ist umstritten.[260] Als Schwachstellen von Aktienoptionsplänen gelten: keine direkte Steuerungsanreize möglich, Einflussnahme des Top-Managements auf die Gestaltung der Bedingungen, Dividendenproblematik (hohe Dividenden drücken Optionswert, Folge: niedrige Dividenden), Unternehmungsleistungen der Führungskräfte werden nicht realistisch durch den Aktienkurs wiedergegeben, vielfach Vertragsbedingungen als „Cash Cow" gestaltet, kein strategischer Leistungsanreiz, hoher Aufwand. Für die Bleibemotivation sind sie jedoch von Bedeutung.

Ad (2): Leistungsorientierte, duale Entgeltsysteme

Die leistungsorientierten, dualen Entgeltsysteme verzichten auf die Einbeziehung einer Marktbewertung durch die explizite Berücksichtigung strategischer Erfolgs- und Leistungsgrößen als Beteiligungsbasen. Oft sind sie eng verbunden mit dem Managementprozess bzw. in ihn integriert. Sie schließen Strategieformulierung und -umsetzung ein sowie berücksichtigen neben operativen Leistungen auch explizit strategische Leistungskriterien. Die Gestaltung verlangt die Beantwortung verschiedener Fragen.[261] Diese sind in Tabelle 24 (zusammen mit möglichen Antworten) veranschaulicht.

---

260 Vgl. Winter 1996, S. 281-285.

261 Vgl. Becker 1987, S. 259-352, Milkovich 1988, pp. 263-288, Hahn & Willers 2006.

Tab. 24: Fragen zur Gestaltung dualer Entgeltsysteme

Fragen	*Gestaltungsantworten*
Welche Leistungen sollen aktiviert, belohnt und gelenkt werden?	Das zu fördernde strategische und operative Verhalten der Führungskräfte ist zu spezifizieren. Dabei ist Bezug zu nehmen auf die jeweiligen Verantwortlichkeiten in der operativen und der strategischen Organisation im betrieblichen Entscheidungsprozess.
Welche Faktoren eignen sich wann als Beurteilungskriterien?	Wichtig ist v. a., dass die wesentlichen Faktoren des Erfolgspotenzials (als strategische Größe) und des operativen Erfolges (als operative Größe) bestimmt werden, um eine Anreizwirkung für beide Verhalten erzielen zu können. Die von Strategie zu Strategie unterschiedlichen Kriterien sowie Gewichtungen sollten der Kontrolle des Managements unterliegen. Vereinfachend ist, dass aus Zielkriterien Erfolgs- und Leistungskriterien sowie danach identische Beteiligungsbasen werden.
Welche Struktur des Anreizsystems motiviert zu gewünschtem Leistungsverhalten?	Das Verhältnis der fixen zu den variablen Entgeltmöglichkeiten ist zu bestimmen. Eine ausreichende Anreizwirkung kann dann erreicht werden, wenn die variablen, d. h. auch unsicheren, potenziellen Entgeltteile ausreichend hoch sind, um einen Motivationseffekt ausüben zu können. Hier wird eine strategieabhängige Differenzierung der variablen Anteile im Verbund mit den operativen Aufgabenteilen mit situationsspezifisch variierbaren Bandbreiten vorgeschlagen.
Die Leistung welcher Organisationseinheit sollte Grundlage der Belohnung sein?	Drei Beteiligungsfelder kommen für die variable Vergütung in Betracht: die jeweils übergeordnete Organisationseinheit (z. B. Unternehmungsebene), die Organisationseinheit, der die jeweilige Führungskraft angehört (z. B. Geschäftsbereichsebene) und die partizipierende Führungskraft selbst (Individualebene). Der Schwerpunkt der Steuerungsimpulse liegt i. A. auf der zweitgenannten Ebene. Aus Gründen der Kooperation sowie zur Vermeidung einer aufgesplitterten Anreizwirkung ist es sinnvoll, keine tiefere Strukturierung vorzunehmen.
Die Leistung welcher Periode soll bewertet werden?	Bei der Beteiligungsperiode handelt es sich um den Zeitraum, für den die variable Entgeltregelung gilt. Zu Beginn einer Leistungsperiode sind bspw. Vereinbarungen darüber zu treffen, ob ein-, mehr- oder aperiodische Zeiträume zugrunde liegen. Aperiodische Zeiträume sind i. d. R. wegen ihrer Passung strategieadäquater. Aus Vereinfachungsgründen behilft man sich einperiodischer Zeiträume.
Zu welchen Zeitpunkten sollen Belohnungen ausgeschüttet werden?	Die Bestimmung von Ausschüttungsperiode und -rhythmus betrifft Zeitpunkte und -räume, an bzw. nach denen Erfolgsanteile zugeteilt werden. Es geht um in Vorperioden „verdiente“ variable Entgelte, die sofort oder sukzessiv und mit der Erfolgsentwicklung in folgenden Perioden bewertet ausgezahlt werden. Sich überlappende „Deferred compensation systems“ führen zur kontinuierlichen Erfolgsbeteiligung.
Welche Regelungen gelten bei Personalwechsel?	Es können Regelungen über die Maßnahmen bei Personalwechsel (z. B. Versetzung, Kündigung) getroffen werden; sei es, dass ausstehende Boni verfallen, teilweise verfallen oder nicht verfallen.

Ein *Grundproblem* für die Gestaltung eines zweckmäßigen Entgeltsystems des strategischen Managements besteht darin, dass strategische Erfolge erst nach mehrjähriger Zeitdauer eintreten und erst dann sichere Angaben über ihr Ausmaß vorliegen. Sollten diese Erfolge, die zukünftigen Erfolge oder die jetzigen Erfolgspotenziale also in ein Entgeltsystem eingehen, so würde für die Ziele und Strategien, die aktuell zu planen, anzustreben und/oder auszuführen sind, erst in der Zukunft (in drei, fünf oder sieben Jahren) eine Erfolgsrealisierung stattfinden. Motivationstheoretische Erkenntnisse besagen jedoch, dass eine signifikante Einflusswirkung eines Anreizes nur dann wahrscheinlich ist, wenn die Erwartungen des Erfolgseintritts (Konsequenzerwartung) und die Erfolgsbelohnung zeitlich nah zur Handlung liegen. Der Zusammenhang zwischen Ursache (strategische Handlung) und Wirkung (Erschließung, Sicherung, Verbesserung, Ausnutzung von Erfolgspotenzialen) fällt in der Regel zeitlich weit auseinander; bedingt durch den langen Zeitraum wird auch die Zurechnung von Ursache und Wirkung kompliziert.[262]

Selbst, wenn alle Elemente mit Bedacht gestaltet werden, sind *Risiken* vorhanden, zum Beispiel:

- Die mangelnde individuelle Zurechenbarkeit des Erfolges schränkt die Anwendung des Konzepts ein. Hier bieten sich organisatorische Veränderungen hin zu eindeutigen Verantwortungsbereichen (z. B. Profit-Center) an.
- Zwischen bestimmtem Leistungsverhalten und den nachfolgenden Leistungsergebnissen besteht keine eindeutige und stetige Beziehung.
- Die unzureichende Erkennbarkeit der Konsequenzen des Managementhandelns sowie nicht kontrollierbare und kaum vorhersehbare Umwelteinflüsse können die Anwendung des Konzepts verhindern. Nur wer in der Lage ist, die Wirkung der Handlungsalternativen zu überblicken, wird sein Verhalten an einem differenzierten Anreizsystem ausrichten.
- Hervorragendes Krisenmanagement steht manchmal unzureichenden Planentscheidungen gegenüber. Ist angemessenes Krisenverhalten gewichtiger zu bewerten als das Beharren auf als unangemessen erkannten Strategien?

---

262 Vgl. ausführlich Becker 1990, S. 27-29, passim, auch zum folgenden Text.

– Falsche Maßgrößen können zu einer Fehlsteuerung führen. Jeder, der ein variables Entgeltsystem schafft, muss sich bewusst sein, dass, wenn dieses System verhaltenssteuernd wirkt, gleichzeitig auch die Gefahr einer Fehlsteuerung gegeben ist.

Immaterielles Anreizsystem

Das immaterielle Anreizsystem ist von ebenso großer Bedeutung für das strategische Management. Es umfasst verschiedene Kategorien immaterieller Anreize: vor allem soziale Anreize (durch Kontakte mit Kollegen, Vorgesetzten und Mitarbeitern, Anreize der Arbeit selbst (Arbeitsinhalte, Autonomie, mitarbeiterorientiertes Vorgesetztenverhalten), Karriereanreize (Möglichkeiten zur Qualifizierung, zum betrieblichen Aufstieg) sowie Anreize des Umfeldes (bspw. durch das Image des Betriebes). Die Anreize werden durch Führungssubsysteme gesetzt. Sie haben einen zweifachen strategischen Charakter: Einerseits ist es von strategischem Wert (als immaterielle Ressource), wenn funktionierende Anreizsysteme vorhanden sind. Andererseits kann man sowohl diese Ressource selbst auch durch spezifische Gestaltungen, strategisch relevante Verhaltensweisen fördern. Nachfolgend werden wesentliche immaterielle Anreize anderer Führungssysteme (Subsysteme des Managementsystems) skizziert.[263]

– *Partizipation* im Planungssystem bezieht sich vor allem auf die individuelle Mitwirkung am betrieblichen Entscheidungsprozess für entsprechend motivierte Führungskräfte. Anreizcharakter kommt ihr beispielsweise dann zu, wenn die Möglichkeit besteht, ein strategisch bedeutsames Projekt (z. B. die Akquisition einer Unternehmung) oder eine Bereichsstrategie mitzugestalten (und nicht „von oben" vorgegeben zu bekommen). Die Führungskräfte sollten wahrnehmen, dass ihr strategisch-orientiertes Leistungsverhalten im Führungsprozess erwartet, beachtet und berücksichtigt wird. Quasi nebenbei wird der Zusammenhang zwischen eigener Tätigkeit und anderen Aktivitäten deutlicher. Partizipation verlangsamt zwar den Entscheidungsprozess, ermöglicht aber durch das individuelle Mitwirken die Akzeptanz einer

---

263 Vgl. Becker 1987, S. 353-385, 1995, Sp. 41-43.

strategischen Entscheidung und die Hilfe bei der Durchsetzung: Das Commitment einer Person bürgt für die Akzeptanz der vorher geplanten Strategie.[264]

- Auch durch das *Personalentwicklungssystem* sind immaterielle Beteiligungen der Führungskräfte möglich. Die präzise, eventuell sogar mitarbeiterorientierte Aufgabendefinition, sowie eine partizipative Entwicklungsplanung beteiligen diese Personen nicht nur an betrieblichen Entscheidungsprozessen, die sie selbst unmittelbar betreffen, sie sind für viele auch Anreiz zur Befriedigung intrinsischer Motive. Gerade das Karrieresystem mit seinen immateriellen Anreizwirkungen kann auch gezielt zur strategisch-orientierten Steuerung eingesetzt werden. Wenn man bei Karriereentscheidungen auf das Leistungsprinzip zurückgreift, dann sind explizit auch die strategischen Leistungen zu berücksichtigen. Nur wenn deutlich wird, dass strategisch-orientiertes Verhalten im Karrieresystem merklich beachtet und positiv sanktioniert wird, sind ein strategiefördernder Anreizwert und eine Verhaltensbeeinflussung durch die Karrieremaßnahmen zu erwarten.
- Regelmäßige, rechtzeitige, umfassende *Information* über aufgaben- und betriebsrelevante Entwicklungen (z. B. Feedback, Produktentwicklung) können dazu beitragen, die Wertschätzung des Betriebes auszudrücken.

Letztlich lässt sich die *Wirkung der Anreizsysteme* nur schwer aufgrund der Vielfalt und Vielzahl möglicher Einflussfaktoren isolieren. Materielle Anreize sind auch weiterhin unverzichtbar, wenngleich ihre Bedeutung oft über- wie unterschätzt wird. Ihre Betonung führt jedoch schnell zu einer Überformung anderer Motive und zu einer primären Einkommensorientierung. Die immateriellen Anreize, aber auch Ansprüche an leistungs-, betriebs- bzw. marktgerechte Entgelte haben in den letzten Jahren an Gewicht gewonnen. Es soll allerdings mit Hilfe einer strategischen Ausrichtung versucht werden, Einklang zwischen Anreizsystemen, Strategieformulierung und -umsetzung sowie den

---

[264] Nachteilig kann sich das *Commitment* allerdings dahingehend auswirken, dass bereits erkannte, unzweckmäßige Planziele und -mittel verteidigt oder verschwiegen werden. Das verführt im Zusammenhang mit befürchteten Sanktionen dazu, einen Plan auch dann – nach außen hin – zum Erfolg führen zu wollen, wenn sich Misserfolge bereits abzeichnen.

Unternehmungs- und Individualzielen zu schaffen, in der Absicht, durch Anreize das strategische Management zu unterstützen. Dabei sollen die Anreizsysteme strategisch-orientiertes Denken und Verhalten fordern, fördern und anerkennen.

6.4 Kontrollsystem

Strategische Kontrolle ist in unserem Verständnis ebenfalls ein Bestandteil des strategischen Managements. Sie beinhaltet einen Vergleich zwischen Soll- und Ist-Zuständen sowie die Analyse eventueller Abweichungen. Die Kontrolle kann bereits während des Planungsprozesses beginnen und sich bis nach der Planrealisierung fortsetzen. Verschiedene Formen der Fremd- und Selbstkontrolle sind möglich.[265] Die Gesamtheit der Regeln zur Kontrolle in der Unternehmung wird als Kontrollsystem bezeichnet. Einen wesentlichen Teil dieses Führungssubsystems stellt die strategische Kontrolle dar.

Strategische Kontrolle wird hier bewusst nicht als Element der Strategieformulierung, -umsetzung und/oder -implementierung verstanden. Dadurch hätte sie lediglich einen eingegrenzten Aufgabenbereich. Um tatsächlich alle wesentlichen Aspekte des strategischen Führungsprozesses (Umwelt- und Unternehmungsanalysen und -prognosen, Strategien, Implementierung, Organisationsformen und Anreize) rechtzeitig auf ihre Effektivität und Effizienz prüfen zu können, sollte die strategische Kontrolle prinzipiell als *planungsbegleitende* Aktivität konstituiert werden. Sie hat die Aufgabe, Änderungen interner und/ oder externer Bedingungen und etwaige Veränderungsnotwendigkeiten frühzeitig zu erfassen. Sie trägt so dazu bei, die von der Planung nicht erfasste Komplexität und Ungewissheit der Umweltentwicklung zu kompensieren. Die strategische Managementfunktion „Kontrolle“ muss damit von einer reinen „Feed back“-Kontrolle hin zu einer begleitenden „Feed forward“-Kontrolle

---

265 Vgl. allgemein zur Kontrolle Schweitzer & Schweitzer 2015, S. 355-359, Bea & Haas 2017, S. 233-260.

erweitert werden.[266] Zudem sind andere strategische Managementsubsysteme ihr Objekt. Von daher ist sie auch in der strategischen Managementkonzeption eine eigenständige Managementfunktion mit Steuerungspotenzial.

Jeder Prozess der Strategieformulierung und jede Strategie bedarf einer Überprüfung. Diese ist nur möglich, wenn eine Vergleichsgröße formuliert ist. Je nach Plan- und Vergleichsgröße wird dann in unterschiedliche Kontrollarten differenziert. Die Umsetzung ist vor allem durch drei Kontrolltypen gekennzeichnet[267] (s. auch Abb. 71).

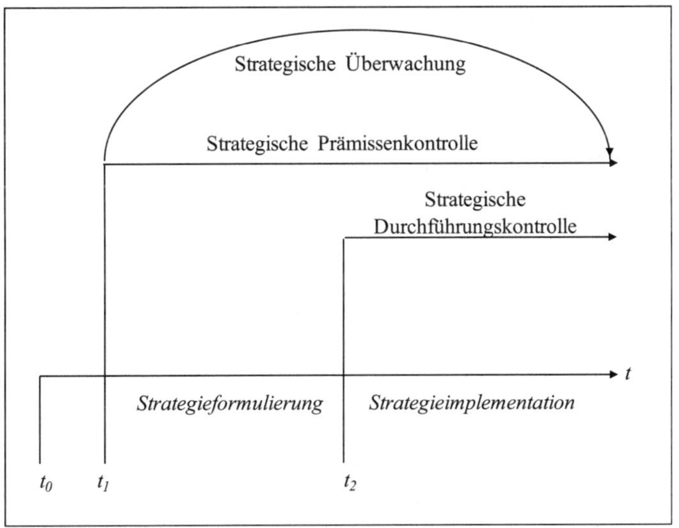

Abb. 71: Strategische Kontrolle
Quelle: In Anlehnung an Steinmann, Schreyögg & Koch 2013, S. 530.

– *Strategische Prämissenkontrolle* (Treffen die Annahmen der Planung noch zu?): Um den strategischen Entscheidungsprozess (von der Analyse bis zur Umsetzung) handhabbar zu machen, werden in der strategischen Planung

---

266 Dies relativiert auch die vielfach plandeterminierten strategischen Führungsprozesse. Vgl. Steinmann, Schreyögg & Koch 2013, S. 249-251, 357-360, Zettelmeyer 1984, S. 75-121.

267 Vgl. Steinmann, Schreyögg & Koch 2013, S. 253-255, anders dagegen Welge, Al Laham und Eulerich 2017, S. 961-980.

Prämissen gesetzt. Sie sind Basis für die weitere Planung. Den Prämissen liegen notwendige Selektionsprozesse zu Grunde. Prämissenänderungen sind insofern kritisch für die Unternehmung, da das gesamte Strategiekonzept so auf falschen Voraussetzungen aufgebaut ist. Es ergibt sich von daher die Notwendigkeit, die Prämissen fortlaufend auf ihre weitere Gültigkeit zu überprüfen (Wird-Ist-Vergleich). Änderungen sind im Strategiesystem umzusetzen. Die damit verbundenen Verzögerungen und Frustrationen sind hinzunehmen.

- *Strategische Durchführungskontrolle* (Bedeutet die Nichterreichung eines „Meilensteins“ eine Gefahr für die ursprüngliche strategische Zielsetzung?): Die Durchführungskontrolle beschäftigt sich damit, die beabsichtigten und unbeabsichtigten Wirkungen der Handlungen zur Strategierealisierung daraufhin zu überprüfen, ob mit ihnen tatsächlich die angestrebten strategischen Meilensteine erreicht werden. Sie greift dabei in der Regel auf das klassische Kontrollinstrument des Rechnungswesens zurück. Soll-Ist-Abweichungen lassen sich so feststellen, Abweichungsanalysen durchführen sowie nachfolgend Korrekturmaßnahmen vorschlagen.
- *Strategische Überwachung* (Beobachtung aller von der Planung ausgeblendeten Bereiche): Die beiden skizzierten Kontrollbereiche konzentrieren sich auf den Gegenstand der Strategie*entwicklung*. Neue oder bis dahin nicht beachtete Faktoren oder Entwicklungen der Unternehmungsumwelt werden nicht erfasst. Um dem damit einhergehenden Risiko aktiv zu begegnen, ist es sinnvoll, ergänzend eine ungerichtete Beobachtung der gesamten Unternehmungsumwelt zu institutionalisieren. So können Entwicklungen, die bei der Strategieformulierung nicht berücksichtigt wurden, aufgegriffen werden. Die strategische Überwachung ist weder inhaltlich vorbestimmbar, noch von einem bestimmten Aufgabenträger durchzuführen, alle sind verantwortlich.

Zu den einzelnen Teilprozessen und Kontrolltechniken s. auch Tabelle 25.

Tab. 25: Aspekte der strategischen Kontrolle nach Steinmann, Schreyögg & Koch

<table>
<tr><th>Kontrollarten</th><th>Kontrollteilprozesse</th><th>Kontrolltechniken</th></tr>
<tr><td>Strategische Prämissenkontrolle</td><td>Ermittlung der Prämissen, Ordnung der Prämissen nach Wichtigkeit, Überprüfung des Erfüllungsgrades</td><td rowspan="2">- Kennzahlensysteme
- Netzplantechnik
- Kosten- und Leistungsrechnung (z. B. Plankostenrechnung, Standardkostenrechnung)
- Früherkennungssysteme
- Checklisten
- Szenario-Analyse
- Prozesskostenrechnung
- Lebenszyklusorientierte Kosten- und Leistungsrechnung
- Target Costing
- Benchmarking
- Argumentenbilanz</td></tr>
<tr><td>Strategische Durchführungskontrolle</td><td>Formulierung von Meilensteinen setzt bei der Strategieimplementierung ein, Ordnung der Meilensteine nach Wichtigkeit, Überprüfung des Erfüllungsgrades (von Zwischenzielen)</td></tr>
<tr><td>Strategische Überwachung</td><td>Ungerichtete Beobachtung (v. a. von Umwelt und Ressourcen), „strategisches Radar“</td><td>- Szenario-Analyse
- Früherkennungssysteme</td></tr>
</table>

Planung, die auf Kontrolle verzichtet, verzichtet auf ein wichtiges Lernpotenzial. Gerade durch die skizzierten Kontrollkonzepte werden beispielsweise bei Fehlentwicklungen und -einschätzungen frühzeitig Korrekturen möglich. Trotz der Zusammenhänge besteht ein inhaltlicher Unterschied zwischen Planung und Kontrolle. Kontrolle kommt im Gegensatz zur Planung kein unmittelbarer Gestaltungsaspekt zu.

Die Gestaltungen der hier diskutierten Subsysteme können nur den allgemeinen Rahmen abstecken, der inhaltliche Kern der jeweiligen Aufgaben wird durch die Aufgabenträger bereitgestellt. Die strukturellen und prozessualen Regelungen sind insofern nur Hilfestellungen und bedürfen einer Ergänzung auf der Verhaltensebene. Die Bereitschaft und Kompetenz der Führungskräfte, eigenständig tätig zu werden, vorherrschende Denk- und Handlungsmuster in Frage zu stellen, auch selbst getroffener Entscheidungen zu hinterfragen, gegebenenfalls zu korrigieren, mutig gegen anderslautende (Gruppen-)Meinungen aufzutreten und anderes mehr, sind wichtiger als Regelungen. Diese können nur unterstützend und damit allgemein steuernd wirken.

AUFGABENTEIL

Aufgaben zu Kapitel 2

Aufgabe 2-1

Was versteht man unter dem institutionellen und was unter dem funktionalen Managementbegriff?

Aufgabe 2-2

Was bedeutet der Satz „Das Management des Managements!“ inhaltlich?

Aufgabe 2-3

Was wird unter einem Managementsystem verstanden?

Aufgabe 2-4

Welches Managementsubsystem hat Ihres Erachtens (warum) die größte Bedeutung?

Aufgabe 2-5

Erläutern Sie vergleichend, was unter dem Stakeholder- und was unter dem Shareholder-Value-Ansatz zu verstehen ist! Nehmen Sie kritisch zu den jeweiligen Ansätzen Stellung!

Aufgabe 2-6

Es steht in einem Unternehmen eine Entscheidung über die mögliche Akquisition eines Lieferanten zur Ausweitung der internen Leistungserstellung an. Diskutieren Sie, wie dieser kleine Fall aus Shareholder- und aus Stakeholder-Sicht möglicherweise betrachtet werden könnte!

Aufgaben zu Kapitel 3

Aufgabe 3-1

Worin unterscheidet sich die strategische Planung von der strategischen Führung?

Aufgabe 3-2

Welche unterschiedlichen Konsequenzen hat die markt- („Market-based view") und die ressourcenorientierte („Resource based view") Sichtweise?

Aufgabe 3-3

Skizzieren Sie das Schichtenmodell des strategischen Managements!

Aufgabe 3-4

Beschreiben Sie mit eigenen Worten die Hauptintention für die Formulierung des Schichtenmodells!

Aufgabe 3-5

Worin liegen die wesentlichen Unterschiede des rationalistischen („klassischen") Strategieverständnisses zu einem nicht-rationalistischen Strategieverständnis?

Aufgaben zu Kapitel 4

Aufgabe 4-1

Wozu dient die strategische Analyse & Prognose im Schichtenmodell des strategischen Managements?

Aufgabe 4-2

Warum ist die Grenzziehung „Unternehmung“ und „Umwelt“ schwierig?

Aufgabe 4-3

Wozu benötigt man im Rahmen der strategischen Unternehmungsführung die Abgrenzung strategischer Geschäftsfelder?

Aufgabe 4-4

Skizzieren Sie die Vorgehensweise einer global tätigen Unternehmung zur Umsetzung der so genannten PEST-Analyse & -Prognose!

Aufgabe 4-5

Skizzieren sie die Wettbewerbskräfte der Branchenstrukturanalyse & -Prognose und geben Sie für zwei selbst ausgewählte Wettbewerbskräfte beispielhafte Gefahren für die Unternehmung wieder!

Aufgabe 4-6

Welche Objekte sollten im Rahmen einer Konkurrentenanalyse & -prognose warum näher analysiert und prognostiziert werden?

Aufgabe 4-7

Welche Schritte lassen sich im Rahmen der strategischen Unternehmungsanalyse & -prognose – zumindest heuristisch – unterscheiden und welche Instrumente zur strategischen Planung sind besonders verbreitet?

Aufgabe 4-8

Inwiefern lässt sich die biologische Analogie eines Lebenszyklusses von Produkten für die strategische Unternehmungsführung einsetzen?

Aufgabe 4-9

Stellen Sie das Konzept der Erfahrungskurve vor und diskutieren Sie es kritisch!

Aufgabe 4-10

Beschreiben Sie ausführlich die generelle Vorgehensweise bei den Portfolio-Konzepten und die Gemeinsamkeiten aller Portfolio-Varianten!

Aufgabe 4-11

Beschreiben Sie den Aufbau des Marktwachstum-Marktanteil-Portfolios!

Aufgabe 4-12

Beschreiben Sie den Aufbau des Marktattraktivität-Wettbewerbsvorteil-Portfolios. Gehen Sie dabei insbesondere auf die strategischen Implikationen ein!

Aufgabe 4-13

Diskutieren Sie die strategischen Implikationen des Marktattraktivität-Wettbewerbsvorteil-Portfolios!

Aufgabe 4-14

In vielen Branchen gilt ein Zeitwettbewerb, also der Versuch schneller als die Konkurrenten qualitativ gute Produkte und/oder Dienstleistungen verkaufen zu können. Inwieweit kann die Wertekette helfen, diesen Zeitwettbewerb gewinnen zu können? Skizzieren Sie vorab graphisch die Wertekette und beantworten Sie dann, gegebenenfalls auch mit Beispielen zu Teilbereichen der Wertekette, die Frage!

Aufgaben zu Kapitel 5

Aufgabe 5-1

In welchem Zusammenhang stehen strategische Analyse & Prognose und die Strategieformulierung?

Aufgabe 5-2

Skizzieren Sie die strategischen Stoßrichtungen, die die SWOT-Analyse prinzipiell unterscheidet!

Aufgabe 5-3

Erläutern Sie die unterschiedlichen Ebenen im Strategiesystem! Skizzieren Sie zudem, wieso eine solche Differenzierung Sinn macht!

Aufgabe 5-4

Welche Rolle haben die strategischen Grundhaltungen bei der Strategieentwicklung?

Aufgabe 5-5

Skizzieren Sie zwei Wachstumsstrategien nach *Ansoff*!

Aufgabe 5-6

Wann ergibt sich eine Notwendigkeit für die Wahl einer Schrumpfungsstrategie?

Aufgabe 5-7

Skizzieren Sie die zentralen Elemente der Wettbewerbsstrategien nach *Porter*!

Aufgabe 5-8

Skizzieren Sie abstrakt und beispielhaft die Strategie der Kostenführerschaft!

Aufgabe 5-9

Kann man versuchen, die Strategie der Kostenführerschaft und die der Differenzierung gleichzeitig zu realisieren?

Aufgabe 5-10

Beschreiben Sie zwei mögliche Beispiele für Erfolgspotenziale einer Unternehmung!

Aufgabe 5-11

Inwieweit kann die Balanced Scorecard als Instrument der strategischen Führung eingesetzt werden?

Aufgaben zu Kapitel 6

Aufgabe 6-1

Skizzieren Sie überblicksartig die wesentlichen Steuerungs- und Unterstützungssysteme des strategischen Managements!

Aufgabe 6-2

Diskutieren Sie die These: „Personal-, Organisations- und Kontrollsysteme haben eine derivative Funktion innerhalb des strategischen Managements.“!

Aufgabe 6-3

Erläutern Sie die Unterschiede von strategischen Geschäftsfeldern zu strategischen Geschäftseinheiten.

Aufgabe 6-4

Beschreiben und bewerten Sie den „Strategischen Human Resource Cycle“ von *Tichy, Devanna & Fombrun*!

Aufgabe 6-5

Welche Rolle können Anreizsysteme für die strategische Planung übernehmen?

Aufgabe 6-6

Warum reicht eine Soll-Ist-Kontrolle bei der strategischen Unternehmungsführung nicht aus?

LÖSUNGSTEIL

Lösungen der Aufgaben zum Kapitel 2

Lösung Aufgabe 2-1

Mit der Differenzierung in den funktionalen und in den institutionellen Managementbegriff sind jeweils verschiedene Objekte angesprochen (s. Abb. 2-1 zum Überblick).

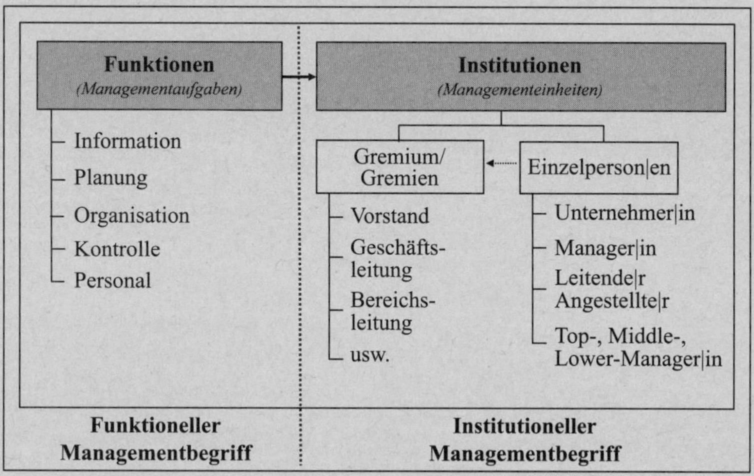

Abb. 2 1: Differenzierung des Managementbegriffs

Der *funktionale Begriff* zielt auf die einzelnen (Management-/Führungs-) Aufgaben (Planung, Kontrolle, Organisation und Personal) der mit dem Management beauftragten Personen ab. Diese beinhalten die sachlichen Tätigkeiten der Willensbildung (Analyse, Planung, Entscheidung) und Willensdurchsetzung und -sicherung (Veranlassung der Durchsetzung, Steuerung, Kontrolle) sowie personenbezogene Aufgaben der Personalführung. Diese eher allgemeinen und homogenen Kernaufgaben – unabhängig von der Hierarchieebene – werden hier als Managementfunktionen bezeichnet.

Der *institutionelle Managementbegriff* spricht dagegen die Personen resp. die Gremien und ihre Rollen (als Träger der Unternehmungsführung) an. Management findet im letztgenannten Sinne auf allen Hierarchieebenen statt, wenn auch mit unterschiedlichen Teilaufgaben. Unter Management resp. Unternehmungsführung als Institution sind folglich die Träger der Führungsprozesse und damit die Willensbildungszentren innerhalb (bspw. Vorstand, Geschäftsführung) und außerhalb (u. a. Aufsichtsrat, Gesellschafterversammlung) der Unternehmung zu verstehen. Je nach Hierarchieebenen sowie der Positionierung der Personen und Gremien differenziert man die innerbetrieblichen Machthierarchien im Allgemeinen in Top-, Middle- und Lower-Management. Mit der hierarchischen Einstufung sind unterschiedliche Aufgabentypen und Verantwortungsbereiche angesprochen. Während bspw. das Top-Management (Unternehmungsleitung) für die Entwicklung von Grundsätzen, Zielen und Strategien zur Erarbeitung von Erfolgspotenzialen zuständig ist, verantwortet das Middle-Management vornehmlich deren Umsetzung und die operative Unternehmungsführung. Das Lower-Management schließlich ist – an der Nahtstelle zur Ausführungsebene – für die operative Umsetzung des geplanten betrieblichen Kombinationsprozesses zuständig.

Lösung Aufgabe 2-2

Einmal ist der institutionelle Managementbegriff angesprochen (zweite Verwendung), einmal der funktionale Begriff (erste Verwendung). Vereinfacht ausgedrückt: Die Aufgabe der Unternehmungsführung durch die Institution der Unternehmungsleitung.

Lösung Aufgabe 2-3

Unter einem Managementsystem wird ein *Rahmenkonzept* verstanden, das die Gesamtheit der Regeln zu Strukturen und Prozessen festlegt, mit deren Hilfe Führungsaufgaben innerhalb einer Unternehmung nach einheitlichen Verhaltensregeln erfüllt werden sollen. Ein wesentliches Merkmal solcher Gestaltungskonzepte ist, dass sie die funktionsbereichsbezogene Analyse zugunsten einer ganzheitlichen, bereichsübergreifenden Betrachtung bei der Handhabung von Problemen der Unternehmungsführung aufgeben. Die Managementfunktionen „Information“, „Planung“, „Kontrolle“, „Organisation“ und „Personal“ bilden aufgrund ihrer originären Bedeutung für die Unternehmung die Basis für die Gestaltung eines die Gesamtunternehmung umspannenden Managementsystems. Es existieren insofern fünf Führungssubsysteme entlang der Managementfunktionen; sie bedürfen einer zielgerichteten, konsistenten und ineinandergreifenden Gestaltung – und zwar auf Basis von Unternehmungsverfassung, -zweck, -kultur und -umwelt.

Solche *funktionalen Subsysteme* sind als gedankliche Einheiten zu verstehen, die durch eine sachlogisch vorgenommene Bündelung von Teilaufgaben eines Führungssystems entstehen. Sie sind selten deckungsgleich mit den „echten" Organisationseinheiten (als *strukturelle Subsysteme*) einer Unternehmung. Funktionale Führungssubsysteme werden benötigt, um die Basis für die Ausführung von Sachfunktionen zu schaffen.

Im Rahmen des *General Management* beschäftigt man sich auf der obersten Managementebene mit eher allgemeinen, v. a. aber übergreifenden Fragen der Unternehmungsführung. Die allgemeinen Managementsubsysteme helfen hier, den Entscheidungsprozess zu strukturieren, und auch das *Funktionsmanagement* anzuleiten. Dieses beschäftigt sich nachgeordnet „nur" mit einzelnen Sachfunktionen, ist von daher detailorientierter und im Fokus kleiner. Doch auch diese Subsysteme müssen geplant, kontrolliert, organisiert und geführt werden.

Lösung Aufgabe 2-4

Das Planungssystem ist normalerweise „am wichtigsten", weil mit ihm auf Basis der Analyse & Prognose das Wettbewerbsumfeld und die Unternehmung auf Chancen und Risiken, Stärken und Schwächen untersucht werden. Darauf aufbauend lassen sich dann die Unternehmungsstrategien erarbeiten. Die anderen Subsysteme sind dann zur Unterstützung der Strategieumsetzung notwendigerweise zu gestalten. Auf der anderen Seite kann es allerdings auch sein, dass durch eine spezifische Organisationsstruktur, durch bestimmte Personalentwicklungsmaßnahmen und anderes erst die Grundlage für eine strategische Analyse, für die Strategieentwicklung gelegt werden müssen. In diesem Fall relativiert sich die Wichtigkeit. Des Weiteren ist es auch möglich, dass in den anderen Subsystemen wesentliche Probleme vorliegen (Stichwort: „Ausgleichsgesetz der Planung). Die Organisation eines wachsenden Konzerns mag beispielsweise nicht mehr mit der Unternehmungsgröße vereinbar sein, unproduktive Konflikte wären die Folge. Hier müsste dieser „Engpassbereich" erst vorrangig gelöst werden, bevor andere Subsysteme zum Zuge kämen.

Lösung Aufgabe 2-5

Auf Basis eines *interessenmonistischen* Grundkonzepts fand bei der traditionellen Unternehmungsführung fast ausschließlich der „Shareholder approach" Anwendung. Die Unternehmungsführung wird dabei rein an den Interessen der Anteilseigner ausgerichtet. Durch das Auseinanderfallen der Unternehmerfunktion in Eigentum und Verfügungsgewalt, also durch die Einbeziehung externer Führungskräfte, die nicht gleichzeitig Anteilseigner waren, wurde später eine zweite Interessengruppe in die Analyse einbezogen.

Diese Perspektive wurde wiederum später um die Interessen anderer Gruppen erweitert. Es entstand ein *interessenpluralistisches* Verständnis im Rahmen des „Stakeholder approach". Dieser zielt im Gegensatz zum „Shareholder approach" auf die Berücksichtigung der vielfältigen internen und externen Interessengruppen einer Unternehmung ab. Primäre (marktbezogene) Stakeholder, wie v. a. Kunden, Lieferanten, Kapitalgeber und Beschäftigte, beeinflussen mit unterschiedlichen Intentionen und Einflussstärken. Manche von ihnen können als interne Stakeholder bezeichnet werden. Sekundäre Stakeholder (stets externe) sind Staat, Medien, Interessenverbände etc. Diese erheben jeweils Ansprüche an die Unternehmung und deren Leitung. Die Entscheidungsprozesse in Unternehmungen sind entsprechend auf diese Ansprüche zu fokussieren, indem die berechtigten Interessen der Stakeholder berücksichtigt werden – nicht als Selbstzweck, sondern im langfristigen Interesse der Unternehmung.

In der tatsächlichen Situation der Unternehmungen findet meist jedoch nur eine geringe Berücksichtigung von verschiedenen Interessengruppen statt und so sind allenfalls Arbeitnehmervertreter direkt an den Unternehmungsentscheidungen beteiligt. Der Stakeholder-Ansatz verliert an Bedeutung, der Shareholder-Ansatz gewinnt an Relevanz. Die Argumente gegen eine ausschließliche Stakeholder-Orientierung lassen sich in folgenden Fragen ausdrücken: Wie soll eine gleichzeitige Berücksichtigung unterschiedlicher Ziele möglich sein? Wie sollen sich konträre Zielsetzungen vereinen lassen? Es lassen sich aber auch einige Argumente gegen die Shareholder Value-Maximierung anführen. Insbesondere die ausschließliche Orientierung am Unternehmungswert führt gewissermaßen zwangsläufig zu einer selektiven Informationswahrnehmung und -verarbeitung. Als besonders relevant werden die wertsteigernden Handlungen für die Anteilseigner angesehen. Dies führt vielfach auch in der Praxis zu einer Kurzfristorientierung der Unternehmungsführung. Diese ist aber nicht Intention des „Shareholder value approach", sondern nur dessen Handhabung. Für die strategische Unternehmungsführung bleibt es relevant zu wissen, ob man im Interesse der Anteilseigner oder im Interesse der Unternehmung handelt. Entscheidungen in Unternehmungen werden sich immer auf diejenigen Stakeholder mit dem größten Einfluss konzentrieren. Ein Handlungsspielraum für Stakeholder wird erst – so eine nachvollziehbare These – durch Shareholder Value-Orientierung geschaffen. Es handelt sich von daher auch nicht prinzipiell um gegensätzliche, sondern eher um komplementäre Positionen. Die Erhöhung des Shareholder Values müsste im Interesse der meisten Anspruchsgruppen sein. Eine Unternehmung kann langfristig nur dann wirtschaftlich überleben, wenn sie die Ansprüche der Aktionäre und zugleich auch die Interessen von Lieferanten, Mitarbeitern, Öffentlichkeit u. a. berücksichtigt.

Lösung Aufgabe 2-6

Zur Beantwortung ließen sich eine Reihe von Argumenten anführen, u. a.:

– Shareholder denken vorrangig daran, ob die Akquisition insgesamt gesehen den Unternehmungswert steigern wird. Je nach zeitlicher Perspektive kann man daran denken, dass durch die Akquisition am Kapitalmarkt der Eindruck entsteht, hier wird Erfolgspotenzial hinzugefügt. In Folge steigt der Aktienkurs (Vorwegnahme zukünftiger Erträge) und man könnte als Shareholder dies durch Verkäufe ausnutzen. Auch ließe sich langfristig annehmen, dass durch die Ergänzung der Unternehmung das Erfolgspotenzial der und die Wettbewerbsfähigkeit der Unternehmung nachhaltig gestärkt wird.

- Die verschiedenen Stakeholder mögen Unterschiedliches zum Fallbeispiel denken: Arbeitnehmer befürchten vielleicht einen Arbeitsplatzverlust, da eine Zusammenfassung und Verkleinerung zentraler Bereiche zu erwarten ist. Kapitalgeber mögen daran denken, ob die Finanzierung einer Investition nicht vielleicht die Möglichkeiten der Unternehmung überschreitet. Schließlich fehlt dann eventuell das Geld für wichtigere Investitionen. Die staatlichen Institutionen mögen einen Abzug von Arbeitsplätzen und Gewerbesteuereinnahmen befürchten …

Wichtig bei allen Antworten wäre eine nachvollziehbare Begründung.

Lösungen der Aufgaben zum Kapitel 3

Lösung Aufgabe 3-1

Der Unterschied zwischen strategischer Planung und strategischer Führung (synonym: Unternehmungsführung, Management) lässt sich am sinnvollsten vor dem Hintergrund der einzelnen Entwicklungsschritte der strategischen Führung erklären: Die *strategische Planung* stellt dabei neben der Budgetplanung als erste und der prognoseorientierten Langfristplanung als zweite Entwicklungsstufe den dritten Entwicklungsschritt hin zu einer strategischen Führung dar. Sie ergänzt die zweite Entwicklungsstufe insofern, als dass sie den diskontinuierlichen Entwicklungen auf den Märkten antizipativ begegnen sollte. Die strategische Planung unterzieht v. a. die externe Umwelt, aber auch die Unternehmung selbst, einer genauen Analyse und Prognose, um Chancen und Risiken der für die Zukunft erwarteten internen und externen Bedingungen zu identifizieren. Die Strategien sind auf die Erreichung eines nachhaltigen Wettbewerbsvorteils und auf Erfolgspotenziale ausgerichtet. Dies bedeutet insofern einen Fortschritt, als dass eine zukunftsorientierte Unternehmungssteuerung umgesetzt wurde. Die strategische Planung stellt allerdings fast ausschließlich die Planungsfunktion in den Fokus ihrer Überlegungen. Sie vernachlässigt insofern die Randbedingungen (v. a. Organisations- und Personalsysteme).

Die *strategische Führung* als vierter Entwicklungsschritt erweitert die strategische Planung insgesamt in drei Punkten: Zum Ersten werden neben einer eher engen Produkt-Markt-Strategie auch andere System-Umwelt-Beziehungen, bspw. die Unternehmungskultur, einbezogen. Die externe Umweltorientierung („out/in-approach") und interne Kompetenz der Unternehmung („in/out-approach") werden zum Zweiten prinzipiell gleichgewichtig betrachtet. Es wird zum Dritten ausdrücklich die Steuerung mittels anderer Managementfunktionen berücksichtigt.

Lösung Aufgabe 3-2

Es handelt sich um zwei sehr verschiedene Vorgehensweisen bei der strategischen Unternehmungsführung. Bei der marktorientierten Sichtweise wird erst der Markt näher analysiert und prognostiziert. Die sich hieraus ergebenden möglichen Chancen sind Ausgangspunkt für Überlegungen, welche dieser Chancen einer Unternehmung mit spezifischen Strategieausprägungen nutzen könnte. Dementsprechend müssen in Folge auch spezifische Ressourcen erworben und genutzt werden, um erfolgreich tätig zu sein. Bei der ressourcenorientierten Sichtweise hat man zunächst diejenigen Ressourcenausprägungen ermittelt, mit denen man gegenüber Wettbewerbern auf bestimmten Märkten einen nachhaltigen Wettbewerbsvorteil realisieren kann. In Folge beschäftigt man sich damit, wie die Ressourcen bestmöglich zu spezifischen Strategien genutzt werden können sowie wie man die vorhandenen Ressourcen gegenüber Wettbewerbern als einzigartig platzieren kann.

Lösung Aufgabe 3-3

Bei der Darstellung eines idealtypischen strategischen Managementsystems und -prozesses ist es sinnvoll, sich an den Managementfunktionen Planung, Kontrolle, Organisation und Personal zu orientieren, um möglichst vollständig und im Zusammenhang die wichtigsten Aspekte zu erfassen. Dies geschieht bspw. durch die Architektur des strategischen Managements als Schichtenmodell. Der Begriff „Schichtenmodell" soll darauf verweisen, dass eine Reihe von Subsystemen unterschiedliche inhaltliche Schichten darstellen und gemeinsam die strategische Managementkonzeption ausmachen. Abbildung 3-1 gibt einen Überblick.

Basis von Planungs- und Entscheidungsprozessen ist die informatorische Fundierung innerhalb des Subsystems „*Information*". Dazu zählt im Wesentlichen die strategische Analyse & Prognose der Umwelt- und der Unternehmungsentwicklung. Anschließend wird im Rahmen des *Subsystems Planung* i. w. S. (strategische Planung) die Strategieformulierung (als Planung i. e. S.) inklusive Strategiewahl (-entscheidung) sowie Planung der Umsetzungsprozesse bis hin zur operativen Planung vorgenommen. Die Umsetzungs- respektive Konkretisierungsaufgaben können im Rahmen der Formulierung der Funktionsbereichsstrategien übernommen werden, während die Durchsetzungsaufgaben einen impliziten Bestandteil der anderen Subsysteme der strategischen Managementkonzeption darstellen.

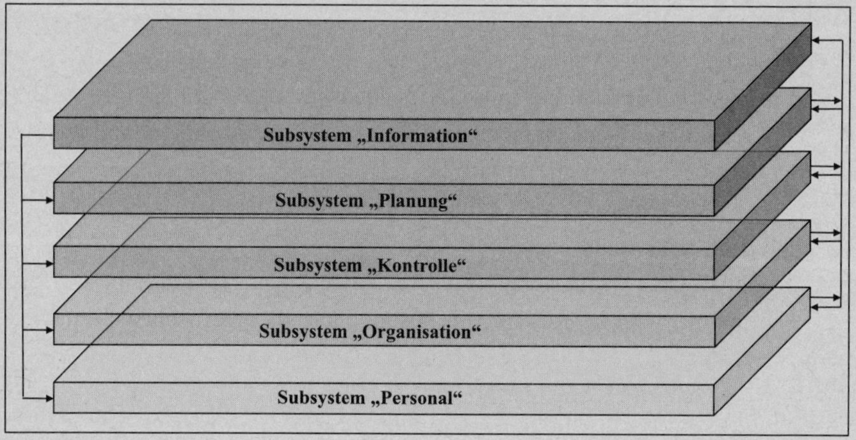

3-1: Strategische Managementkonzeption als „Schichtenmodell“

Die Aufgaben des strategischen Managements sind jedoch wesentlich komplexer als dass eine breite informatorische Fundierung und die folgende Strategieformulierung genügen, um strategische Erfolge sicherzustellen. So zeigen Erfahrungen aus der Wirtschaftspraxis, dass für eine erfolgreiche strategische Führung eine „gute“ Planung nicht ausreicht. Flankierende Unterstützungssysteme sind somit für den Führungsprozess notwendig, um unterschiedlichsten Schwierigkeiten adäquat begegnen zu können. Sie lassen sich in sachliche (Organisations- und Kontrollsystem) und in personelle (Personalsystem) Komponenten des Führungssystems aufgliedern. Die damit verbundenen verschiedenen Subsysteme stellen quasi parallele Schichten des Führungssystems dar und haben folgende Schwerpunkte:

- *Subsystem „Organisation“:* Organisatorische Regeln steuern, grenzen ein, ermöglichen die meisten innerbetrieblichen Entscheidungsprozesse und sind zugleich Voraussetzung für strategische Prozesse. Von besonderer Bedeutung sind die Bildung strategischer Geschäftseinheiten und einer dualen Organisation sowie die Gestaltung der Führungsorganisation.
- *Subsystem „Personal“*: Mitarbeiter aller Ebenen sind entscheidende Ressourcen in allen strategischen Prozessphasen. Verschiedene Personalinstrumente können dabei gezielt Einfluss nehmen auf die Verhaltensweisen die-

ser Personen. Hervorzuheben sind: Personalauswahl und -einsatz, antizipative Personalentwicklung sowie strategisch-orientierte Anreizsysteme.

- *Subsystem „Kontrolle“:* Da Planung immer auch eine Selektion möglicherweise relevanter Gestaltungs- und Einflussparameter vornimmt, wächst die Notwendigkeit der Überwachung dieser planerischen Tätigkeit. Begleitend findet v. a. eine „Feed forward“-Kontrolle mit Schwerpunkten bei der Prämissen- und Fortschrittskontrolle sowie einer eher ungerichteten Überwachung statt.

Alle Teilsysteme werden im Rahmen der Metaplanung auf Basis der Zielvorgaben der obersten Entscheidungsträger hin konzipiert und implementiert. Sie sind quasi Voraussetzung für die Durchführung eines strategischen Managements. Gleichzeitig sind sie auch Objekt, da sie selbst stets auf ihre Passung mit den zentralen Zielvorstellungen überprüft und verändert werden müssen. Die einzelnen Teilsysteme respektive Schichten durchdringen einander mit ihren verschiedenen Regelungen. Da sie nicht unabhängig voneinander sind, ist dies unvermeidlich, ebenso wie die Notwendigkeit, konsistente Regelungen zu vereinbaren.

Lösung Aufgabe 3-4

Das Schichtenmodell betont vor allem die relative Unabhängigkeit der verschiedenen Managementsubsysteme Planung, Kontrolle, Organisation und Personal. Es ist nicht per se eine hierarchische Rangfolge und damit auch ein zeitlicher Prozessablauf bei der Erarbeitung dieser Subsysteme vorgesehen. Zwar hat das Planungssystem normalerweise eine Vorrangposition. Diese ist aber nicht unbedingt. Je nach Engpassbereich im Managementsystem kann auch ein anderes Subsystem quasi Vorgaben für die anderen Subsysteme generieren, sei es indem besondere Ressourcen als Ausgangspunkt definiert werden, sei es weil eine besonders prekäre Situation in diesem Bereich zunächst gelöst werden muss und Ähnliches. Eine weitere Intention ist es, dass eine simultane Gestaltung der vier Subsysteme erfolgen muss, da Interdependenzen zu berücksichtigen sind.

Lösung Aufgabe 3-5

In der Literatur liegen zwei gegensätzliche Verständnisse der Strategieentwicklung vor.

Vertreter des *klassischen rationalistischen Strategieverständnisses* definieren Strategie als ein geplantes Maßnahmenbündel der Unternehmung zur Erreichung ihrer langfristigen Ziele („Strategie als Plan"). Strategie im weiten Sinne umfasst dabei neben den Mitteln und Wegen zur Zielerreichung auch die Zielplanung. Dieses Verständnis lässt sich zudem durch eine Reihe von Merkmalen kennzeichnen. So bestehen Strategien aus einer Reihe miteinander verbundener *Einzelentscheidungen* in einer Unternehmung, die zueinander in einem stimmigen Verhältnis stehen müssen. Dies betrifft sowohl horizontale als auch vertikale Beziehungen. Bei Letzteren werden Ziele und Strategien getrennt, so dass Strategien keine Aussagen zu den zu verfolgenden strategischen Zielen machen, sondern lediglich zur Zielerreichung. Dem übergeordnet ist noch die so genannte „Mission", als Festlegung der langfristigen Unternehmungsziele oder der generellen Absichten. Der klassische Strategiebegriff strebt weiterhin die Erzielung einer Stimmigkeit zwischen den Stärken und Schwächen einer Unternehmung und den Chancen und Risiken der Umwelt an. Eine Strategie beinhaltet demnach die Positionierung der Unternehmung in ihrer Umwelt dergestalt, dass die Chancen („Opportunities") der Umwelt genutzt und ihre Risiken („Threats") vermieden werden. Dies soll unter Ausnutzung der bestehenden Stärken der Unternehmung („Strengths") und unter Vermeidung oder Behebung ihrer Schwächen („Weaknesses") vollzogen werden. So entsteht die SWOT-Analyse & -Prognose. Es handelt sich dabei aber eher um eine Heuristik als um ein konkret umsetzbares Instrument. Das klassische Verständnis geht darüber hinaus auch davon aus, dass Strategien in Maßnahmenpakete konkretisiert und dann umgesetzt werden. Unternehmungsstrategien sind in diesem Verständnis als ein durchgängiger Zusammenhang von ersten Aktionen bis zum endgültigen Erfolg (durch Zielerfüllung) charakterisiert.

Der Strategiebegriff wird vielfach auch in einem anderen Verständnis verwendet. Die Erfahrung zeigt, dass mit der hohen Geschwindigkeit des Umweltwandels es zumindest sehr schwierig ist, Strategien im Sinne komplexer, rational geplanter Maßnahmenbündel zu entwickeln. Die darin enthaltenen Maßnahmen sind in der Regel aufgrund ihres strategischen Charakters in relativ hohem Maße irreversibel sowie von daher in dynamischen Umwelten inflexibel und gegebenenfalls existenzgefährdend.

Die damit in der Praxis verbundenen Probleme lassen die Frage aufkommen, inwieweit die Zukunft von Unternehmungen tatsächlich Objekt einer „managerialen Inszenierung" sein kann. Rationale (strategische) Entscheidungsfindung kann zudem nicht isoliert betrachtet werden. Sie ist eingebettet in grundlegende (unternehmungsspezifische) Problemlösungsmuster, institutionelle Gegebenheiten und mikropolitische Machtprozesse. Diese können nicht nur dazu beitragen, rationale Strategien zu unterstützen, sondern im Gegenteil den Entwicklungsprozess und die Umsetzungserfolge zu vereiteln. Es ist daher sinnvoll, solche Prozesse im Strategieverständnis auch zu berücksichtigen. Betrachtet man Strategien einzelner Unternehmungen im Zeitablauf, so wird deutlich, dass Strategien immer Bestandteile eines Entwicklungsstromes, mit Beginn in der Vergangenheit, Fortgang in der Gegenwart und Fortbestand in der Zukunft darstellen.

Die Kritik an der Rationalitätsprämisse des strategischen Managements wird insbesondere von der Schule um *Mintzberg* vertreten. Für ihn sind Strategien nicht zwingend das Ergebnis formaler rationaler Planungen. Die *nicht-rationalistische Sichtweise* lässt sich wie folgt darstellen und bewerten: Der Ansatz zeichnet sich dadurch aus, dass neben den formalen, geplanten Strategien auch andere Wege, den strategischen Unternehmungserfolg zu erreichen, berücksichtigt werden. Er lenkt den Fokus auf Strategiephänomene, die sich den formalen Systemen und Prozessen entziehen. Emergente (sich quasi ungerichtet ergehende) Strategiephänomene sind demnach wichtiger als formale Prozesse. Viele „irrationale", wenig zielgerichtete Prozesse führen zu einer – formal nicht fixierten – „Strategie". Diese lässt sich allenfalls als ein einheitliches Muster von Entscheidungen kennzeichnen. Allerdings werden wenig Aussagen darüber getroffen, welche Phänomene aus dem Objektbereich ausgeschlossen werden können. Dies führt im Extrem dazu, dass jede Unternehmungsentscheidung, sofern sie aus subjektiver Sicht bedeutend ist, als „strategisch" bezeichnet wird. Zudem weisen emergente Strategien kaum direkten Bezug zu den zentralen Merkmalen einer strategischen Führung auf: unklarer Zielbezug, keine Stärken- und Schwächenanalyse, kein unmittelbarer Wettbewerbsbezug.

Lösungen der Aufgaben zum Kapitel 4

Lösung Aufgabe 4-1

Die strategische Analyse & Prognose ist einerseits Grundlage der strategischen Unternehmungsführung und zwar in dem Sinne, dass Informationen aus der Umwelt und der Unternehmung für die Alternativenformulierung gesucht, systematisiert und bewertet werden. Diese Informationen können gegebenenfalls auch verwendet werden, um im Rahmen einer Metaplanung das Schichtenmodell selbst mit seinen unterschiedlichen Schichten zu verändern. Die informatorische Fundierung ist also auch sinnvoll für das Organisationssystem, das Kontrollsystem, das Personalsystem sowie das Planungssystem. Andererseits werden auch die Wirkungen von erarbeiteten Alternativen sowohl von Unternehmungsstrategien als auch von Subsystemvarianten bewertet und prognostiziert.

Lösung Aufgabe 4-2

Einerseits stehen Unternehmungen heute im Wettbewerb mit so vielen verschiedenen Kooperationsformen (gemeinsame Joint Venture mit anderen Unternehmungen, teilweise sogar mit Konkurrenten, Minderheits- und Mehrheitsbeteiligungen an anderen Unternehmungen, Systempartnerschaften in Lieferketten, Outsourcing des Servicetelefons, der Bestellannahme, der Lagerhaltung etc. mit langfristigen Lieferverträgen u. a. m.). Andererseits sind die Arbeitsverhältnisse „lockerer" geworden, Teilzeitarbeitskräfte, die auch noch für andere Unternehmungen arbeiten, Eigentümer, die auch noch Anteile anderer Unternehmungen besitzen etc. Beides zusammen macht es schwierig, hier eindeutig abzugrenzen.

Lösung Aufgabe 4-3

Um eine zielgenaue Analyse & Prognose sowie Strategieformulierung vornehmen zu können, muss genau klar sein, was deren jeweiliges Objekt ist. Es reicht nicht aus, sich an der aktuellen Organisationsstruktur und den dort vorhandenen Geschäftseinheiten zu orientieren. Was heute noch sehr erfolgreich ist, muss in sich dynamisch entwickelnden Branchen morgen nicht mehr so sein. Beabsichtigte Zukäufe können potenzielle Synergieeffekt verursachen u. a. Insofern ist es sinnvoll, zu Beginn der strategischen Unternehmungsführung sich über die zukünftig vermutlich relevanten Geschäftsfelder als Produkt-Markt-Kombinationen Gedanken zu machen und diese dann als Objekte zunächst der Analyse & Prognose festzulegen. Aufbauend darauf erfolgt dann eine angemessene Strategieformulierung. Wenn diese strategischen Geschäftsfelder dann noch einigermaßen deutlich zu identifizierende Mitwettbewerber haben, gelingt eine entsprechende Vorgehensweise einfacher; auch weil man so die eigene Position im Markt besser ermitteln kann.

Lösung Aufgabe 4-4

Die PEST-Analyse & -Prognose fordert die Unternehmung auf, insgesamt fünf unterschiedliche Segmente der globalen Umwelt näher auf Unternehmungsauswirkungen hin zu untersuchen: „Political", „Economic", „Sociocultural", „Technological" und „Ecological". Diese Segmente sind für alle Länder und Regionen, mit denen die Unternehmung und ihre Geschäftsfelder auf allen Produkt- und Sachebenen zu tun haben, zu betrachten. Es ergeben sich jeweils Chancen und Risiken, die mit den prognostizierten Entwicklungen verbunden sind. Für die jeweiligen Regionen sind entweder eigene Mitarbeiter oder externe Dienstleister zu beauftragen, die gewünschten Informationen zusammen zu tragen. Dies kann mittels eigens erhobener, so genannter Primärdaten, aber auch durch die Auswertung vorhandener Sekundärdaten geschehen.

Lösung Aufgabe 4-5

Entscheidende Wettbewerbskräfte für das Gewinnpotenzial innerhalb einer Branche sind: Verhandlungsstärke der Lieferanten, Bedrohung durch neue Anbieter, Verhandlungsstärke der Abnehmer, Bedrohung durch Ersatzprodukte und die Rivalität unter den bestehenden Unternehmungen.

Aus jedem dieser Bereiche kann ein Beispiel wiedergegeben werden, allerdings sind nur zwei erfragt. Darauf sollte man sich bei der Antwort auch beschränken.

Beispiel 1: Als Joghurtproduzent hat man Probleme mit der Verhandlungsstärke der Abnehmer. Durch den hohen Konzentrationsgrad der Lebensmittelketten haben kleinere Lieferanten Schwierigkeiten, ihre Vorstellungen bei den Vertragsverhandlungen durchzusetzen. Die Verhandlungsmacht der anderen Seite ist einfach zu groß. Hier kann man nur durch einen guten Markennamen und eine attraktive Werbung dagegen halten.

Beispiel 2: Ein Verweis auf die mechanische Uhrenindustrie Ende der 1960er Jahre ist sinnvoll. Japanische Produzenten „drohten“ mit digitalen Uhren auf den Markt zu stoßen, der bis dahin von der deutschen und der schweizerischen Uhrenindustrie beherrscht wurde, und zwar mit einem hohen Gewinnpotenzial. Das Substitutionsprodukt bedrängte nun, ohne dass die hiesigen Hersteller es bemerken oder treffend einschätzten, auf dieses angestammte Feld. Zunächst noch sehr teurer, aber anders und attraktiv, im Zeitablauf dann auch noch billig, räumten die digitalen Uhren den Markt völlig um. Die deutsche und die schweizerische Uhrenindustrie gingen weitgehend zugrunde (bis Jahre später ein Herr *Hayek* mit „Swatch“ eine neue Marke setzte).

Lösung Aufgabe 4-6

Beispielsweise lassen sich folgende Objekte in aller Regel gut miteinander vergleichen, um daraus Chancen und Risiken für das eigene Geschäftsfeld ableiten zu können: jeweilige Unternehmungsziele, aktuelle Geschäftsfeldstrategie, Prognose der zukünftigen Strategie und der erwarteten Verhaltensweise auf die Wettbewerbsentwicklung, Einschätzungen zu den Stärken und Schwächen der Konkurrenten sowie Selbstverständnis. Hier ergeben sich Informationen zum Inhalt der eigenen Strategie (Beispiele: Wo steht man besser da, als die Konkurrenz? Wo hat man Nachholbedarf? Welche Eigenschaften sollte man besonders positiv hervorheben?)

Lösung Aufgabe 4-7

Der Prozess der strategischen Unternehmungsanalyse & -prognose vollzieht sich in verschiedenen Schritten:

- Sie beginnt mit der Suche und der Aufdeckung strategisch bedeutsamer Potenziale. Diese lassen sich entweder direkt einzelnen Funktionsbereichen oder nur dem Wertschöpfungsprozess insgesamt zuordnen. In jedem Fall müssen durch diesen ersten Schritt Vorstellungen resultieren, worin strategische Potenziale bestehen könnten.
- Dem schließt sich deren Bewertung an, um genaue Informationen über die Tragfähigkeit einer Kennzeichnung als „strategisches Potenzial" zu bekommen. Eine solche immer nur relativ mögliche Bewertung kann dabei durch einen Zeitvergleich, einen Vergleich mit dem jeweils unterstellten Produktlebenszyklus oder einen Vergleich mit den wichtigsten Konkurrenten erfolgen.
- Dies leitet zum dritten Schritt über, der in der Formulierung eines Stärken/Schwächen-Profils besteht. Dieses umfasst dann idealerweise detaillierte Hinweise auf die Erfolgspotenziale einer Unternehmung, die die Basis zur Formulierung von Strategien bilden.

In diesem Prozess der strategischen Unternehmungsanalyse können durch verschiedene Aufgabenträger in einer Unternehmung unterschiedliche Instrumente der Informationsgenerierung und -bewertung eingesetzt werden. Diese werden auch als Instrumente der strategischen Planung bezeichnet, von denen der Berücksichtigung der PIMS-Studie, der Lebenszyklusanalyse und -prognose, der Erfahrungskurvenanalyse & -prognose, der Portfolioanalyse & -prognose, der Wertekette, der Potenzialanalyse & -prognose sowie der Stärken-Schwächen-Analyse & Prognose eine besondere Bedeutung zukommt. Den größten Raum nehmen dabei die Portfolioanalysen ein, da sie zum einen in vielen Varianten diskutiert werden und zum anderen auch jeweils relativ komplexe Argumentationsgänge umfassen.

In den einschlägigen Lehrbüchern zum strategischen Management wird mehrheitlich auch die so genannte PIMS-Studie („Profit Impact of Market Strategy") im Zusammenhang mit und als Instrument der Unternehmungsanalyse beschrieben. Hierbei handelt es sich um eine Datenbank, die als Längsschnittstudie Informationen zu einer Vielzahl von strategischen Geschäftsfeldern mehrerer hundert, freiwillig teilnehmender Unternehmungen speichert. Der zentrale Gedanke ist dabei, dass eine Auswertung dieser Daten die generellen Wirkungen strategischer Entscheidungen offenbart und zudem die teilnehmenden Unternehmungen Referenzwerte für vergleichbare strategische Geschäftsfelder erhalten. Das Ergebnis ist dabei, dass insbesondere der relative Marktanteil, die relative Produktqualität sowie die Kapitalintensität entscheidend den Return on Investment beeinflussen.

Lösung Aufgabe 4-8

Die Lebenszyklusanalyse beruht auf der plausiblen Vorstellung, dass vor allem industrielle Produkte nur eine begrenzte marktliche Lebensdauer haben. Dies lässt sich mit Nachfrageveränderungen, technischem Fortschritt oder der Ausschöpfung des Marktpotenzials etc. begründen. Demnach durchlaufen Produkte während ihrer „Lebensdauer" verschiedene Stadien. Diese werden in der Literatur unterschiedlich differenziert. Während in der Marketingliteratur ein enger, nur auf den Marktzyklus (= Zeitraum, in der ein Produkt angeboten und nachgefragt wird) bezogenes Verständnis mit vier bis fünf Phasen vorzufinden ist, betrachtet die Strategieliteratur zusätzlich noch den Entstehungszyklus. Dieser beschreibt den Zeitraum, der die Phasen der Forschung und Entwicklung sowie die Produktions- und Absatzvorbereitung umfasst. Beides zusammen ergibt den Lebenszyklus (s. Abb. 4-1). Charakteristisch ist, dass jede der benannten Phasen mit einem unterschiedlichen Finanzmittelbedarf bzw. -überschuss verbunden ist; d. h., aus der Lebenszyklusanalyse werden produktspezifische Cashflow-Verläufe abgeleitet. Genau diese Verbindung macht das Instrument strategisch relevant.

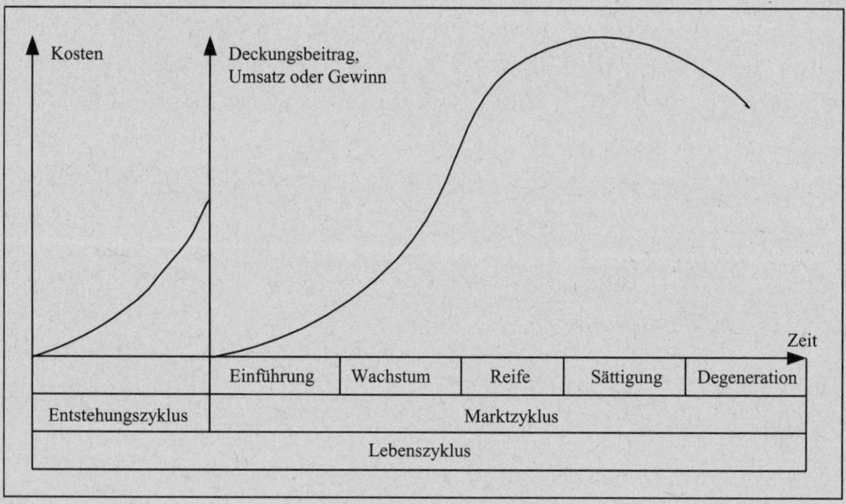

Abb. 4-1: Produktlebenszyklus

Vor dem Hintergrund dieses Phasenschemas lassen sich zumindest grobe Rückschlüsse auf das künftige Wachstum des Gesamtmarktes sowie der zeitlichen Kosten-, Umsatz- und Gewinnstruktur ziehen. Im Entstehungszyklus entstehen nur Kosten. Umsätze können erst nach der Markteinführung realisiert werden. In der Wachstumsphase sind überproportionale Umsatzzuwächse bei weiter hohen Kosten zu erwarten, wobei im Zeitablauf der Break-even erstrebt wird. Höhere Gewinne sind erst in der Reifephase zu erhoffen. Die Sättigungsphase kennzeichnet das Absatz- und Umsatzmaximum, wobei sich durch eine sinkende Nachfrage auch die Gewinnsituation verschlechtert. In der Degenerationsphase sinkt die Nachfrage weiter, so dass allenfalls noch durch ein so genanntes Relaunching und zusätzliche Marketingaufwendungen Gewinne aufrechterhalten werden können.

Abschließend bleibt festzuhalten, dass der Lebenszyklus für die Unternehmungsanalyse & -prognose zumindest als beschreibendes Instrument hilfreich ist. So gibt er Hinweise auf Absatzentwicklungen und die damit verbundenen Cashflows, zeigt Ansatzpunkte für den phasenspezifischen Einsatz des marketingpolitischen Instrumentariums auf, hilft das Gewinnpotenzial eines Produktes zu beurteilen, initiiert und unterstützt die langfristige Produktplanung (Einführungs- wie Programmplanung). Voraussetzung für die Nutzung des Instruments ist eine produktspezifisch ausgerichtete Analyse und Prognose der Rahmenbedingungen, um zu einem produktspezifischen Lebenslauf zu gelangen.

Lösung Aufgabe 4-9

Die Erfahrungskurvenanalyse & -prognose ist aufgrund ihres intuitiven Zugangs sowie ihrer strategischen Implikationen ein bekanntes Instrument der strategischen Analyse. Der Begriff „Erfahrungskurve" wurde von der Boston Consulting Group geprägt und betrifft den Zusammenhang von langfristigen Stückkosten und Gesamtproduktionsmenge einer Unternehmung. Die Basisaussage der Erfahrungskurve lautet: Mit jeder Verdopplung der kumulierten Produktionsmenge sinken die inflationsbereinigten Stückkosten potenziell um einen konstanten Prozentsatz (ca. 20-30 Prozent).

Diese Beziehung zwischen Stückkosten und kumulierter Produktionsmenge lässt sich graphisch als fallende Hyperbel in geglätteter Form darstellen. Diese Visualisierung stößt aber insofern an Grenzen, als dass sich die kumulierte Produktionsmenge aus den bisher insgesamt produzierten Einheiten eines Produkts zusammensetzt. Deshalb kommt v. a. eine logarithmische Darstellungsweise in Frage, um dadurch die längerfristige Perspektive umzusetzen, wie sie mit der Verdopplung der kumulierten Produktionsmenge angesprochen ist. Somit lässt sich der Stückkostenrückgang aus dem Steigungsmaß der gradlinig verlaufenden Kurve bzw. der in diesem Fall gradlinig verlaufenden Gerade ablesen (s. Abb. 4-2).

Für diese potenzielle und nicht automatisch eintretende Stückkostenreduktion werden v. a. vier Ursachen angeführt: Der Lernkurveneffekt als erste Ursache basiert auf der Annahme, dass jeder Mensch (und damit auch in der Arbeitnehmerrolle) während seiner Tätigkeiten seine Kompetenzen verbessert und Übungsgewinne realisieren kann. Ob und wie stark dies tatsächlich der Fall ist, kann kaum präzise und allgemeingültig bestimmt werden.

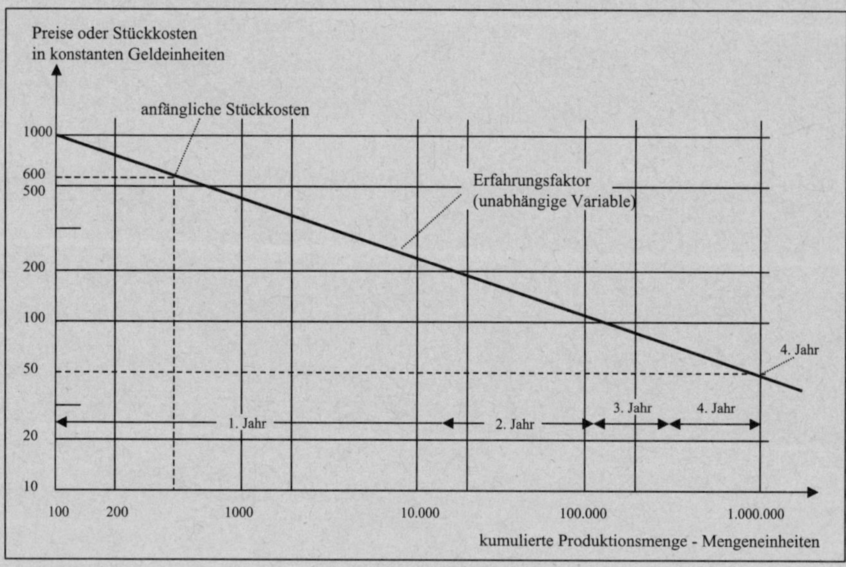

Abb. 4-2: Erfahrungskurveneffekt

Als zweite Ursache ist in diesem Zusammenhang die Größendegression zu nennen. Die Stückkosten eines Produktes sinken c. p. – so die prinzipielle Annahme – mit einer Vergrößerung der Kapazität (Betriebsgröße). Ursachen der Größendegression sind technisch bedingte Kostenvorteile (mögliche Nutzung kostengünstigerer Produktionstechnologien) sowie absolute Kostenvorteile größerer Unternehmungen in den Bereichen Beschaffung, Produktion und Absatz (steigende Skalenerträge bzw. sog. „Economies of scale"). Der Größendegressionseffekt bezieht sich auf die Produktionsmenge eines Jahres und nicht auf die kumulierte Menge. Von diesem Effekt zu trennen ist die Fixkostendegression (sinkende Stückkosten bei wachsender Beschäftigung) als eine weitere Determinante des Erfahrungskurveneffekts.

Aber auch der technischer Fortschritt und damit insbesondere Prozessinnovationen im Produktionsbereich, bspw. die Einführung von Fertigungsinseln, tragen zur Verschiebung der Kostenfunktion nach unten bei.

Als letzte Ursache sind auch noch Rationalisierungsmaßnahmen anzuführen, mit welchen die Ausnutzung der Kostensenkungspotenziale in allen betrieblichen Bereichen (durchaus auch im Zusammenhang mit den bereits angegebenen Größen) angesprochen ist.

Die Erfahrungskurve stellt keine Gesetzmäßigkeit dar, zumal eine Verdopplung der kumulierten Produktionsmenge allenfalls in den ersten Jahren des Produktlebenszyklus und auch nur bei wachsenden Märkten einfach realisierbar sein kann. Es sind immer nur mögliche Kostensenkungspotenziale – jenseits von Mengenrabatten für Materialkosten – angesprochen, die erst durch bewusste Managementanstrengungen realisiert werden müssen.

Aus strategischer Perspektive impliziert die Erfahrungskurve eine Ausrichtung auf wachsende Märkte, bei denen eine Ausdehnung der eigenen Marktanteile erreicht werden sollte. Dies ist in der Erfahrungskurvenlogik erforderlich, da eine kontinuierliche Kostensenkung nur unter der Voraussetzung eintreten kann, dass die Absatzmöglichkeiten und damit auch die Produktionsmengen um einen konstanten Prozentsatz wachsen.

Darüber hinaus stellen verschiedene kritische Aspekte an der Erfahrungskurvenanalyse & -prognose jedoch deren unvoreingenommene Akzeptanz in Frage. Zunächst sind mess- und datentechnische Probleme zu nennen. Die Ermittlung und Bewertung der Kosten ist insofern unzureichend, als dass zum Ersten das ausnutzbare Kostensenkungspotenzial von Vor- und Fremdleistungen nicht berücksichtigt wird. Zum Zweiten wird der „Shared experience-Effekt" (Lerneffekte durch ähnliche Produkte) nicht beachtet. Zum Dritten scheitert eine exakte Stückkostenermittlung an den allgemeinen Problemen der Fix- und Gemeinkostenzurechnung. Zum Vierten werden im Allgemeinen Preis- und nicht Kostendaten verwendet, was problematisch ist, da sich Preise nicht automatisch analog zu den Kosten entwickeln. Die empirische Absicherung des Erfahrungskurveneffektes beschränkt sich vor allem auf stark standardisierbare Produkte wie PVC, integrierte Schaltkreise oder Farbfernseher. Für diese Produkte bestehen allerdings keine einheitlichen Erfahrungsraten, sondern diese reichen vielmehr von circa sechs bis 27 Prozent. Damit kann der Erfahrungskurveneffekt keine umfassende empirische Gültigkeit beanspruchen, speziell nicht für den Dienstleistungsbereich. Theoretisch fehlt es an ausreichenden Erklärungen für den unterstellten Effekt sowie an Erkenntnissen über dessen genaue Wirkungszusammenhänge. Auch im Rahmen der angenommenen strategischen Implikation ist Kritik angebracht. Zunächst einmal empfiehlt die Erfahrungskurve, eine dominierende Marktposition anzustreben. Zur Ausnutzung aller Gewinnpotenziale sind damit eine weitgehende Produktstandardisierung und eine vertikale Integration verbunden. Dies wiederum reduziert die Flexibilität, auf Marktänderungen zu reagieren, und birgt große Risiken durch die Produktstandardisierung.

Begründet durch diese Kritik, stellt sich die Frage nach dem eigentlichen Wert der Erfahrungskurvenanalyse & -prognose. Die Antwort liegt vor allem im heuristischen Wert des Instrumentes und ihrer Signalwirkung für das Management. Sie weist auf das Kostensenkungspotenzial bei hohen Stückzahlen und die Vorteile eines hohen Marktanteils mit entsprechend großem Umsatzvolumen hin. Zusammenhänge zwischen der Kostenposition als Erfolgspotenzial sowie dem Marktanteil und dem Marktwachstum werden sichtbar gemacht.

Lösung Aufgabe 4-10

Die Grundidee der Portfolio-Konzepte entstammt dem finanzwirtschaftlichen Bereich. Dort bezeichnet ein Portfolio die optimale Mischung mehrerer Investitionsmöglichkeiten. Daran angelehnt geht es bei der strategischen Portfolioanalyse um eine möglichst vorteilhafte Mischung verschiedener Einzelinvestitionen oder strategisch relevanter Ressourcen. Dies soll die Frage beantworten, für welche strategischen Geschäftsfelder (SGF) oder in welche Ressourcen Mittel in welcher Höhe eingesetzt werden sollen.

Aufgrund der Vielzahl strategisch relevanter Perspektiven wurden unterschiedliche Ansätze entwickelt. Sie unterscheiden sich in ihrer Ausrichtung und in den verwendeten Dimensionen. Primär auf den Absatzmarkt sind das Marktwachstum-Marktanteil-Portfolio sowie das Marktattraktivität-Wettbewerbsvorteil-Portfolio ausgerichtet. Andere Portfoliokonzepte stellen demgegenüber oft stärker unternehmungsbezogene Ressourcen in den Vordergrund. Darüber hinaus wurden eine Reihe weiterer Portfoliokonzeptionen entwickelt. Diese Vorschläge reichen an vielen Stellen kaum über die Analysemöglichkeiten der grundlegenden Portfoliokonzeptionen hinaus und werden deshalb nicht detailliert vorgestellt.

Methodisch laufen diese unterschiedlichen Portfolioanalysen weitgehend einheitlich ab. Sie spannen jeweils einen zweidimensionalen Beurteilungsraum in Form einer Matrix auf, wobei in aller Regel eine Unternehmungs- und eine Umweltdimension zum Einsatz kommen. In dieser Matrix werden dann die strategisch auszurichtenden Portfolioelemente abgetragen. Dies führt zu einer Ist-Aufnahme über die Einzelinvestitionen bzw. über bestimmte Ressourcen jeweils aus einer ganz bestimmten Perspektive. Vielfach umfassen Portfolioanalysen auch Normstrategien (Strategiekataloge für Matrixfelder), so dass sich dann Aussagen ableiten lassen, wie sich die einzelnen Portfolioelemente entwickeln sollen und wo Investitionen erforderlich sind. In der Matrix werden die Portfolioelemente durch Kreise dargestellt. Deren Größe soll die relative Bedeutung beispielsweise eines strategischen Geschäftsfeldes anhand des Umsatzes, Deckungsbeitrages oder gebundenen Kapitals verdeutlichen. Unterschiede zwischen den einzelnen Portfolio-Varianten bestehen dabei nicht nur in den verschiedenen Umwelt- und Unternehmungsdimensionen, sondern auch in den Unterteilungen (4-, 9-, 16-Felder-Matrizen) sowie in unterschiedlichen Normstrategien.

Lösung Aufgabe 4-11

Der „klassische“ Portfolio-Ansatz stammt von der Boston Consulting Group (BCG). Als Beurteilungsdimensionen kommen das Marktwachstum und der relative Marktanteil eindimensional, also nicht weiter differenziert, zum Einsatz. Marktanteile sind insofern relativ, als dass sie die Stellung gegenüber dem wichtigsten oder den drei wichtigsten Konkurrenten angeben. Beide Dimensionen werden jeweils in „niedrig“ und „hoch“ eingeteilt, so dass eine aus vier Feldern bestehende Matrix (4-Felder-Matrix) entsteht. Als abhängige Variable einer gegebenen Konstellation dieser Dimensionen werden u. a. der Cashflow, aber auch die Renditen gesehen. Die Zusammenhänge werden aus dem Produktlebenszyklus sowie der Erfahrungskurve abgeleitet. Danach hängt die Cashflow-Erzeugung vom relativen Marktanteil ab und der Cashflow-Verbrauch vom Marktwachstum (s. Abb. 4-3).

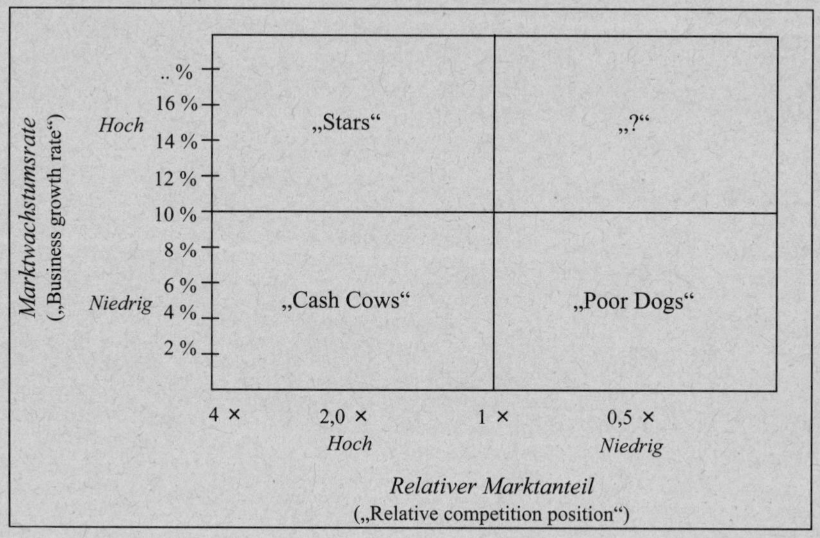

Abb. 4-3: Marktwachstum-Marktanteil-Portfolio

Für die Dimensionen der BCG-Matrix werden i. d. R. für das zukünftige Marktwachstum ein linearer Maßstab und für den gegenwärtigen Marktanteil ein logarithmischer Maßstab gewählt. Eine Verdopplung des relativen Marktanteils, bspw. von 0,5 auf 1, hat dann den gleichen Abstandswert wie eine Verdopplung von 2 auf 4. Dies ist insofern zutreffend, als dass beides auf der gleichen Kostenverbesserung (s. Erfahrungskurveneffekt) basiert. Untersucht wird letztlich, wie sich die einzelnen strategischen Geschäftsfelder auf den Cashflow einer Unternehmung und die beiden Variablen auf das Cashflow-Gleichgewicht der Unternehmung auswirken.

Lösung Aufgabe 4-12

Von *McKinsey* wurde in Zusammenarbeit mit General Electric eine 9-Felder-Matrix entwickelt. Der gegenüber der BCG-Matrix formulierten Kritik, dass der Erfolg eines strategischen Geschäftsfeldes nicht nur vom Marktanteil und dem Marktwachstum abhängt, trägt sie mit einer Berücksichtigung der vielschichtigen Dimensionen „Marktattraktivität“ und „relative Wettbewerbsvorteile“ Rechnung. Diese beiden multidimensionalen Achsen werden über umfangreiche Kriterienkataloge ermittelt. Ein zweiter wesentlicher Unterschied besteht, da keine Hypothesen über den inhaltlichen Zusammenhang der Variablen enthalten sind. Durch die Dreiteilung der Dimensionen in „niedrig", „mittel" und „hoch" ergeben sich neun Felder. Die Darstellung der SGF erfolgt ebenfalls durch Kreise. Je nach SGF-Positionierung resultieren unterschiedliche Normstrategien (s. Abb. 4-4).

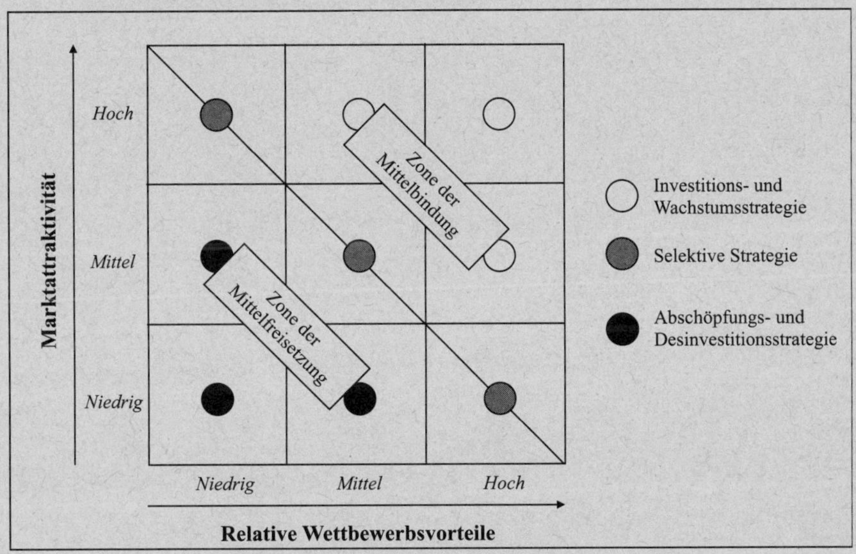

Abb. 4-4: Marktattraktivitäts-Wettbewerbsvorteil-Portfolio

Die 9-Felder-Matrix kennzeichnet eine weitgehende Unverbindlichkeit und Offenheit. So muss der Anwender aus umfangreichen Listen mit Einflussfaktoren die beiden Dimensionen unternehmungsbezogen bestimmen, die jeweiligen strategischen Geschäftsfelder bewerten und abschließend zu einem Gesamturteil zusammenfassen:

- Die Stärke der Marktattraktivität (Branchenattraktivität) kann anhand folgender Dimensionen ermittelt werden: (1) Marktwachstum und -größe, (2) Marktqualität und Rentabilität der Branche (Stellung im Marktlebenszyklus, Schutzfähigkeit des technischen Know-how, Wettbewerbsintensität, Anbieterstruktur, Lieferanten- und Abnehmermacht, Substitutionsmöglichkeiten),

(3) Energie- und Rohstoffversorgung (Störanfälligkeit, Kostenentwicklung), (4) Umweltsituation (Konjunkturabhängigkeit, Abhängigkeit von öffentlichen Aufträgen).

– Die Position der Unternehmung im Markt (relativer Wettbewerbsvorteil) soll anhand folgender Dimensionen deutlich werden: (1) relative Marktposition (Marktanteil und dessen Entwicklung, Größe und Finanzkraft der Unternehmung, Marketingpotenziale durch Image, Service, Abnehmerloyalität), (2) relatives Produktionspotenzial (Kostenvorteile, Innovationsfähigkeit, technisches Know-how, Lizenzbeziehungen, Standortvorteile, Produktionsstrukturen), (3) relatives Forschungs- und Entwicklungspotenzial (Stand der Grundlagenforschung, Innovationspotenzial und Innovationskontinuität), (4) relative Qualifikation der Führungskräfte und Mitarbeiter (Führungssystem, Professionalität, Kultur).

Durch die Aufstellung eines unternehmungsspezifischen Kriterienkataloges für die beiden Dimensionen sowie die Bewertung und Gewichtung der jeweiligen Faktoren auch mittels eines Scoring-Modells erfordert die Entwicklung des Ist-Portfolios und Einordnung aller Geschäftsfelder deutlich größeren Aufwand als bei der 4-Felder-Matrix.

Lösung Aufgabe 4-13

Für die strategische Analyse lässt sich aus den Ergebnissen des Marktattraktivität-Wettbewerbsvorteil-Portfolios wiederum die Flussrichtung des Cashflows darstellen. Es ergeben sich dabei drei Zonen: Zone der Mittelbindung, Zone der Mittelfreisetzung und Zone der Selektion. Die Zone der Mittelbindung betrifft Investitions- und Wachstumsstrategien. Hohe Marktattraktivität sowie relative Unternehmungsstärken sollen „wachsen“. Der Aufbau einer starken Marktstellung soll langfristig die Rentabilität verbessern helfen. Ein so genannter „negativer“ Cashflow ist typisch, da die benötigten Finanzmittel höher sind als die selbst erwirtschafteten. Die Zone der Mittelfreisetzung bezieht sich auf Abschöpfungs- und Desinvestitionsstrategien. SGF wird hierbei ein geringes mittelfristiges Erfolgspotenzial zugesprochen. Von daher wird eine kurzfristige Gewinnerzielung und Maximierung des Cashflow angestrebt („ernten“). Freigesetzte Mittel werden zur Innenfinanzierung eingesetzt und neue Investitionen kaum noch getätigt. In der Zone der Selektion werden einzelfallbezogene Vorgehensweisen nahegelegt.

Aufgrund der Ähnlichkeit zur 4-Felder-Matrix gelten auch einige der dort geäußerten Kritikpunkte gegenüber der 9-Felder-Matrix. Positiv sind jedoch die mehrdimensionalen Kriterien hervorzuheben, da sie eine genauere Situationserhebung erlauben. Das Problem der Auswahl und Bewertung bleibt jedoch bestehen. Zudem müssen alle strategischen Geschäftsfelder zur Vergleichbarkeit anhand der gleichen Dimensionen bewertet werden, was eine möglicherweise problematische Vereinheitlichung mit sich bringt. Zudem unterstellt die multiplikative bzw. additive Ermittlung eines Gesamtwertes eine kaum gegebene Unabhängigkeit der Dimensionen.

Lösung Aufgabe 4-14

Auch hier ist zunächst die grafische Darstellung der Wertekette notwendig. Dabei kommt es weniger darauf an, alle Kettenglieder exakt bezeichnet und voneinander differenziert zu haben. Wichtig sind jedoch die Differenzierung der primären und der sekundären Aktivitäten sowie die Darstellung als Kette bis hin zur Gewinnmarge. Zeitwettbewerb bedeutet, dass man zumindest gleich schnell (eigentlich jedoch etwas besser) wie die Mitwettbewerber sein muss: Entwicklungsprozesse, Produktionsprozesse, Lieferprozesse, Serviceprozesse und anderes sind insofern zu optimieren. Die Wertekette weist nun darauf hin, welche Teilprozesse besonders erfolgskritisch hinsichtlich des Markterfolges sind. Sie gestattet auch die Identifizierung von innerbetrieblichen Schnittstellen, normalerweise zeitkritische Momente. Zudem wird schließlich die Optimierung von Einzelprozessen angeregt. So lassen sich mögliche Wettbewerbsvorteile identifizieren, insbesondere dann, wenn man entsprechende auch versucht, die Konkurrenz einzuschätzen.

Lösungen der Aufgaben zum Kapitel 5

Lösung Aufgabe 5-1

Beides sind Phasen des strategischen Managementprozesses, und zwar innerhalb des Subsystems „Planung". Einer Strategieformulierung muss – zumindest im Rahmen einer rationalen Vorgehensweise – unbedingt eine informatorische Fundierung der Umstände, Gelegenheiten, Chancen, Stärken und Schwächen einer Unternehmung und ihrer strategischen Geschäftsfelder vorweg gehen. Ansonsten kennt man weder ausreichend den Ist-Zustand noch die erwarteten Entwicklungen der verschiedenen infrage kommenden Produkt/ Markt-Kombinationen. Anders ausgedrückt: Die Strategieformulierung baut auf den Ergebnissen der Analyse & Prognose auf, interpretiert sie und baut sie in die Strategien mit ein.

Lösung Aufgabe 5-2

Die SWOT-Analyse stellt ein heuristisches Analyseinstrument dar, das zunächst auf Basis der Umweltanalyse & -prognose mögliche Chancen und Risiken und dann auf Basis der Unternehmungsanalyse & -prognose vorhandene Stärken und Schwächen identifiziert. Es ergibt sich infolge vier verschiedene Kombinationen der erarbeiteten Chancen, Risiken, Stärken, Schwächen, die in einer Matrix dargestellt werden können. Jedem Matrixfeld wird dann eine idealtypische (Norm-) Strategie zugeordnet, die dann Basis für die strategische Stoßrichtung einer Strategieformulierung sein kann, falls man sich aktiv weiter mit einem solchen strategischen Geschäftsfeld beschäftigen möchte. Bei den alternativen strategischen Stoßrichtungen handelt es sich dabei um folgende: SO-Strategien zur Verwendung von Stärken, um Gelegenheiten zu nutzen, WO-Strategien zur Behebung von Schwächen, um Gelegenheiten zu nutzen, ST-Strategien zur Verwendung von Stärken, um Gefahren zu begegnen und WT-Strategien zur Minimierung von Schwächen, um Gefahren zu vermeiden.

Lösung Aufgabe 5-3

Entsprechend einer organisatorischen Differenzierung werden im Allgemeinen drei hierarchische Ebenen (bzw. zwei bei kleineren, nicht oder kaum diversifizierten Unternehmungen) im Strategiesystem unterschieden, welche im Folgenden näher betrachtet werden (s. Abb. 5-1):

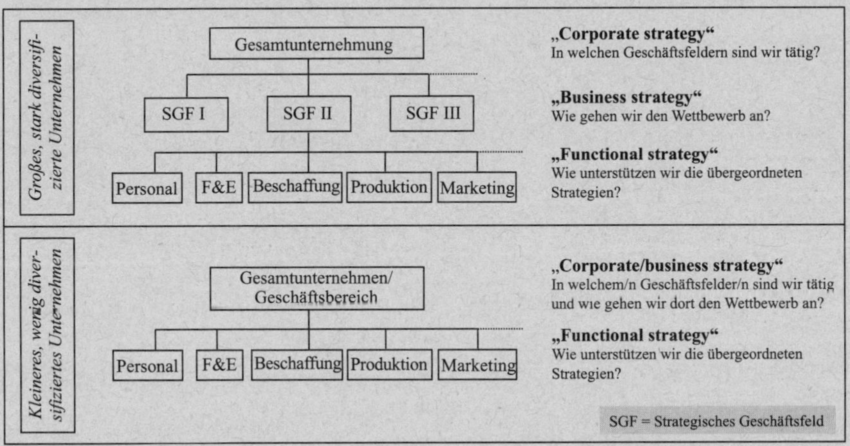

Abb. 5-1: Strategiesystem

- Zunächst ist die *Strategieebene der Gesamtunternehmung* („Corporate strategy") zu nennen. Diese Ebene wird weiter in zwei Bereiche differenziert. Die Rahmenplanung konzentriert sich zunächst auf die Formulierung der unternehmungsweiten Gesamtstrategie und ihrer Voraussetzungen. Dazu beschäftigt sie sich analysierend und gestaltend zunächst mit Aspekten des unternehmungspolitischen Rahmens. Die Planung der Grundstrategie betrifft nachfolgend die Festlegung der jeweiligen strategischen Stoßrichtung der definierten strategischen Geschäftsfelder im Unternehmungsportfolio.
- Auf der *Strategieebene der Geschäftsbereiche* („Business strategy") als zweite Ebene werden die Bereichsstrategien im Rahmen einer strategischen Programmplanung je Geschäftsfeld entwickelt. Die vorgegebenen strategischen Stoßrichtungen werden dadurch konkretisiert. Dies erfolgt gegebenenfalls über eine Differenzierung der Ziele und Stoßrichtungen für die zu definierende Zielgruppen und folglich für die einzelnen Produkt-Markt-Kombinationen, sofern die strategische Analyse dies empfiehlt. Eine ziel-

gruppenspezifische Gestaltung der betrieblichen Wertschöpfungsstruktur kann dann in die entsprechende Strategie einfließen.

- Auf der *Strategieebene der Funktionalbereiche* („Functional strategy") als dritte Ebene besteht schließlich die Aufgabe darin, die einzelnen (Unter-) Strategien der betroffenen Funktionsbereiche eines Geschäftsfeldes resp. der betroffenen operativen Einheiten sukzessive – bis hin zu operativen Plänen – zu spezifizieren.

Eine Differenzierung der unterschiedlichen Ebenen im Strategiesystem macht Sinn, da sich korrespondierend mit den strategischen Grundfragen („In welchen Geschäftsfeldern sind wir insgesamt tätig? Wie gehen wir den Wettbewerb jeweils in den Geschäftsfeldern an? Wie unterstützen wir jeweils die übergeordneten Strategien?") für die strategische Planung drei Planungsebenen unterscheiden lassen. Dies sind die Ebene der Gesamtunternehmung, die Ebene des Geschäftsfeldes und die Ebene der betrieblichen Funktionen. Dementsprechend wird differenziert zwischen der Gesamtunternehmungsstrategie („Corporate strategy"), der Wettbewerbsstrategie („Business strategy") und der Funktionalstrategie („Functional strategy"). Eine weitergehende Differenzierung wäre wenig sinnvoll.

Lösung Aufgabe 5-4

Ähnlich wie bei Persönlichkeitsstrukturen und grundlegenden Werten von Menschen prägen strategische Grundhaltungen als Teil der Unternehmungskultur die Herangehensweisen der Unternehmung an Unternehmungszielen und -strategien. Sie stellen in diesem Sinne einerseits eine „Schachtel" dar, aus der man sich nicht entfernen kann, andererseits aber auch ein steuerndes Element, um konsistente Strategien erarbeiten zu können. Sie haben insofern die Rolle, eine entsprechende Steuerung indirekt auszuüben.

Lösung Aufgabe 5-5

Die Ansoffschen Wachstumsstrategien bestehen aus der Marktdurchdringung, der Produktentwicklung, der Marktentwicklung und schließlich der Diversifikation. Zur Beantwortung der Frage reicht es nun aus, sich selbst zwei dieser

Strategierichtungen auszusuchen und diese dann inhaltlich näher zu beschreiben. Dies sollte vor allem abstrakt, durchaus aber auch ergänzend mit Beispielen geschehen.

Lösung Aufgabe 5-6

Es kann verschiedene Ursachen dafür geben, eine Schrumpfungsstrategie vorzusehen. Zum einen können die Gründe von außen gegeben sein: Marktschrumpfung, durch überaus starke Konkurrenz, mangelnde Rentabilität durch Preiswettbewerb und Ähnliches. Zum anderen sind aber auch möglicherweise interne Gründe verantwortlich: Konzentration auf andere (Kern-) Bereiche, Überkapazitäten beispielsweise aufgrund von Akquisitionen oder Rationalisierungsmaßnahmen, relativ schwach ausgeprägte Fähigkeiten, um im Markt gut bestehen zu können, und andere sind hier zu nennen.

Lösung Aufgabe 5-7

Zur Konkretisierung der strategischen Stoßrichtungen eines Geschäftsfeldes eignen sich die so genannten generischen Wettbewerbsstrategien („Generic strategies"), die von *Porter* in die Diskussion eingebracht wurden. Diese Strategiealternativen enthalten unterschiedlich fokussierte Maßnahmenbündel, die einem strategischen Geschäftsfeld eine konsistente, charakteristische und v. a. vorteilhafte Position im Wettbewerb verschaffen sollen. Drei Grundfragen werden mit ihrer Erarbeitung gestellt und beantwortet: (1) Wo soll konkurriert werden (Ort des Wettbewerbs: Kern- oder Nischenmarkt)? (2) Nach welchen Regeln soll konkurriert werden (Regeln des Wettbewerbs: Anpassung, Veränderung)? (3) Mit welcher Stoßrichtung soll konkurriert werden (Schwerpunkt des Wettbewerbs: günstige Kosten oder Leistungsdifferenzierung)?

Drei Strategietypen, die der Erreichung von Wettbewerbsvorteilen dienen, werden auf Basis der Beantwortung dieser Fragen unterschieden:

– Mit der *Strategie der Kostenführerschaft* wird versucht, Kostenvorsprünge gegenüber den Wettbewerbern innerhalb einer Branche zu erlangen. Es wird davon ausgegangen, dass eine starke Kostenposition zu relativen

Wettbewerbsvorteilen führt. Dem strategischen Geschäftsfeld wird so ein preispolitischer Spielraum verschafft. Dadurch wird u. a. die Abhängigkeit von Kunden und Lieferanten verringert. Weitere Vorteile entstehen dadurch, dass die Faktoren, die im Produkt-Markt-Bereich zu einem Kostenvorsprung führen, gleichzeitig Eintrittsbarrieren in Form von Betriebsgrößenersparnissen in der Branche schaffen.

- Mit der *Differenzierungsstrategie* soll für das strategische Geschäftsfeld eine Sonderstellung am Markt erzielt werden, indem durch eine spezifische Differenzierung des Angebots dem Kunden im Vergleich zu Konkurrenzprodukten ein zusätzlicher Wert geschaffen wird. Die Differenzierung kann sich auf Produkteigenschaften, Garantie- oder Serviceleistungen, Design u. Ä. beziehen, um sich qualitativ von den Mitwettbewerbern abzuheben und/oder zu versuchen, ein Markenimage zu schaffen, welches die Abnehmer dazu bewegt, das Unternehmungsprodukt anderen Produkten vorzuziehen. Der zusätzliche Kundenwert, der durch solche Differenzierungsstrategien geschaffen werden soll, gestattet es, eine Preisprämie (relativ spürbar höherer Deckungsbeitrag als bei geringpreisigen Produkten) durchzusetzen. Die Strategiealternative ist nur sinnvoll, wenn der höhere Preis über den zusätzlichen Kosten der Differenzierung liegt und dadurch die Gewinnspanne relativ zur Konkurrenz größer wird (oder zumindest gleich bleibt). Als Vorteile der Differenzierungsstrategie gelten des Weiteren bspw. die hohe Anpassungsfähigkeit und Flexibilität an geänderte Marktbedürfnisse und Wettbewerbssituationen sowie die mit ihr einhergehende höhere Innovationsneigung. Eine erfolgreiche Differenzierungsstrategie führt zu überdurchschnittlichen Gewinnen aufgrund der mit ihr geschaffenen relativen Wettbewerbsvorteile.
- Die *Nischenstrategie* konzentriert alle Aktivitäten eines Geschäftsfeldes auf die Erfüllung der Bedürfnisse einer spezifischen Kundengruppe resp. eines regionalen Marktes oder das Angebot einer engen Produktlinie. Sie ist sinnvoll, wenn man annimmt, dass das strategische Geschäftsfeld in der Lage ist, eine relativ eng definierte Marktaufgabe besser zu lösen als ein vom Fokus breit angelegtes Geschäftsfeld. In der gewählten, eindeutig bestimmten Nische kann dann entweder eine Differenzierungs- oder eine Kostenführerschaftsstrategie angestrebt werden. Voraussetzung für die Wahl ist aller-

dings, dass der Markt überhaupt weiter segmentiert werden kann, d. h. also Produkte mit hohem Differenzierungspotenzial angeboten werden können.

Abschließend bleibt festzuhalten, dass die skizzierten generischen Geschäftsstrategien alternativ zu sehen sind. Sie stellen jeweils unterschiedliche Wege zu Erfolgen dar. Ein strategisches Geschäftsfeld, für das es nicht gelingt, eine Strategie in eine der drei Richtungen zu entwickeln und konsequent umzusetzen, befindet sich nach *Porter* in einer ungünstigen Situation („Stuck in the middle"). Für die Strategie der Kostenführerschaft fehlen – so Porter ursprünglich – diesen Unternehmungen der Marktanteil, Kapitalinvestitionen, ggf. auch die notwendigen Entschlossenheit. Die Alternative der Differenzierungsstrategie ist wegen einer mangelnden branchenweiten Differenzierung nicht möglich. Für eine Nischenstrategie fehlt die nötige Konzentration.

Lösung Aufgabe 5-8

Mit der Strategie der Kostenführerschaft soll eine strategische Geschäftseinheit am Markt vor allem den Preiswettbewerb gewinnen und beherrschen können. Je weniger für vergleichbare Produkte bei gegebenen Preisen aufgewendet werden muss, desto höher ist der Deckungsbeitrag, desto höher die Preissenkungspotenziale. Im Vergleich zur Konkurrenz hat man eine relativ gute Position, ist unabhängiger und rentabler. Dazu ist es notwendig, dass man besser als die Konkurrenz die wesentlichen Kostentreiber (bspw. Produktionsprozesse, Lagerhaltung, Transportzeiten, Eingangsgüter) beherrscht. Sie müssen von daher analysiert und optimiert werden. Beispiele aus der Wirtschaft sind Aldi als Discounter (relativ wenige Produkte, kein Beratungsbedarf, keine Lagerhaltung/Just-in-time-Lieferung, große Mengen) sowie Cosmos als preisgünstiger Versicherer (kein Außendienst, qualifizierter Telefonservice).

Lösung Aufgabe 5-9

Selbstverständlich kann man versuchen, beide Strategien miteinander zu kombinieren. Einige Unternehmen haben dies auch erfolgreich realisiert. Es gibt aber gute Gründe dafür, dies nur vorsichtig zu versuchen und die verschiedenen Varianten gezielt auszusuchen. Die beiden fast gegensätzlichen Ausrichtungen und die damit verbundenen Konsequenzen sowohl auf die Kund|innen als auch auf die Mitarbeiter|innen und internen Prozesse sind sehr unterschiedlich, so dass eine treffenden Kombination nicht immer nur positive Wirkungen zeigt. Die Strategie der Kostenführerschaft verlangt einen strengen Fokus auf die Kostentreiber eines Produktes. Gleiches gilt im umgekehrten Falle für den erstrebten Differenzierungsvorteil. Allerdings: Vielfach verlangt der Wettbewerb nach beidem. Mit Professionalität, Vorsicht und zeitlich wie inhaltlich differenziertem Vorgehen kann man erfolgreich sein.

Lösung Aufgabe 5-10

Erfolgspotenziale sind sowohl Steuerungs- als auch Bewertungsgrößen für die strategische Unternehmungsführung. Mit ihnen wird die Schaffung von notwendigerweise vorhandenen Chancen zur späteren operativen Erfolgserzielung geschaffen. Erfolgspotenziale sind die Voraussetzung für spätere operative Erfolge, aber keine hinreichende Bedingung. Das operative Management muss noch sinnvoll agieren. Beispiele für die Schaffung von Erfolgspotenzialen können sein: (1) Akquisition von Energieversorgern durch einen Öl- und Gasproduzenten, um die Lieferkette voll und ganz beherrschen zu können. (2) Vertragliche Schaffung eines unternehmungsübergreifenden Prozessmanagements, um gemeinsam gegenüber anderen Konkurrenten(-netzwerken) schneller und flexibler leisten zu können.

Lösung Aufgabe 5-11

Bei der *Balanced Scorecard* (BSC) handelt es sich um ein System strategieorientierter Kennzahlen zur mehrdimensionalen Steuerung einer Organisationseinheit. Die BSC soll dazu beitragen, eine verfolgte Strategie inhaltlich zu präzisieren, die Strategieinhalte zu übermitteln, strategieorientierte Zielvorgaben für die Organisationseinheiten abzuleiten sowie die strategische Kontrolle zu verbessern. Die „traditionelle" Unternehmungsführung orientiert sich an finanziellen Kennzahlen (bspw. Return on Investment, Eigenkapitalrentabilität, Liquidität). Diese Kennzahlen im Rahmen einer Finanzperspektive sind aber eindimensional und vergangenheitsorientiert, sie verleiten zu einer kurzfristigen Betrachtung von (strategischen) Projekten allein schon deshalb, weil sich erst langfristig rentierende Investitionen kurzfristig negativ auf die Kennzahlen niederschlagen. Die BSC versucht, diese eindimensionale Betrachtungsweise um drei weitere Perspektiven zu ergänzen:

(1) Die *Kundenperspektive* fokussiert dabei die Unternehmungsziele im Hinblick auf Kundenwünsche und Markterfordernisse (bspw. Erhöhung der Kundenzufriedenheit, der Lieferpünktlichkeit, des Marktanteils). Für die Kunden- und Marktsegmente sind Ziele zu entwickeln, die es über die Umsetzung von spezifischen Maßnahmen zu erreichen gilt. Die Kennzahlen der BSC sollen den Stand der Zielerreichung widerspiegeln.

(2) Die *Perspektive der internen Geschäftsprozesse* richtet sich demgegenüber auf die wesentliche innerbetriebliche Wertschöpfung (bspw. Erhöhung der Lagerumschlagshäufigkeit, Verringerung der Ausschussquote). Die Darstellung der Wertschöpfungskette sowie die Operationalisierung über Kennzahlen helfen hier zum Verständnis.

(3) Die *Lern- und Entwicklungsperspektive* konzentriert sich schließlich auf die Qualifizierung und die Motivation der Mitarbeiter, die entscheidend den gesamten Entscheidungs- und Umsetzungsprozess in der Unternehmung gerade für Innovationen (bspw. durch die Senkung der Produktentwicklungszeit, Anzahl der Patente) determinieren.

Für jede dieser Perspektiven lassen sich Ziele, Kennzahlen, Vorgaben und Maßnahmen formulieren (s. Tab. 5-1). Insgesamt sollen sie bereichsbezogen die Unternehmungsstrategie operationalisiert wiedergeben. Während der Strategieumsetzung sind sie von daher Mittler der strategischen Zielsetzungen, da sie den Mitarbeitern verschiedener Hierarchieebenen mitteilen, was zum Strategieerfolg beitragen könnte und welche Leistungen jeweils erwartet werden. Gerade in einem partizipativen Planungsprozess ist die Erarbeitung der BSC ein Kommunikationsinstrument, das einen Rahmen zur Vermittlung des strategisch Gewollten schafft. Zudem vermittelt die Darstellung der Ursache-Wirkungs-Beziehungen ein besseres Verständnis von Aufgabensituationen und Zusammenhängen. Allerdings ist die BSC nicht als „Allheilmittel" der Strategieumsetzung zu verstehen. Es fehlt ihr an präzisen Aussagen zu den einzelnen Bereichen sowie zu eindeutigen Beziehungen. Als Heuristik zur Erstellung eines unternehmungsspezifischen Ziel- und Kennzahlensystems zur Umsetzung der Strategien in operative Größen ist sie jedoch geeignet.

Tab. 5-1: Grundstruktur der Balanced Scorecard (mit Beispielen)

	Allg. Ziele	*Messgröße*	*Zielvorgabe (Beispiel)*	*Maßnahmen*
Finanzen	Ertragssteigerung	ROI	14 % ROI	Frühzeitigere Projektselektion
Kunden	Kundentreue erhöhen	Wiederkaufrate	65 %	Technischen Service ausbauen
Prozesse	Verkürzung der Durchlaufzeiten	Durchlauftage eines Auftrags	5 Tage	Abbau von zwei Schnittstellen
Lernen	Mitarbeiter-zufriedenheit	Repräsentative Umfrage	10 % Steigerung der Zufrieden-heitswerte	„Empowerment"

Lösungen der Aufgaben zum Kapitel 6

Lösung Aufgabe 6-1

Die strategische Analyse, die Strategieformulierung und die Umsetzung der Strategien erfolgen nicht im luftleeren Raum. Sie werden beeinflusst durch die Regelungen im Rahmen der anderen Subsysteme „Organisation", „Personal" und „Kontrolle". Die genannten Aspekte werden als Steuerungs- und Unterstützungssysteme in Abbildung 6-1 dargestellt. Innerhalb der drei Führungssubsysteme sind jeweils drei Aspekte näher zu thematisieren. Ihr Einfluss auf den Planungsprozess i. e. S. und seine einzelnen Phasen wird durch die Pfeile näher veranschaulicht. Die Subsysteme steuern indirekt den strategischen Führungsprozess von der ersten bis zur letzten Phase und unterstützen die Strategieumsetzung. Ohne ihre zieladäquate Gestaltung besteht die Gefahr, dass Strategien nicht umgesetzt werden können oder schon vorher die gewünschte Strategieentwicklung gefährdet wird. Ähnliches gilt für die strategische Kontrolle.

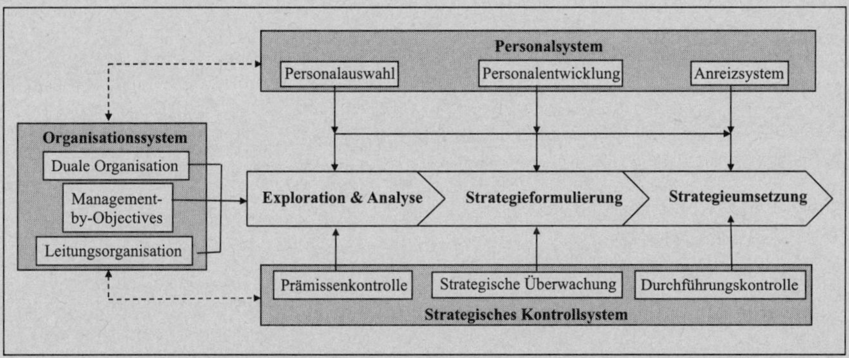

Abb. 6-1: Unterstützungs- und Steuerungssysteme im Detail

Eine enge Beziehung zum Planungssystem im strategischen Management besitzt das *Organisationssystem*, da die Strategieformulierung dadurch gekennzeichnet ist, dass einzelne Aktivitäten in den Teilbereichen der Unternehmung mit Hilfe von organisatorischen Regelungen zu einer Gesamtheit gefasst werden. Die Gestaltung des Organisationssystems als Komponente eines strategischen Managements bezieht sich auf ein System von organisatorischen Regeln für die Struktur und den Prozess, die ein Muster aufweisen. Diese Muster sind das Ergebnis eines bewussten Gestaltungsaktes.

Im *Organisationssystem* sind drei Gestaltungsparameter mit wesentlichem Einfluss auf den Erfolg hervorzuheben: Zum Ersten betrifft dies die auf strategischen Geschäftsfeldern (SGF) basierenden strategischen Geschäftseinheiten (SGE) mit der durch sie resultierenden dualen Organisation (als Form der Sekundärorganisation). Zum Zweiten wird der strategische Managementprozess durch organisationale Regeln gestaltet. Als ein für den gesamten strategischen Führungsprozess sinnvolles Vorgehen ist das *Management-by-Objectives* (MbO) zu verstehen. Zum Dritten geht es um die Organisation der Institution „Unternehmungsleitung" unter dem Stichwort der Leitungsorganisation (oft auch: Führungsorganisation). In jeder Unternehmung hat die strukturale und prozessuale Organisation der Unternehmungsleitung eine besondere Stellung. Ziel ist es, durch geeignete Regeln Fehler der Führungskräfte möglichst zu vermeiden und die sich aus menschlichem Fehlverhalten ergebenden Nachteile für die Unternehmung abzuwenden. Sie stellt insofern eine Art „Misstrauensorganisation" dar, um menschliche Unzulänglichkeiten zu verhindern.

Das *Personalsystem* (verstanden als die Personalarbeit sowie die Mitarbeiterqualifikation) ist eine kritische strategische Ressource. Darunter ist das Erkennen, Erschließen, Sichern und Verbessern personenbezogener Erfolgspotenziale zu verstehen. Diese sind v. a. die Mitarbeiterqualifikationen, die im Rahmen einer proaktiven und reaktiven Personalarbeit beeinflusst werden, indem gezielt strategisch qualifiziertes Personal erkannt, beschafft, entwickelt und gepflegt, Widerständen vorgebeugt wird bzw. diese abgebaut werden sowie bestimmte (Personal-) Strategien verfolgt werden. Eine Stärken-Schwächenanalyse und -prognose des Personals und der Personalinstrumente kann zudem – i. S. des ressourcenorientierten Konzepts – Ausgangspunkt der Strategieentwicklung sein. Drei Teilbereiche der Personalarbeit werden im Allgemeinen unter strategischen Aspekten sinnvollerweise näher thematisiert: (1) Personalauswahl und -einsatz, (2) Personalentwicklung und (3) Anreizsysteme. Die genannten Teilsysteme des Personalmanagements determinieren in besonderem Maße die Anwendungsqualität eines strategischen Managements.

Die Gesamtheit der Regeln zur Kontrolle in der Unternehmung wird als *Kontrollsystem* bezeichnet. Einen wesentlichen Teil dieses Führungssubsystems stellt die strategische Kontrolle dar. Jeder Prozess der Strategieformulierung und jede Strategie bedarf einer Überprüfung. Diese ist nur möglich, wenn eine Vergleichsgröße formuliert ist. Je nach Plan- und Vergleichsgröße wird dann in unterschiedliche Kontrollarten differenziert. Die Umsetzung ist v. a. durch drei Kontrolltypen gekennzeichnet: Bei der strategischen Prämissenkontrolle wird überprüft, ob die Annahmen der Planung noch zutreffen. Die strategische Durchführungskontrolle beschäftigt sich damit, die beabsichtigten und unbeabsichtigten Wirkungen der Handlungen zur Strategierealisierung daraufhin zu überprüfen, ob mit ihnen tatsächlich die angestrebten strategischen Meilensteine erreicht werden. Bei der strategischen Überwachung erfolgt eine Beobachtung aller von der Planung ausgeblendeten Bereiche.

Lösung Aufgabe 6-2

Die Stellung der verschiedenen Subsysteme eines strategischen Managementsystems ist durchaus umstritten. Im Allgemeinen wird dem Planungssystem die herausragende Rolle zugesprochen, alle anderen haben dann abgeleitete beziehungsweise derivative Funktionen zu erfüllen. Dies trifft in sehr vielen Fällen auch zu. Es wäre jedoch falsch, die originäre Wirkung der anderen Subsysteme und ihren durchaus spezifischen Ausgestaltungsmöglichkeiten zu ignorieren. Von ihnen können auch Impulse, sogar nachhaltige Veränderungsimpulse für die Strategieformulierung ausgehen. Gezielter Personaleinsatz, partizipative Planung, Selbstkontrolle und anderes mehr sind solche Impulse, die nachhaltig den Output beeinflussen.

Lösung Aufgabe 6-3

Vielfach wird zwischen strategischen Geschäfts*feldern* und *-einheiten* differenziert. Tabelle 6-1 veranschaulicht die Inhalte und Unterschiede.

Tab. 6-1: Unterschiede strategischer Geschäftsfelder und -einheiten

Strategische Geschäftsfelder (SGF)	Strategische Geschäftseinheiten (SGE)
▪ Gedankliche Konstruktionen strategischer Produkt-Markt-Kombinationen ▪ Eigene, von anderen SGF unabhängige Marktaufgabe, eigene Wettbewerber, eigene Wettbewerbsfähigkeit und/oder spezielle Erfolgspotenziale ▪ Festlegung erfolgt markt- oder/und ressourcenorientiert mittels einer strategischen Segmentierung ▪ Orientierungsobjekte für strategische Analyse und Planung	▪ Realorganisatorische Abgrenzung strategischer Produkt-Markt-Kombinationen, unabhängig von der primären Organisationsstruktur ▪ Relativ autonomer Teilbereich der Unternehmung, der auf einem SGF beruht ▪ Entwurfskompetenz für strategische Planung sowie Entscheidungs- und Kontrollkompetenz ▪ Einordnung in duale Organisation

Das strategische Management macht es bereits frühzeitig (vor der Analysephase) im Führungsprozess notwendig, strategische Geschäfts*felder* (SGF) zu bilden. Mit einer situationsgerechten Gestaltung der Organisation, insbesondere der Bildung und Abgrenzung der SGF, soll insgesamt die Stoßrichtung des strategischen Denkens und Handelns zentriert und gefördert werden.

SGF/SGE zeichnen sich dadurch aus, dass sie zukunftsorientierten, strategischen Spezialisierungskriterien unterliegen. Dies, und nicht die aktuelle aufbauorganisatorische Gliederung, ist entscheidend. Dadurch sind prinzipiell Inkonsistenzen zwischen operativer und (gedanklicher) strategischer Organisation zu erwarten mit Problemen bei den Entscheidungsbefugnissen. Diesem Problem kann man mit der Bildung strategischer Geschäfts*einheiten* (SGE) begegnen.

Lösung Aufgabe 6-4

Ein wesentlicher Wert der strategisch-orientierten Personalmaßnahmen liegt darin, strategische Entscheidungsprozesse indirekt zu beeinflussen. Dies betrifft insbesondere die konsistente Gestaltung des personalen Führungssubsystems. Der in dem hier thematisierten Zusammenhang vielfach zitierte Rahmen eines „strategic human resource cycle“ von *Tichy, Devanna & Fombrun* pointiert vier Elemente der Personalfunktion: Personalauswahl, Leistungsbeurteilung, Anreizsysteme und Personalentwicklung (s. Abb. 6-2).

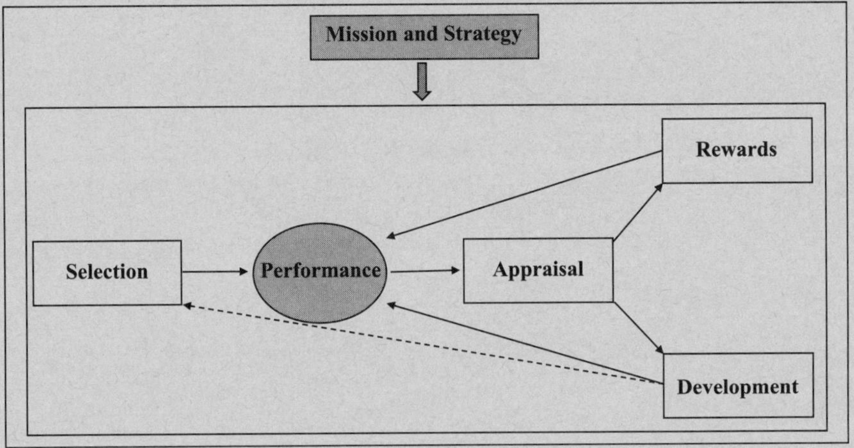

Abb. 6-2: Modell eines Strategischen Human Resource Cycle

Sie sind auf die „strategisch definierte Leistung" zu beziehen bzw. auszugestalten. Die Abbildung demonstriert, dass diese wichtigen Aufgaben lediglich in den Dienst der Strategieimplementierung gestellt werden: Der Pfeil von der Mission und der Strategie verläuft nur in eine Richtung. Ihre Funktion als Objekt im Rahmen der strategischen Analyse und Prognose (Stärken und ggf. behebbare Schwächen), als Entscheidungskriterium und als Determinanten für die Strategieformulierung (bspw. Anreize für risikoreichere Strategien, Person X als Garant für eine konservative Strategie) wird hier nicht thematisiert. Insofern ist dieses Konzept nur eingeschränkt verwendbar. Die gewählten personellen Entscheidungsbereiche sind dennoch von Bedeutung.

Lösung Aufgabe 6-5

Anreizsysteme, materielle wie immaterielle, können durch eine gezielte Ausgestaltung (1) zunächst das Verhalten der Führungskräfte bei der strategischen Planung beeinflussen. Je nachdem, welche Anreize gesetzt werden (Karriereoptionen bei Risikostrategien, variable Vergütungen bei Wertsteigerungen u. a.), beeinflusst dies – gewollt oder nicht gewollt – die strategischen Richtungen und Inhalte. Hier ist eher eine Initiativfunktion angesprochen. (2) Daneben kann eine zur Strategieumsetzung passend gestaltete Anreizkonzeption versuchen über materielle und immaterielle Anreize sicherzustellen, dass das strategisch Formulierte auch entsprechend umgesetzt wird. Hiermit ist eher die Sicherungsfunktion gemeint.

Lösung Aufgabe 6-6

So wichtig eine Soll-Ist-Kontrolle bei der Strategieumsetzung auch ist, sie vermittelt keine Informationen über anstehende Veränderungen wichtiger Einflussfaktoren in der Umwelt einer Unternehmung. Dies betrifft zum einen die den Strategien zugrunde gelegten Prämissen. Sollten diese unzutreffend sein, dann wird sich dies zwar an Abweichungen in den Soll-Ist-Kontrollen bemerkbar machen, aber erst wesentlich später. Beschäftigt man sich eher mit Prämissenabweichungen, so bestehen bessere Korrekturmöglichkeiten. Zum anderen ändern sich vielfach auch andere, vorab nicht näher berücksichtigte Einflussfaktoren in der Unternehmungsumwelt. Diese Entwicklungen können dann die Geschäftsentwicklung positiv oder negativ determinieren. Von daher ist auch eine generelle Überwachung der Umwelt unabdingbar für den strategischen Managementprozess.

ANHANG

„Exkurs „Termini, Begriffe, Definitionen“

Es ist – in Wissenschaft & Lehre wie auch der Praxis – sinnvoll, etwas Grundsätzliches zur Fachsprache respektive zur Terminologie zu erläutern. Die Beherrschung dieser auf den ersten Blick eher abstrakten Thematik kann erheblich dazu beitragen, Missverständnisse und nachfolgende Konflikte auch im betrieblichen Alltag zu vermeiden.[268]

Ausgangspunkt einer fachwissenschaftlichen Diskussion ist ein *Terminus*. Bei ihm handelt es sich um den sprachlichen Ausdruck bzw. das Wort, das einem bestimmten Tatbestand ausdrücklich zugeordnet ist (bspw. Auto, Unternehmung, Marketing). Ein (im besten Fall) in sich geordnetes System der Fachsprache wird *Terminologie* genannt. Es bezieht sich zum einen allein auf die verwendeten Wörter sowie zum anderen auch auf die damit gemeinten Inhalte. Mit letzterem Punkt ist dann allerdings bereits der Begriff angesprochen.

Ein *Begriff* beinhaltet das, was der verwendete Terminus zu verstehen geben soll. Er stellt insofern eine Kopplung zwischen dem Terminus einerseits und dem dem Terminus zugeordneten Tatbestand andererseits dar. Der Inhalt des folgenden Kastens stellt einen Begriff dar, der sich auf den Terminus der Unternehmung bezieht. Dabei kann es durchaus sein, dass zwei verschiedenen Termini der gleiche Begriff zugeordnet wird. (Die beiden unterschiedlichen Termini „Unternehmen“ und „Unternehmungen“ werden zum Beispiel in aller Regel begrifflich synonym verwendet.)

Ein *Begriffssystem* betrifft die inhaltlichen Zusammenhänge verschiedener artverwandter und / oder hierarchisch gegliederter (Unter-)Begriffe und der verwendeten Termini (bspw. strategische Analyse, Umweltanalyse, Marktanalyse, Konkurrentenanalyse, aber auch System, Subsystem, Systemelement, Systembeziehungen, Außenelemente).

---

[268] *Beispiel*: Wenn sie den Auftrag erhalten, ein Blended-Learning-Konzept in die betriebliche Ausbildung einzuführen, wäre es wichtig zu wissen, was Ihre Auftraggeber darunter verstehen und wie sie es vom E-Learning unterscheiden.

Ein Begriff wird mithilfe einer *Definition* in eine Diskussion eingeführt. Da selten direkt klar ist, was mit einem Terminus begrifflich gemeint ist, muss er erläutert werden.[269] Definieren heißt dementsprechend, dass ausdrücklich eine sprachliche Konvention darüber getroffen wird, wie ein bestimmter Terminus inhaltlich als Begriff verwendet wird. Entstehungs- und Bewertungskriterium einer solchen Definition ist die Zweckmäßigkeit im jeweils verwendeten Kontext. Es gibt kein generelles Richtig oder Falsch bei der Bewertung einer Definition. Der Kontext und die dazu passende Begründung sind entscheidend.

Zu Beginn einer wissenschaftlichen Arbeit (eigentlich aber auch allgemein einer jeden fachlichen Diskussion) sind die zentralen Begriffe zu definieren und gegebenenfalls näher zu erläutern, damit die Interaktionspartner verstehen können, was durch die Verfasser gemeint und bearbeitet wurde. Dies wird in diesem Studienbrief aufgrund der vermittlungsbezogenen Intentionen nicht im Rahmen einer *Begriffsexplikation* (~ kritische Diskussion der in der Literatur verwendeten alternativer Begriffe mit anschließender themenbezogener Definition) vorgenommen, sondern durch die Angabe der verwendeten Definitionen. Angesprochen werden im Einzelnen: Management und Unternehmens-/ Unternehmungsführung, Management als Institution, Managementfunktionen, Managementsystem, Managementprozess und Managementhandeln.

Gleich vorab sei konstatiert, dass inhaltlich zwischen den beiden Termini „Unternehmung“ und „Unternehmen“ respektive zwischen „Unternehmensführung" und „Unternehmungsführung“ nicht differenziert wird. Sie sind hier synonym zu verstehen, selbst wenn in der Regel der Terminus „Unternehmung“ verwendet wird. Ebenso könnte man auch den Terminus „Betrieb“ alternativ bzw. synonym verwenden.

---

[269] *Beispiel*: „Gleich“ ist ein Terminus, dessen Bedeutung unterschiedlich sein bzw. dessen Begriff sehr verschieden definiert werden kann: „Gleich“ i. S. von sofort, „gleich“ i. S. von in fünf bis zehn Minuten. (Ähnliches gilt für viele andere Termini: „gut“, „praxisorientiert“, „passend angezogen“, „genau“ etc.) Um kein Missverständnis aufkommen zu lassen, sollten sich die Kommunikationspartner darum bemühen, zu erfahren, welche Zeitspanne man jeweils unter „gleich“ versteht – und einen gemeinsamen Begriff definieren bzw. das Verständnis der anderen Person jeweils präsent haben.

Literaturverzeichnis

Abell, D. F. (*1980*): Defining the business. The starting point of strategic planning. Englewood Cliffs (N. J.) 1980.

Ackermann, K.-F. (*1985*): Personalstrategien bei alternativen Unternehmensstrategien. In: Die ganzheitlich-verstehende Betrachtung der sozialen Leistungsordnung. Hrsg. v. W. Bühler u. a., Wien & New York, S. 347-373.

Alter, R. (*2013*): Strategisches Controlling: Unterstützung des strategischen Managements. 2., überarb. Aufl., München 2013.

Ansoff, H. I. (*1965*): Corporate strategy: An analytical approach to business policy for growth and expansion. New York et al. 1965.

Ansoff, H. I. (*1976*): Managing surprise and discontinuity. In: Zeitschrift für betriebswirtschaftliche Forschung, 28 (1976) 3, S. 129-152.

Ansoff, H. I. (*1984*): Implanting strategic management. Englewood Cliffs (N. J.) 1984.

Ansoff, H. I., *Declerk*, R. P. & *Hayes*, R. L. (eds.) (*1976*): From strategic planning to strategic management. London et al. 1976.

Backhaus, K. & *Schneider*, H. (*2009*): Strategisches Marketing. 2., überarb. Aufl., Stuttgart 2009.

Bamberger, I. & *Wrona*, T. (*2012*): Strategische Unternehmensführung: Strategien, Systeme, Methoden, Prozesse. 2., vollst. überarb. u. erw. Aufl., München 2012.

Barney, J. B. (*1991*): Firm resources and sustained competitive advantage. In: Journal of Management, 19 (1991) 1, pp. 99-120.

Barney, J. B. (*1997*): Gaining and sustaining competitive advantage. Reading (Mass.) 1997.

Bea, F. X. & *Haas*, J. (*2017*): Strategisches Management. 9., überarb. Aufl., Konstanz u. a. 2017.

Becker, F. G. (*1985*): Anreizsysteme für Führungskräfte im strategischen Management. Lohmar 1985.

Becker, F. G. (*1987*): Anreizsysteme für Führungskräfte im Strategischen Management. 2., bearb. u. erw. Aufl., Bergisch Gladbach & Köln 1987.

Becker, F. G. (*1988*): Personalentwicklung im Rahmen einer strategischen Führung. In: Zeitschrift für Personalforschung, 2 (1988) 3, S. 197-213.

Becker, F. G. (*1988a*): Die Rolle des Personalmanagements im Rahmen der strategischen Führung. In: Strategische Planung, 4 (1988), S. 45-52.

Becker, F. G. (*1990*): Anreizsysteme für Führungskräfte: Möglichkeiten zur strategisch-orientierten Steuerung des Managements. Stuttgart 1990.

Becker, F. G. (*1995*): Anreizsysteme als Führungsinstrument. In: Handwörterbuch der Führung. 2., neu gestalt. u. erw. Aufl., hrsg. von A. Kieser, G. Reber & R. Wunderer, Stuttgart 1995, Sp. 34-46.

Becker, F. G. (*2002*): Lexikon des Personalmanagements. 2., erw. u. überarb. Aufl., München 2002.

Becker, F. G. (*2004*): Organisation der Unternehmungsleitung: Führungsorganisation – Leitungsorganisation – Spitzenorganisation – Corporate Governance. In: Management, Organisation, Unternehmungsführung: Festschrift zu Ehren von Prof. Dr. Jürgen Berthel. Hrsg. v. F. G. Becker, Lohmar & Köln 2004, S. 217-233.

Becker, F. G. (*2006*): Unternehmungsführung. In: Einführung in die Betriebswirtschaftslehre. Hrsg. v. F. G. Becker, Berlin u. a. 2006, S. 201-232.

Becker, F. G. (*2007*): Organisation der Unternehmungsleitung. Stuttgart 2007.

Becker, F. G. (*2011*): Strategisch-orientierte Personalentwicklung – zwischen Schlagwort und praxisrelevanter Funktion. In: Handbuch Strategisches Personalmanagement. Hrsg. v. R. Stock-Homburg & B. Wolf, Wiesbaden 2011, S. 223-240.

Becker, F. G. (*2015*): Grundlagen der Unternehmungsführung. 3., neu bearb. Aufl., Berlin 2015.

Becker, F. G. & *Kramarsch*, M. (*2004*): Vergütung außertariflicher Mitarbeiter. In: Handwörterbuch des Personalwesens. 3., überarb. u. erg. Aufl., hrsg. v. E. Gaugler, W. A. Oechsler & W. Weber, Stuttgart 2004, Sp. 1949-1957.

Becker, F. G. & *Kramarsch*, M. (*2006*): Leistungs- und erfolgsorientierte Vergütung für Führungskräfte. Göttingen 2006.

Berthel, J. & *Becker*, F. G. (*2017*): Personal-Management. Grundzüge für Konzeptionen betrieblicher Personalarbeit. 11., vollst. überarb. Aufl., Stuttgart 2017.

Bleicher, K. (*1992*): Strategische Anreizsysteme: Flexible Vergütungssysteme für Führungskräfte. Stuttgart 1992.

Bleicher, K. (*2004*): Das Konzept Integriertes Management: Visionen – Missionen – Programme. 7., überarb. u. erw. Aufl., Wiesbaden 2004.

Breid, V. (*1994*): Erfolgspotentialrechnung: Konzeption im System einer finanzierungstheoretisch fundierten, strategischen Erfolgsrechnung. Stuttgart 1994.

Bühner, R. (*1987*): Strategisches Personalmanagement für neue Produktionstechnologien. In: Betriebswirtschaftliche Forschung und Praxis, 39 (1987) 3, S. 249-265.

Buzzell, R. D. & *Gale*, B. T. (*1987*): The PIMS principles: Linking strategy to performance. New York & London 1987.

Chandler, A. D. (*1962*): Strategy and structure: Chapters in the history of the industrial enterprise. Cambridge (Mass.) 1962.

Chmielewicz, Kl. (*1995*): Unternehmungsverfassung und Führung. In: Handwörterbuch der Führung. 2., neu gestalt. u. erw. Aufl., hrsg. v. A. Kieser, G. Reber & R. Wunderer, Stuttgart 1995, Sp. 2074-2081.

Christensen, C. R. u. a. (*1982*): Business policy: Text and cases. 5th ed., Homewood (Ill.) 1982.

Crozier, M. & *Friedberg*, E. (*1993*): Macht und Organisation: Die Zwänge kollektiven Handelns. Königstein/Ts. 1993.

Davis, S. M. (*1989*): From “future perfect”: Mass customizing". In: Strategy & Leadership, 17 (1989) 2, pp.16-21.

Devanna, M. A., *Fombrun*, C. J. & *Tichy*, N. M. (*1984*): A framework for strategic human resource management. In: Strategic human resource management. Ed. by C. J. Fombrun, N. M. Tichy & M. A. Devanna, New York et al. 1984, pp. 33-51.

Dillerup, R. & *Stoi*, R. (*2016*): Unternehmensführung: Management & Leadership. Strategien – Werkzeuge – Praxis. 5., kompl. überarb. u. erw. Aufl., München 2016.

Drucker, A. (*1969*): Die Zukunft bewältigen. Aufgaben und Chancen im Zeitalter der Ungewißheit. Frankfurt 1969.

Drumm, H. J. (*2008*): Personalwirtschaftslehre. 6., überarb. Aufl., Berlin u. a. 2008.

Easterby-Smith, M. & *Davies*, J. (*1983*): Developing strategic thinking. In: Long Range Planning, 16 (1983) 4, pp. 39-48.

Ebers, M. & *Gotsch*, W. (*2014*): Institutionenökonomische Theorien der Organisation. In: Organisationstheorien. Hrsg. v. A. Kieser & M. Ebers, 7., akt. u. überarb. Aufl., Stuttgart u. a. 2014, S. 195-255.

Elšik, W. (*1992*): Strategisches Personalmanagement: Konzeptionen und Konsequenzen. München & Mering 1992.

Eschenbach, R. & *Kunesch*, H. (*1994*): Strategische Konzepte: Managementansätze von Ansoff bis Ulrich. Stuttgart 1994.

Etzioni, A. (*1968*): The active society: A theory of societal and political processes. London & New York 1968.

Fallgatter, M. (*1996*): Beurteilung von Lower Management-Leistung: Konzeptualisierung eines zielorientierten Verfahrens. Lohmar & Köln 1996.

Farmer, R. & *Richman*, B. (*1965*): Comparative management and economic progress. Irwin, 1965

Ference, T. P., *Stoner*, J. A. & *Warren*, E. K. (*1977*): Managing the career plateau. In: Academy of Management Review, 2 (1977) 4, pp. 602-612.

Fopp, L. (*1982*): Mitarbeiter-Portfolio: Mehr als nur eine Gedankenspielerei. In: Personal, 34 (1982) 8, S. 333-335.

Freeman, R. E. (*1983*): Strategic management: A stakeholder approach. In: Advances in strategic management: Ed. by R. Lamb, 1 (1983), pp. 31-60.

Friedman, S. D. & *Levino*, T. P. (*1984*): Strategic appraisal and development at General Electric Company. In: Strategic human resource management. Ed. by C. J. Fombrun, N. M. Tichy & M. A. Devanna, New York et al. 1984, pp. 183-201.

Galbraith, J. R. & *Nathanson*, D. A. (*1978*): Strategy implementation: The role of structure and process. St. Paul et al. 1978.

Gälweiler, A. (*1986*): Unternehmensplanung: Grundlagen und Praxis. Frankfurt & New York 1986.

Gälweiler, A. (*1987*): Strategische Unternehmungsführung. Frankfurt-M. 1987 (einmal zitiert nach der 3. unveränd. Aufl. 2005).

Gilbert, X. & *Strebel*, P. (*1987*): Strategies to outpace the competition. In: Journal of Business Strategy, 8 (1987) 1, pp. 28-36.

Girgensohn, T. (1979): Unternehmenspolitische Entscheidungen. Frankfurt/M. 1979.

Gluck, F. W., *Kaufman*, S. P. & *Wallek*, A. S. (*1980*): Strategic management for competitive advantage. In: Harvard Business Review, 58 (1980) 4, pp. 154-161.

Göbel, E. (*2006*): Unternehmensethik. Grundlagen und praktische Umsetzung. Stuttgart 2006.

Grant, R. M. (*2002*): Contemporary strategy analysis. 4th ed., Cambridge 2002.

Grant, R. M. & *Jordan*, J. (*2012*): Foundations of strategy. Chichester 2012.

Grant, R. M. & *Nippa*, M. (*2006*): Strategisches Management. Analyse, Entwicklung und Implementierung von Unternehmensstrategien. 5., akt. Aufl., München u. a. 2006.

Grave, K. (*o. J.*).: Hybride Strategien in Theorie und Praxis. Skript der FU Hagen, o. J. Online verfügbar unter: http://www.fernuni-hagen.de/BWLOPLA/html/download/SS_06_Vortraege/Vortrag_3-4.pdf [letzter Zugriff: 26.01.2018].

Guthof, P. (*1995*): Strategische Anreizsysteme: Gestaltungsoptionen im Rahmen der Unternehmungsentwicklung. Wiesbaden 1995.

Grochla, E. (*1982*): Grundlagen der organisatorischen Gestaltung. Stuttgart 1982.

Hahn, D. (*2006*): Strategische Unternehmungsführung – Grundkonzept. In: Strategische Unternehmungsplanung – Strategische Unternehmungsführung: Stand und Entwicklungstendenzen. Hrsg. v. D. Hahn & B. Taylor, 9., überarb. Aufl., Berlin & Heidelberg 2006, S. 29-50.

Hahn, D. & *Willers*, H. G. (*2006*): Unternehmungsplanung und Führungskräftevergütung. In: Strategische Unternehmungsplanung – Strategische Unternehmungsführung: Stand und Entwicklungstendenzen. Hrsg. v. D. Hahn & B. Taylor, 9., überarb. Aufl., Berlin & Heidelberg 2006, S. 365-374.

Hamel, G. & *Prahalad*, C. K. (*1994*): Competing for the future. Boston 1994.

Harrigan, K. R. (*1982*): Strategic planning for endgame. In: Long Range Planning, 15 (1982) 6, pp. 45-48.

Harrigan, K. R. (*1982a*): Strategies for declining businesses. 3rd ed., Lexington (Mass.) et al. 1982.

Harrigan, K. R. & *Porter*, M. (*1984*): Der Endkampf in schrumpfenden Branchen. In: Harvard Manager, 41 (1984) 1, S. 7-15.

Hax, A. C. & *Majluf*, N. S. (*1996*): The strategy concept and process: A pragmatic approach. 2nd ed., London et al. 1996.

Hedley, B. (*1977*): Strategy and the „Business portfolio". In: Long Range Planning, 10 (1977) 1, pp. 9-15.

Henderson, B. D. (*1974*): Die Erfahrungskurve in der Unternehmungsstrategie. Frankfurt & New York 1974.

Henzler, H. (*1988*): Von der strategischen Planung zur strategischen Führung: Versuch einer Positionsbestimmung. In: Zeitschrift für Betriebswirtschaft, 58 (1988) 12, S. 1286-1307.

Hinterhuber, H. H. (*2015*): Strategische Unternehmensführung: Das Gesamtmodell für nachhaltige Wertsteigerung. 9., völlig neu bearb. Aufl., Berlin 2015 (einmal zitiert nach der 6. Auflage 1996).

Holtbrügge, D. & *Welge*, M. K. (*2010*): Internationales Management: Theorien, Funktionen, Fallstudien. 5., überarb. Aufl., Stuttgart 2010.

Horváth, P. & *Kaufmann*, L. (*2006*): Beschleunigung und Ausgewogenheit im strategischen Managementprozess – Strategieumsetzung mit Balanced Scorecard. In: Strategische Unternehmungsplanung – Strategische Unternehmungsführung: Stand und Entwicklungstendenzen. Hrsg. v. D. Hahn & B. Taylor, 9., überarb. Aufl., Berlin & Heidelberg 2006, S. 137-150.

Hungenberg, H. & *Wulf*, T. (*2015*): Grundlagen der Unternehmensführung: Einführung für Bachelorstudierende. 5., akt. Aufl., Berlin & Heidelberg 2015.

Hungenberg, H. (*2014*): Strategisches Management in Unternehmen. Ziele – Prozesse – Verfahren. 8., akt. Aufl., Wiesbaden 2014.

Hüttemann, H. H. (*1993*): Anreizmanagement in schrumpfenden Unternehmungen. Wiesbaden 1993.

Jacobs, S., *Thiess*, M. & *Söhnholz*, P. (*1987*): Human-Ressourcen-Portfolio. In: Die Unternehmung, 3 (1987) 41, S. 205-218.

Johnson, G., *Scholes*, K. & *Whittington*, R. (*2011*): Strategisches Management: Eine Einführung. 9., akt. Aufl., München 2011.

Jenner, T. (*2001*): Hybride Wettbewerbsstrategien in der deutschen Industrie. Bedeutung, Determinanten und Konsequenzen für die Marktbearbeitung. In: Die Betriebswirtschaft, 60 (2001) 11, S. 7-22.

Kammel, A. (*2000*): Strategischer Wandel und Management Development. Frankfurt/M. 2000.

Kaplan, R. S. & *Norton*, D. P. (*1997*): Balanced Scorecard: Strategien erfolgreich umsetzen. Stuttgart 1997.

Kieser, A. & *Walgenbach*, P. (*2010*): Organisation. 6., überarb. Aufl., Stuttgart 2010.

Kirsch, W. (*1981*): Unternehmenspolitik: Von der Zielforschung zum strategischen Management. München 1981.

Kirsch, W., *Müller*, G. & *Trux*, W. (*1984*): Das Management strategischer Programme. Herrsching 1984.

Kirsch, W. (*1997*): Strategisches Management: Die geplante Evolution von Unternehmen. Völlig überarb. Neuaufl. wesentlicher Teile der Veröffentlichungen „Beiträge zum Management strategischer Programme“ und „Unternehmenspolitik und strategische Unternehmensführung“. Herrsching u. a. 1997.

Kirsch, W. (*2010*): Die Führung von Unternehmen. 2., durchges. Aufl., Herrsching 2010.

Kirsch, W., *Esser*, W.-M. & *Gabele*, E. (*1979*): Das Management des geplanten Wandels. Stuttgart 1979.

Kirsch, W., *Seidl*, D. & *Aaken*, D. von (*2009*): Unternehmensführung: Eine evolutionäre Perspektive. Stuttgart 2009.

Krähe, W.: (*1964*) Gedanken zu den Beziehungen zwischen sekundärer und primärer Geschäftsführung. In: Zeitschrift für betriebswirtschaftliche Forschung, 16 (1964) 6, S. 329-334.

Kramarsch, M. H. (*2000*): Aktienbasierte Managementvergütung. Stuttgart 2000.

Kreikebaum, H., *Gilbert*, D. U. & *Behnam*, M. (*2011*): Strategisches Management. 7., vollst. überarb. u. erw. Aufl., Stuttgart 2011.

Krüger, W. (*1994*): Organisation der Unternehmung. 3., verb. Aufl., Stuttgart u. a. 1994.

Krüger, W. & *Homp*, C. (*1997*): Kernkompetenz-Management: Steigerung von Flexibilität und Schlagkraft im Wettbewerb. Wiesbaden 1997.

Krüger, W. & *Schwarz*, G. (*1999*): Strategische Stimmigkeit von Erfolgsfaktoren und Erfolgspotentialen. In: Strategische Unternehmungsplanung – strategische Unternehmungsführung: Stand und Entwicklungstendenzen. Hrsg. v. D. Hahn & B. Taylor, 8., akt. Aufl., Heidelberg 1999, S. 75-104.

Laukamm, T. (*1985*): Strategisches Management von Human-Ressourcen. In: Strategisches Marketing. Hrsg. v. H. Raffeé & K.-P. Wiedmann, Stuttgart 1985, S. 243-282.

Laukamm, T. & *Walsh*, I. (*1985*): Strategisches Management von Human-Ressourcen. Die Einbeziehung der Human-Ressourcen in das Strategische Management. In: Management im Zeitalter der Strategischen Führung. Hrsg. v. A. D. Little, Wiesbaden, S. 78-100.

Lindblom, C. E. (*1959*): The science of “Muddling through”. In: Public Administration Review, 19 (1959), pp. 79-88.

Lindblom, C. E. (*1968*): The policy making process. 2nd ed., Englewood Cliffs (N. J.) 1968.

Link, J. (*1985*): Organisation der Strategischen Planung: Aufbau und Bedeutung strategischer Geschäftseinheiten sowie strategischer Planungsorgane. Heidelberg & Wien 1985.

Locke, E. A. & *Latham*, G. P. (*1991*): Self-regulation through goal setting. In: Organizational Behavior and Human Decision Performance, 50 (1991) 2, pp. 212-247.

Lorange, P. (*1980*): Corporate planning: An executive viewpoint. Englewood Cliffs (N. J.) 1980.

Lorange, P. (*1985*): Organizational structure and management process. In: Handbook of business strategy. Ed. by W. D. Guth, Boston & New York 1985, Chap. 23, pp. 1-31.

Lorange, P. (*1993*): Strategic planning and control. Cambridge (Mass.) 1993.

Macharzina, Kl. & Wolf, J. (2015): Unternehmensführung: Das internationale Managementwissen. Konzepte – Methoden – Praxis. 9., vollst. überarb. u. erw. Aufl., Wiesbaden 2015.

Mackenzie, R. (*1969*): The management process 3-D. In: Harvard Business Review, 47 (1969) 6, pp. 80-86.

Malik, F. (*2015*): Strategie des Managements komplexer Systeme: Ein Beitrag zur Management-Kybernetik evolutionärer Systeme. 11. [, unveränd.] Aufl., Bern u. a. 2015.

Malik, F. & *Probst*, G. (*1981*): Evolutionäres Management. In: Die Unternehmung, 35 (1981) 2, S. 121-140.

Mannheim, K. (*1958*): Mensch und Gesellschaft im Zeitalter des Umbaus. Darmstadt 1958.

March, J. G. & *Simon*, H. A. (*1976*): Organisation und Individuum. Wiesbaden 1976.

Meyer, A. D., *Tsui*, A. S. & *Hinings*, C. R. (*1993*): Configurational approaches to organizational analysis. In: Academy of Management Journal, 36 (1993) 6, pp. 1178-1195.

Milkovich, G. T. (*1988*): A strategic perspective on compensation management. In: Research in personnel and human resource management. Ed. by G. S. Ferris & K. M. Rowland, 6th vol., London & Greenwich 1988, pp. 263-288.

Miles, R. E. & *Snow*, C. C. (*1978*): Organizational strategy, structure, und process. New York et al. 1978.

Mintzberg, H. (*1973*): Strategy-making in three modes. In: California Management Review, 18 (1973) winter, pp. 44-53.

Mintzberg, H. (*1978*): Patterns in strategy formation. In: Management Science, 24 (1978), pp. 934-948.

Mintzberg, H. (*1980*): The nature of managerial work. 2nd ed., New York 1980.

Mintzberg, H. (*1988*): Strategie als Handwerk: Von den Grenzen formaler Planung. In: Harvard Manager, 45 (1988) 1, S. 73-89.

Mintzberg, H. (*1995*): Die Strategische Planung: Aufstieg, Niedergang und Neubestimmung. München u. a. 1995.

Mintzberg, H. (Ahlstrand, B. & Lampel, J.) (*2001*): Strategy Safari: Eine Reise durch die Wildnis des strategischen Managements. Wien & Frankfurt/M. 2001.

Mintzberg, H. & *Waters*, J. A. (*1985*): Of strategies, deliberate and emergent. In: Strategic Management Journal, 6 (1985) 3, pp. 257-272.

Neuberger, O. (*1994*): Personalentwicklung. 2., durchges. Aufl., Stuttgart 1994.

Neuberger, O. (*2006*): Mikropolitik und Moral in Organisationen: Herausforderung der Ordnung. 2., völlig neu bearb. Aufl., Stuttgart 2006.

O. V. (*1972*): GE's new strategy for faster growth. In: Business Week v. 8.7.1972, pp. 52-58.

Odiorne, G. S. (*1984*): Strategic management of human resources: A portfolio approach. San Francisco, Washington & London 1984.

Papmehl, A. & *Borscze*, A. (*1989*): Strategische Human-Ressourcen-Entwicklung unter Einbeziehung von Personal-Portfolio-Modellen. In: Personalführung, o. Jg. (1989) 3, S. 290-298.

Pearce, J. & *Robinson*, R. (*2014*): Strategic management: Planning for domestic & global competition. 14th (international) ed., New York et al. 2015.

Penrose, E. (*1959*): The theory of the growth of the firm. Oxford 1959.

Perlitz, M. & *Schrank*, R. (*2013*): Internationales Management. 6., vollst. neu überarb. Aufl., Konstanz & München 2013.

Pfohl, H.-C. (*1981*): Planung und Kontrolle. Stuttgart u. a. 1981.

Pfohl, H.-C. & *Stölzle*, W. (*1997*): Planung und Kontrolle. 2., neu bearb. Aufl., München 1997.

Picot, A. & *Lange*, B. (*1979*): Synoptische versus inkrementale Gestaltung des strategischen Planungsprozesses. In: Zeitschrift für betriebswirtschaftliche Forschung, 31 (1979), S. 569-596.

Picot, A. & *Scheuble*, S. (*2000*): Hybride Wettbewerbsstrategien in der Informations- und Netzökonomie. In: Praxis des strategischen Managements. Hrsg. v. Welge, M. K., A. Al-Laham & P. Kajüler, Wiesbaden 2000, S. 239-257.

Piller, F. T. (*2006*): Mass Customization: Ein wettbewerbsstrategisches Konzept im Informationszeitalter. 4., überarb. u. erw. Aufl., Wiesbaden 2006.

Popper, K. (*1971*): Logik der Forschung. 4., verb. Aufl., Tübingen 1971.

Porter, M. (*1985*): Competitive advantage: Creating and sustaining superior Performance. New York et al. 1985.

Porter, M. (*2013*): Wettbewerbsstrategie (Competitive Strategy). Methoden zur Analyse von Branchen und Konkurrenten. 12., akt. u. erw. Aufl., Frankfurt & New York 2013.

Prahalad, C. K. & *Hamel*, G. (*1991*): Nur Kernkompetenzen sichern das Überleben. In: Harvard Business Manager, 13 (1991) 2, S. 66-78.

Richter, R. & *Furubotn*, E. G. (*2010*): Neue Institutionenökonomik: Eine Einführung und kritische Würdigung. 4., überarb. u. erw. Aufl., Tübingen 2010.

Ridder, H.-G. (*2015*): Personalwirtschaftslehre. 5. [unveränd.] Aufl., Stuttgart 2015. Einmal erste Auflage von 1999 zitiert.

Ridder, H.-G. *u. a.* (*2001*): Strategisches Personalmanagement. Stuttgart 2001.

Rieckhof, H.-C. (*1989*): Strategieorientierte Personalentwicklung. In: Strategien der Personalentwicklung. Hrsg. v. H.-C. Rieckhof, 2., erw. Aufl., Wiesbaden 1989, S. 47-75.

Rother, G. (*1996*): Personalentwicklung und Strategisches Management: Eine systemtheoretische Analyse. Wiesbaden 1996.

Rüegg-Stürm, J.: (*2003*) Das neue St. Galler Management-Modell. Grundkategorie einer integrierten Managementlehre: Der HSG-Ansatz. 2., durchges. Aufl., Bern 2003.

Rüegg-Stürm, J. (*2014*): Das St. Galler Management-Modell: 4. Generation: Einführung. Zürich 2014.

Rühli, E. (*1996*): Unternehmungsführung und Unternehmungspolitik. 3., vollst. überarb. u. erw. Aufl., Bern u. a. 1996.

Rughase, O. (*1999*): Jenseits der Balanced Scorecard: Strategische Wettbewerbsvorteile messen. Berlin 1999.

Rumelt, R. P. (*1980*): Evaluation of strategy: Theory and models. In: Strategic management. Ed. by D. E. Schendel & C. W. Taylor, Boston & Toronto 1980, pp. 180-217.

Rumelt, R. P. (*1991*): How much does industry matter? In: Strategic Management Journal, 12 (1991) 3, pp. 167-185.

Schanz, G. (*1977*): Grundlagen einer verhaltensorientierten Betriebswirtschaftslehre. Tübingen 1977.

Schanz, G. (*1979*): Betriebswirtschaftslehre als Sozialwissenschaft. Stuttgart u. a. 1979.

Schertler, W. (*1998*): Unternehmensorganisation. 7., unwesentl. veränd. Aufl., München & Wien 1998.

Scholz, C. (1987): Strategisches Management: ein integrativer Ansatz. Berlin 1987.

Schreyögg, G. (1984): Unternehmensstrategie: Grundfragen einer Theorie strategischer Unternehmensführung. Berlin u. a. 1984.

Schreyögg, G. (1987): Verschlüsselte Botschaften: Neue Perspektiven einer strategischen Personalführung. In: Zeitschrift Führung und Organisation, 53 (1987) 3, S. 151-158.

Schreyögg, G. (2016): Organisation: Grundlagen moderner Organisationsgestaltung. Mit Fallstudien. 6., vollst. überarb. u. erw. Aufl., Wiesbaden 2016.

Schreyögg, G., *Sydow*, J. & *Koch*, J. (*2003*): Organisatorische Pfade – von der Pfadabhängigkeit zur Pfadkreation? In: Managementforschung, Bd. 13: Strategische Prozesse und Pfade. Hrsg. v. G. Schreyögg & J. Sydow, Wiesbaden 2003, S. 257-294.

Schweitzer, M. & *Schweitzer*, M. (*2015*): Grundlagen der Planung und Steuerung. In: Allgemeine Betriebswirtschaftslehre: Theorie und Politik des Wirtschaftens in Unternehmen. Hrsg. v. M. Schweitzer & A. Baumeister, 11., völlig neu überarb. Aufl., Stuttgart 2015, S. 325-372.

Seidel, E. & *Redel*, W. (*1987*): Führungsorganisation. München & Wien 1987.

Smith, G. D., *Arnold*, D. R. & *Bizzel*, B. G. (*1991*): Business strategy and policy. 3rd ed., Boston 1991.

Speckbacher, G. & *Bischof*, J. (*2000*): Die Balanced Scorecard als innovatives Managementsystem. In: Die Betriebswirtschaft, 60 (2000) 6, S. 795-810.

Staehle, W. H. (*1991*): Simultane Strategie- und Personalentwicklung. In: Zeitschrift für Personalforschung, 5 (1991) 1, S. 5-12.

Staehle, W. H. (P. Conrad & J. Sydow) (*1999*): Management: Eine verhaltenswissenschaftliche Perspektive. 8., überarb. Aufl., München 1999.

Staffelbach, B. (*1986*): Strategisches Personalmanagement. Bern/Stuttgart 1986.

Staudt, E., *Kröll*, M. & *von Hören*, M. (*1993*): Potentialorientierung der strategischen Unternehmensplanung. Unternehmens- und Personalentwicklung als iterativer Prozess. In: Die Betriebswirtschaft, 53 (1993) 1, S. 57-75.

Steinle, C. (*2005*): Ganzheitliches Management: Eine mehrdimensionale Sichtweise integrierter Unternehmungsführung. Wiesbaden 2005.

Steinmann, H., *Schreyögg*, G. & *Koch*, J. (*2013*): Management: Grundlagen der Unternehmensführung. Konzepte – Funktionen – Fallstudien. 7., vollst. überarb. Aufl., Wiesbaden 2013.

Szyperski, N. & *Winand*, U. (*1979*): Duale Organisation: Ein Konzept zur organisatorischen Integration der strategischen Geschäftsfeldplanung. In: Zeitschrift für betriebswirtschaftliche Forschung, 31 (1979) Kontaktstudium, S. 195-205.

Ulrich, H. (*1978*): Unternehmungsplanung. Bern & Stuttgart 1978.

Vancil, R. F. & *Lorange*, P. (*1977*): Strategic planning in diversified companies. In: Strategic planning systems. Ed. by P. Lorange & R. F. Vancil, Englewood Cliffs (N. J.) 1977, pp. 22-26.

Velte, P. (*2010*): Stewardship-Theorie. In: Zeitschrift für Planung und Unternehmenssteuerung, 20 (2010), S. 285-293.

Wälchli, A. (*1995*): Strategische Anreizgestaltung: Modell eines Anreizsystems für strategisches Denken und Handeln des Managements. Bern u. a. 1995.

Weihrich, H. (*1982*): The TOWS Matrix: A tool for situational analysis. In: Long Range Planning, 15 (1982) 2, pp. 54-66.

Welge, M. K., *Al-Laham*, A. & *Eulerich*, M. (*2017*): Strategisches Management: Grundlagen – Prozess – Implementierung. 7., überarb. u. akt. Aufl., Wiesbaden 2017.

Wheelen, Th. L. & *Hunger*, J. D. (*2006*): Strategic management and business policy. 10th ed., New York et al. 2006.

Wild, J. (*1974*): Betriebswirtschaftliche Führungslehre und Führungsmodelle. In: Unternehmungsführung: Festschrift für E. Kosiol zu seinem 75. Geburtstag. Hrsg. v. J. Wild, Berlin 1974, S. 141-179.

Winter, S. (*1996*): Prinzipien der Gestaltung von Managementanreizsystemen. Wiesbaden 1996.

Wirtz, C. (*1948*): Die betriebswirtschaftlichen Grundlagen und Formen der Betriebsführung. In: Die Wirtschaftsprüfung, 1 (1948) 6, S. 20-27.

Witt, F. J. (*1987*): Personalportfolios. In: Controller-Magazin, 12 (1987) 6, S. 271-274.

Wohlgemuth, A. C. (*1990*): Wettbewerbsvorteile schaffen durch Human Resource Development: Denkanstöße für die Personalentwicklung und für ein systematisches Management Development. In: Zeitschrift für betriebswirtschaftliche Forschung, 42 (1990) 1, S. 84-96.

Wolf, J. (*2000*): Strategie und Struktur 1955-1995: ein Kapitel der Geschichte deutscher nationaler und internationaler Unternehmen. Wiesbaden 2000.

Wolf, J. (*2013*): Organisation, Management, Unternehmensführung: Theorien, Praxisbeispiele und Kritik. 5., überarb. u. erw. Aufl., Wiesbaden 2013.

Woywode, M. & *Beck*, N. (*2014*): Evolutionstheoretische Ansätze in der Organisationslehre – Die Population Ecology-Theorie. Hrsg. v. A. Kieser & M. Ebers, 7., akt. u. überarb. Aufl., Stuttgart 2014, S. 256-294.

Wunderer, R. (*2011*): Führung und Zusammenarbeit: Eine unternehmerische Führungslehre. 9., neu bearb. Aufl., Köln 2011.

Zettelmeyer, B. (*1984*): Strategisches Management und strategische Kontrolle. Darmstadt 1984.

zu Knyphausen-Aufseß, D. (*1995*): Theorie der strategischen Unternehmensführung: State of the Art und neue Perspektiven. Wiesbaden 1995.

STICHWORTVERZEICHNIS

O

P

Q

R

S

Z